新疆高校科研计划重点项目（教改）和新疆青年科技创新人才培养工程项目资助

地理信息系统设计开发教程

郑江华　邱　琳　轩俊伟　编著

U0233200

电子工业出版社·
Publishing House of Electronics Industry
北京·BEIJING

内 容 简 介

本书围绕应用型地理信息系统（GIS）设计与开发，从理论篇、技术篇和实践篇 3 个部分进行内容组织。理论篇讲述了 GIS 设计与开发的理论技术基础，主要包含主流的应用型 GIS 系统开发技术、应用型 GIS 设计方法、应用型 GIS 开发软件工程理论技术、空间数据库设计、数据标准与共享等；技术篇主要介绍了两种组件式开发，即 MapX 和 ArcGIS Engine 两种组件分别在 VB 和 C#前端开发工具下的应用，在简单介绍了 HTML+Web IIS 架构下的网络开发环境后，讲述了天地图和百度地图国产在线地图 API 的开发应用；实践篇提供了 MapX+VB、ArcGIS Engine+C#和基于百度在线地图 API 的 Web 地图应用开发实例，以帮助学生进行上机实践。本书为教师和学生提供了多种授课内容组合的选择方式，可以较好地满足不同区域和不同教学环境下地理信息系统专业及相关专业本科生和研究生教学实践的需要。

图书在版编目（CIP）数据

地理信息系统设计开发教程 / 郑江华，邱琳，轩俊伟编著. —北京：电子工业出版社，2020.6
ISBN 978-7-121-38403-5

Ⅰ. ①地… Ⅱ. ①郑…②邱…③轩… Ⅲ. ①地理信息系统—系统设计—教材 Ⅳ. ①P208

中国版本图书馆 CIP 数据核字（2020）第 022233 号

责任编辑：刘小琳　　　　文字编辑：崔彤
印　　刷：北京虎彩文化传播有限公司
装　　订：北京虎彩文化传播有限公司
出版发行：电子工业出版社
　　　　　北京市海淀区万寿路 173 信箱　邮编 100036
开　　本：787×1 092　1/16　印张：20　字数：424 千字
版　　次：2020 年 6 月第 1 版
印　　次：2021 年 3 月第 2 次印刷
定　　价：82.00 元

凡所购买电子工业出版社图书有缺损问题，请向购买书店调换。若书店售缺，请与本社发行部联系，联系及邮购电话：（010）88254888，88258888。

质量投诉请发邮件至 zlts@phei.com.cn，盗版侵权举报请发邮件至 dbqq@phei.com.cn。

本书咨询联系方式：（010）88254694。

参加编写人员

牛文渊　张　圆　毛亚会

吴秀兰　陈　晨　刘永强

前　言

2004 年 1 月，*Nature* 杂志发表了题为 *Mapping Opportunities* 的论文，赞同美国劳工部的观点：21 世纪中期，以地理信息技术为工具的地球科学技术将大放光彩，并将成为最有前景的 3 个专业方向之一。本书第一作者自 2006 年 7 月从北京大学遥感与地理信息系统研究所博士毕业后，到新疆大学任教，承担了地理信息科学等专业的专业课程教学任务。新疆大学是全国较早设立地图学与地理信息系统专业的高校，为国家培养了较多地理信息系统专业技术人员和相关专业领域的管理人员。作者团队近年来主要承担新疆大学和新疆农业大学地理信息系统专业的相关本科和研究生课程。作者团队在教学工作中发现：不同高校相关学科基础不同，人才培养方向有差异，师资力量参差不齐，对应用型地理信息系统设计与开发类课程教材内容的需求差异较大，所以因地制宜、因材施教和与时俱进成为对特定地区地理信息系统设计与开发方面教材编制的重要原则。为此，作者团队借助新疆高校科研计划重点项目和新疆青年科技创新人才培养工程项目，结合应用型地理信息系统设计与开发类课程的现有资料、主流技术和作者团队已有的开发应用案例，有针对性地编著了本教材。在此，对给予经费支持的科研主管单位、作者团队所在单位的领导、所有应用型地理信息系统设计与开发类课程现有资料的编著者、相关的专业软件服务商、参加编著的所有老师和同学们表示由衷的感谢！

作者团队自 2012 年起开始了本书的内容规划，在推进的过程中，深感自己能力和精力的不足，几度停滞不前，但教学工作和人才培养工作的需求不断激励着作者团队。在新疆教育厅、新疆科技厅、新疆大学和新疆农业大学有关领导和相关项目经费的支持下，在丁建丽教授、吕光辉教授等领导的鼓励下，在电子工业出版社崔彤编辑的积极配合下，本书才得以完成出版，作者团队由衷地感谢他们。作者团队还要感谢新疆大学科研处和计财处在出版费用支出上给予的支持；感谢郑江华教授指导的研究生为本书所做的资料收集、文字录入、制图表、上机实践、代码验证和业务联系，他们是：牛文渊（塔里木农业大学）（天地图部分）、张圆（北京师范大学博士）（MapX 组件开发）、毛亚会（资料收集与文字录入）、吴秀兰（新疆气候中心遥感中心）（资料收集与文字录入）、陈晨（伊犁师范学院）（案例开发讨论与建议）、张雪婷（内容校对）、范媛（内容校对与修正）等。刘永强教授对书稿组织架构提出了建设性意见。邱琳承担了第 5 章内容的撰写，轩俊伟（新疆农业大学）负责了第 6 章、第 8 章和第 10 章内容的撰写，郑江华负责全书的框架设计、统稿和剩余其他章节的指导与撰写。感谢所有对本书有贡献的参考文献编著者；感谢地理信息系统专业软件服务提供商易智瑞、北京超图软件技术有限公司和在线地图服务提供者天地图与百度公司等提供的技术支持。文中涉及的商标和产品名称均归相关厂商所有。

特别感谢电子工业出版社的崔彤编辑，没有她耐心细致的鼓励、督促和负责任的编辑，本书也无法出版。

最后感谢我的家人对我工作的支持。

书中难免有不当之处，敬请各位读者不吝指正！

编著者

2019 年 11 月 5 日

目 录

第二篇　技术篇

第三篇　实践篇

第一篇
理论篇

第 *1* 章　GIS 设计与开发基础

1.1　GIS 的概念、产生和发展趋势

1.1.1　GIS 的定义及组成

信息系统是完成现代管理与决策工作的重要工具。在现代社会中，各种各样的管理信息系统、咨询服务系统、决策支持系统乃至模仿专家思维与决策过程的专家系统都在夜以继日地帮助人们进行着规划、管理、决策、事务处理及信息咨询，极大地提高了人们的工作效率，成为现代社会生活中的一大亮点。

在更多的时候，人们规划、管理、决策、处理事务及信息咨询时涉及的信息内容常常要求必须与周围的地理环境和地理位置相联系，就像人们经常使用的地图或图纸，不仅要求能表达事件发生的过程和结果，还要求能表达事件发生的地点、周围环境，以及与其他事物之间的空间相互关系等，即需要处理和使用"地理信息"，这就诞生了地理信息系统（Geographical Information System，GIS）。

1. GIS 的定义

不同的人群和不同的应用目的，对 GIS 的定义不尽相同。目前对 GIS 有以下 3 种观点：地图观、数据库观与空间分析观。

持地图观的人主要来自景观学派和制图学派，他们认为 GIS 是一个地图处理和显示系统。在该系统中，每个数据集都被看成一幅图（graph）、一个图层（layer）、一个专题（theme）或一个覆盖（coverer）。这些地图常常以网格的方式储存，并通过各种逻辑运算

达到整合信息和空间检索查询分析的目的，并由此产生新的地图。

持数据库观的人主要来自计算机学派，他们强调优化设计，合理建立数据库，有效存取数据并进行科学管理。

持空间分析观的人主要来自地理学派，他们强调空间分析与模拟的重要性，并提出地理信息科学的概念，将 GIS 视为一门学科。

关于 GIS 的定义分为两个方面：一方面，GIS 是一门学科，是描述、存储、分析和输出空间信息理论和方法的一门新兴交叉学科；另一方面，GIS 是一个技术系统，它以地理空间数据库（geospatial databases）为基础，采用地理模型分析方法，对空间数据和属性数据进行采集、管理、分析、模拟等操作，实时提供多种空间和动态的地理信息，为地理研究和地理决策服务。

从功能角度，GIS 被定义为：GIS 是在计算机硬、软件系统支持下，以空间数据库为基础，以具有地理位置属性的空间数据为研究核心，对整个或部分地球表层（包括大气层）空间中的有关地理分布数据进行采集、存储、管理、运算、分析、显示和描述的信息系统。这种定义强调 GIS 是一种特定的空间信息系统，在空间数据库存放具有空间关系的点、线及多边形的空间信息及其相关的基本属性信息，将空间数据和属性数据有机结合起来，具有强大的空间分析和空间数据库管理能力。

从学科发展角度，可以认为 GIS 是一门集计算机科学、信息科学、现代地理学、测绘遥感学、环境科学、城市科学、空间科学和管理科学为一体的新兴边缘学科。它是在计算机软硬件支持下，以采集、存储、管理、检索、分析和描述空间物体的定位分布及与之相关的属性数据等为主要任务的计算机系统。

与一般的管理信息系统相比，GIS 具有以下特征。

（1）横跨多个学科，是一门新兴的边缘学科。GIS 依赖地理学、测绘学、统计学等基础性学科，又随着计算机技术、遥感技术、人工智能及专家系统的发展而不断改进，功能逐步增强，操作趋向简单，系统不断开放。

（2）研究对象具有空间分布的特征，以空间数据为主，连接大量属性数据，数据量庞大，结构复杂。

（3）空间数据和属性数据融合管理。GIS 在分析处理问题中使用了空间数据与属性数据，并通过数据库管理系统将两者联系在一起，共同管理、分析和应用，从而提供了认识地理现象的一种新的思维方法。

（4）以空间分析统计处理、提出决策为主要任务。一般管理信息系统只有属性数据库的管理，即使存储了图形，也往往以文件形式进行机械存储，不能进行有关空间数据的操作，如空间查询、检索、相邻分析等，更无法进行复杂的空间分析，而 GIS 处理的数据是空间数据和属性数据的结合，它不仅管理反映空间属性的一般数字、文字数据，还要管理反映地理分布特征及其之间拓扑关系的空间位置数据。

2. GIS 的组成

一个完整的 GIS 应包括 5 个基本部分，即计算机硬件系统、计算机软件系统、数据库、系统管理应用人员及过程。

（1）计算机硬件系统：硬件的性能影响到处理速度、使用的便捷性及可能的输出方式。

（2）计算机软件系统：不仅包含 GIS 软件，还包括各种数据库，以及绘图、统计、影像处理等其他程序。

（3）数据库：精确的可用数据可以影响到查询和分析的结果。

（4）系统管理应用人员：是 GIS 中最重要的组成部分。开发人员必须定义 GIS 中被执行的各种任务，开发处理程序。熟练的操作人员通常可以克服 GIS 软件功能的不足，但是相反的情况就不成立。最好的软件也无法弥补操作人员对 GIS 的一无所知所带来的副作用。

（5）过程：GIS 要求定义一致的方法来生成正确的可验证结果。

计算机硬件是计算机系统中所有物理装置的总称，由电子的、磁的、机械的、光的元件或装置组成。这些物理装备组合在一起，能够很好地支持 GIS 软件系统。GIS 硬件系统一般由以下 4 个部分组成。

（1）计算机主机。

（2）输入设备：数字化仪、图像扫描仪、手写笔、光笔、键盘、通信端口等。

（3）存储设备：光盘刻录机、磁带机、光盘塔、活动硬盘、磁盘阵列等。

（4）输出设备：笔式绘图仪、喷墨绘图仪（打印机）、激光打印机等。

计算机软件系统指 GIS 运行所必需的各种程序，包括以下几类：操作系统软件、数据库管理软件、系统开发软件、GIS 软件等，主要由计算机系统软件和 GIS 软件组成。数据库管理系统是操作和管理数据库的软件系统，支持可被多个应用程序调用的数据库的建立、更新、查询和维护功能。

1.1.2　GIS 的产生

20 世纪 60 年代初，加拿大的 Roger F. Tomlinson 和美国的 Duane F. Marble 在

不同的地方、从不同角度提出了 GIS 的构想。一般认为，世界上第一个 GIS 是 1962 年由加拿大测量学家 Roger F．Tomlinson 提出并建立的，称为加拿大地理信息系统（CGIS）。

Tomlinson 于 1962 年提出利用数字计算机处理和分析大量的土地利用数据，并建议加拿大土地调查局建立 CGIS。到 1972 年，CGIS 全面投入运行，成为世界上第一个运行的 GIS。CGIS 提出的地理数据模型、栅格—矢量数据相互转换，以及空间数据、属性数据连接和空间数据在空间上分块、内容上分层等基本的设计思想，为 GIS 技术后来的发展起到了奠基的作用。

几乎在同一时间，美国的 Duane F．Marble 在美国西北大学利用数字计算机研制数据处理软件系统，以支持大规模城市交通研究，并提出了 GIS 软件系统的思想。来自美国西北技术研究所的 Howard Fisher 教授在福特基金的资助下，建立了哈佛大学计算机图形与空间分析实验室，开发了 SYMAP/ODYSSEY 等软件包，其中 SYMAP 对当今的栅格 GIS 有相当大的影响，而 ODYSSEY 则被认为是矢量 GIS 的原型。

GIS 是计算机地理制图和计算机图像处理技术发展的必然产物。20 世纪 60 年代，世界经济的快速发展对地形图的数量和质量提出了更高要求，一般的手工作业方式已远远不能满足地形图生产的要求，也不能对地面日新月异的发展变化进行及时更新，而计算机技术的发展，使得利用计算机进行地图制图成为客观上的必然。另外，航空和航天遥感技术的发展，又使得人们必须寻找遥感资料的快速与高精度的处理方法，这同样要用到计算机。这两方面的共同要求，刺激了计算机图像处理技术的快速发展。

由于计算机地理制图和计算机图像处理主要都是针对地球表面的地理对象而进行的，所以两者之间必然有相同的基础，也存在着许多共同的部分，如投影、误差、控制点、比例尺等图幅控制信息及地名、行政界、交通、河流、居民点等基础地理信息；更为重要的是，两者又往往是同一技术过程的不同阶段。也就是说，计算机图像处理和计算机地理制图往往是同一批人从事同一项研究而进行的不同阶段的工作，所以人们很自然地会将它们结合起来。随着技术的发展，两者基础的部分和共同的部分统一为一致的理论与一致的方法，从而产生了 GIS。

由计算机地理制图和计算机图像处理产生 GIS 后，GIS 就不再是纯粹的计算机地理制图系统或纯粹的计算机图像处理系统，并再也不是此两者功能的简单相加，而是有了更为广阔的应用领域和更深层次的用途。

1.1.3 GIS 的发展趋势

1. GIS 的发展

GIS 的存在与发展已历经 30 余年。GIS 技术依托的主要工具和平台是计算机及其相关设备。此外，用户的需求、技术的进步、应用方法论的提高及有关组织机构的建立等因素，深深地影响着 GIS 的发展。纵观 GIS 发展，可以说 GIS 是在地图学的基础上发展起来的。GIS 发展可以分为以下几个阶段。

（1）开拓发展阶段。20 世纪 60 年代，计算机硬件系统功能较弱，限制了软件技术的发展。这一时期的软件主要是针对当时的主机和外设开发的，许多大学研制了一些基于栅格系统的软件包，如哈佛大学的 SYMAP、马里兰大学的 MANS 等，这些软件算法粗糙，图形功能有限。综合来看，初期 GIS 发展的动力来自诸多方面，如学术探讨、新技术的应用、大量空间数据处理的生产需求等。对于这个时期 GIS 的发展来说，专家兴趣及政府的推动起着积极的引导作用，并且大多 GIS 工作限于政府及大学的范畴，国际交往甚少。

（2）巩固阶段。20 世纪 70 年代，计算机硬件和软件技术飞速发展，为空间数据的录入、存储、检索和输出提供了强有力的手段，促进了 GIS 的真正发展。这种发展应归结于以下几方面的原因。一是资源开发、利用乃至环境保护问题成为政府需要解决的疑难问题，而这些都需要一种能有效地分析、处理空间信息的方法与系统。二是计算机技术迅速发展，数据处理速度加快，内存容量增大，超小型、多用户系统的出现，尤其是计算机硬件价格下降，使得政府部门、学校及科研机构、私营公司也能够配置计算机系统，而且计算机硬件的功能不断强大，如用户屏幕和图形图像卡的发展增强了人机对话和高质量的图形显示功能，促使 GIS 朝着实用方向迅速发展。三是专业化人才不断增加，许多大学开始提供 GIS 培训，一些商业性的咨询服务公司开始从事 GIS 工作，如美国环境系统研究所（ESRI）成立于 1969 年。由于这一时期 GIS 的需求增加，地图数字化输入技术也有了一定的进展，提高了工作效率。这一时期软件最重要的进展是人机图形交互技术的发展，系统的应用与开发多限于某个机构，专家个人的影响力被削弱，而政府影响力增强。

（3）突破阶段。随着计算机软、硬件技术的发展和普及，GIS 也逐渐走向成熟，这一时期是 GIS 发展的重要时期。GIS 软件技术在栅格扫描输入的数据处理、数据存储和运算方面有了很大的突破。随着硬件技术的发展，GIS 软件处理的数据量和复杂程度大大提高，许多软件技术固化到专用处理器中，而且遥感影像的自动校正、实体识别、影像增强功能不断进化，专家系统分析软件的数量也明显增加。在数据输出方面，与硬件技术相配合，GIS 软件可支持多种形式的地图输出。在地理信息管理方面，除 DBMS 技术已经发展到支持大型地图数据库的水平外，专门研制的适合 GIS 空间关系表达和分析的空间数据库管理系统也有了很大发展。GIS 的应用领域迅速扩大，从资源管理、环境规划到应急反应，从商业服务区域划分到政治选举分区等，涉及许多学科与领域，如古人类学、景观生态规划、森林管理、土木工程及计算机科学等。许多国家制定了本国的地理信息发展规划，如中国于 1985 年成立了资源与环境信息系统国家重点实验室，美国于 1987 年成立了国家地理信息与分析中心，英国于 1987 年成立了地理信息协会。同时，商业性的咨询公司及软件制造商大量涌现，并提供了系列专业性服务。

（4）社会化阶段。20 世纪 90 年代，随着地理信息产业的建立和数字化信息产品在全世界的普及，GIS 已经成为许多机构必备的工作系统，尤其是政府决策部门，在一定程度上受 GIS 影响改变了现有机构的运行方式、设置与工作计划等。而且，社会对 GIS 的认识普遍提高，需求大幅度增加，从而导致 GIS 应用的扩大与深化。它为国民经济重大问题提供了分析和决策依据，同时 GIS 的研究和应用正逐步形成行业，具备了走向产业化的条件。

（5）普适阶段。普适阶段指自 2005 年后的发展阶段。ESRI 曾提出"用地理设计美化生活、将地理知识人人共享"的理念。至今，ESRI 已经把这个理念深深融入其发布的 ArcGIS 10.1 之后版本。通过 ArcMap、Portal for ArcGIS、云中 ArcGIS Server 及移动终端上 ArcGIS 的 App，每个人都可以成为空间信息的分享者和使用者，从而满足大众的各种需求。

2. GIS 的未来趋势

近两年，行业普遍认为 GIS 将朝着专业化、普适化、智能化方向发展。普适化的 GIS 无疑将引领地理信息产业未来的发展。普适化计算的开发能够通过网络和移动设备等为人们提供更多信息服务，提高计算机感知能力，增强社会关联，具有很强的主动交互和自然交互特点，给人们的生活带来便捷、简单、快速的信息应用，且具有可控性，是 GIS 行业重要的发展趋势之一。

未来的 GIS 将会是普适化的 GIS，任何人都可以使用，在任何地方，拿着任何终端都可以访问 GIS 服务，而且不局限在专业的终端上，普通用户都可以通过多重媒介进行访问。这也得益于云计算技术、移动终端等方面的快速发展，让用户的更多需求都能够非常轻松地实现。在普适化的环境下，我们要做的是为大家创造一个 GIS 的环境，把我们的知识和经验用地图的方式来表达，让用户非常方便地获得地图数据。

随着云计算、物联网、移动终端等新技术的快速发展，未来的 GIS 将会是普适化的 GIS，用户日益多样的需求将能够得以轻松解决。任何人都可以使用，在任何地方，拿着任何终端都可以访问 GIS 服务，而不再局限于专业终端上，普通用户都可以通过多重媒介进行访问。

GIS 是一门综合性的技术，也是一种对空间数据进行采集、存储、更新、分析、输出等处理的工具，软件是 GIS 的核心。GIS 软件体系主要指 GIS 软件的组织方式，它依赖于一定的软件技术基础，并决定了 GIS 软件的应用方式、集成效率等许多方面的特点。从发展历程看，GIS 应用软件技术体系可以划分为 GIS 模块、集成式 GIS、模块化 GIS、核心式 GIS、组件式 GIS 和万维网 GIS 6 个阶段。随着计算机和互联网技术的发展及应用领域的扩展，GIS 的应用软件系统发展很快，构建了各种不同功能的 GIS。目前以 GIS 软件发展为特征的系统主要呈现以下几种趋势。

（1）ComGIS（组件式 GIS）。ComGIS 是采用了面向对象技术和组件式软件的 GIS（包括基础平台和应用系统）。ComGIS 的基本思想是把 GIS 的各大功能模块划分为几个组件，每个组件完成不同的功能。各个 GIS 组件之间及 GIS 组件与其他非 GIS 组件之间，都可以方便地通过可视化的软件开发工具集成起来，形成最终的 GIS 基础平台及应用系统。

组件式 GIS 代表着当今 GIS 发展的潮流，其代表作当属全球最大的 GIS 厂商 ESRI（美国环境研究所）推出的 ArcGIS Engine 组件和 MapObjects，著名的桌面 GIS 厂商美国 MapInfo 公司推出的 MapX，此外还有 Intergragh 公司的 GeoMedia、加拿大阿波罗科技集团的 TITAN 及国内的 SuperMap 系列组件等。

ComGIS 给国内 GIS 基础软件开发提供了一个良好机遇，因为它打破了 GIS 基础软件由少数几个厂商垄断的格局，开辟了以提供专业组件打入 GIS 市场的新途径。目前大多数 GIS 软件公司都把开发组件式软件作为重要的技术发展战略。

（2）WebGIS。信息高速公路的建立极大地方便了世界各地用户之间的信息交换与信息查询。由于 GIS 具有丰富的空间查询、空间分析及属性管理功能，因此 GIS 正在成为 Internet 或 Intranet 的主要内容。随着 Internet 技术的不断发展和人们对 GIS 的需求不断增强，把 GIS 与网络技术相融合，利用 Internet 在 Web 上发布空间数据，为用户提供空间数据浏览、查询和分析的功能，形成一个网络化的地理空间集成平台，已经成为 GIS 发展的必然趋势。

GIS 技术和 Internet 技术融合，形成了一种新的技术，称为 WebGIS。WebGIS 是将

Internet 技术应用于 GIS 领域的产物。GIS 通过 Internet 使其功能得以扩展，通过 Internet 的任意一个节点，Internet 用户可以浏览 WebGIS 站点的空间数据、制作专题图并进行各种空间检索和空间分析，从而使 GIS 进入千家万户。因此，WebGIS 不但具有大部分乃至全部传统 GIS 软件具有的功能，而且具有利用 Internet 优势的特有功能，即用户不必在自己的本地计算机上安装 GIS 软件就可以在 Internet 上访问远程的 GIS 数据和应用程序，进行 GIS 分析，在 Internet 上提供交互的地图和数据。

目前，WebGIS 在 Internet/Intranet 上的应用为典型的三层结构。三层结构包括客户机、应用服务器和 Web 服务器、数据库服务器，这种方式属于"瘦"客户机系统，在客户机端没有或者只有很少的应用代码。客户机负责数据结果的显示及用户请求的提交；地图应用服务器和 Web 服务器负责响应和处理用户的请求；数据库服务器负责数据的管理工作。所有地图数据和应用程序都放在服务器端，客户端只是提出请求，所有响应都在服务器端完成，只需在服务器端进行系统维护即可，客户端无须任何维护，减少了系统的工作量。

WebGIS 具有以下优点。

■ 平台独立。WebGIS 是基于互联网的，能够在不同的平台运行。无论服务器/客户机是何种机器，无论 WebGIS 服务器端使用何种软件，由于使用了通用的 Web 浏览器，用户可以自由地访问 WebGIS 数据，在本机或某个服务器上进行分布式部件的动态组合和空间数据的协同处理与分析，实现远程异构数据的共享。

■ 应用面广。客户可以同时访问多个位于不同地点的服务器上的最新数据，网络功能将使 WebGIS 应用到整个社会，Internet/Intranet 所特有的优势方便了 GIS 的数据管理，使分布式多数据源的数据管理和合成更易于实现。

■ 时实性强。地理信息的实时更新在网上进行，人们能得到最新信息和最新动态。

■ 系统成本低。普通 GIS 在每个客户端都要配备昂贵的专业 GIS 软件，而用户使用的经常只是一些最基本的功能，这实际上造成了极大的浪费。WebGIS 在客户端通常只需使用 Web 浏览器（有时还要添加一些插件），其软件成本与全套专业 GIS 相比明显要少得多。另外，由于客户端的简单性而节省的维护费用也很可观。

■ 维护社会化。数据的采集与输入、空间信息的分析与发布将在社会协调下运作，对其维护将是社会化的，可减少重复劳动。

■ 操作简单。通用的 Web 浏览器降低了对系统操作的要求，用户可以直接从网上获取所需要的各种地理信息，直接进行各种地理信息的分析，而不用关心空间数据库的维护和管理。

WebGIS 可实现网上发布、浏览、下载，实现基于 Web 的 GIS 查询和分析。尽管目前国内外已有多家公司推出 WebGIS，但 WebGIS 仍处在实验研究阶段，其最终目标是实现 GIS 与 Internet 技术的有机结合，GIS 通过 Internet 成为大众使用的技术和工具。

1.2 GIS 的空间数据模型

数字计算机中，一切信息都是通过数字表达的，这就是风靡当今的数字小区、数字城市、数字省区、数字国家、数字地球等名称的由来。GIS 也是在数字计算机上实现的信息处理工具，它当然也是用数字来描述客观的地理世界及其中的地理实体的。

GIS 的空间数据模型就是地理信息在计算机中的组织与编码形式，它是适合于计算机存储、管理和处理分析的地理空间数据的逻辑结构。

GIS 中用于表示地理对象位置、分布、形状、空间相互关系等信息内容的数据被称为"空间数据"，而表示地理对象与空间位置无关的其他信息，如颜色、质量、等级、类型等其他信息内容的数据被称为"属性数据"。一般来讲，前者有较为复杂的数据结构，而后者却有较为丰富的数据形式。

此外，GIS 的空间数据模型还可以从不同的着眼点划分为对象模型、网络模型和场模型。对象模型集中于描述离散的地理对象，网络模型强调描述特殊对象之间的关联，场模型则着眼于连续的地理属性空间。

目前，表示地理对象空间特征的数据，主要有两种数据模型——基于对象模型的矢量数据模型和基于场模型的栅格数据模型（两种数据模型的比较见表 1-1），而地理对象属性数据的表示则随着空间数据模型的不同而有所不同。

表 1-1　矢量数据模型与栅格数据模型的比较

比较内容	矢量数据模型	栅格数据模型
数据结构	复杂	简单
数据量	小	大
图形精度	高	低
图形运算、搜索	复杂、高效	简单、低效

续表

比较内容	矢量数据模型	栅格数据模型
软件与硬件技术	不一致	一致或接近
遥感影像格式	要求比较高	不高
图形输出	显示质量好、精度高，但成本比较高	输出方法快速，质量低，成本比较低
数据共享	不易实现	容易实现
拓扑和网络分析	容易实现	不易实现

1.2.1　矢量数据及其拓扑关系模型

1. 矢量数据模型

矢量数据模型是 GIS 主要的数据模型之一。类似于矢量地图，GIS 的矢量数据模型也是用点、线（或称"弧"）、面（或称"多边形"）这三种主要的图形元素来抽象表示地理对象的。由于面（多边形）是线（弧）所围成的区域，线（弧）又是点的有向序列，所以坐标点是矢量数据模型最基本的数据元素。或者说，GIS 的矢量数据模型，就是以坐标点的方式记录抽象点、线、面的地理实体。

从理论上说，矢量数据描述的是连续空间，因而它能精确地表达地理实体的形状与位置，又可以通过点、线、面三种基本图元之间的联系，构筑地理实体及其图形表示的邻接、连通、包含等拓扑关系，另外借助面向对象的图形数据结构，可以抽象表示任何类型的地理实体。矢量数据模型的这些特点，都更有利于地理信息的查询、网络或路径的优化、空间相互关系的分析等广泛的地理应用。

GIS 的矢量数据模型可以用相对较少的数据量记录大量的地理信息，而且精度高、制图效果好。在 GIS 发展早期，受计算机存储能力及计算速度的限制，其扮演了更为重要的角色，是 GIS 基本的数据模型之一。

2. 矢量数据的拓扑关系模型

拓扑学是几何学的一个分支，它研究在拓扑变换下空间图形不变的几何属性——拓扑属性。在 GIS 的矢量数据模型中，图形数据元素之间的空间位置关系用拓扑关系来定义。拓扑关系能明确定义图形元素之间的空间位置关系，而且比通过坐标和距离计算得到的空间位置关系更明确、更可靠，是 GIS 矢量数据模型和多种空间分析算法实现的基础。

当前商用的 GIS，主要使用两种拓扑关系模型。一种是 MapInfo、ArcGIS 等桌面 GIS 所使用的"空间实体+空间索引"模型，另一种是 ArcGIS 等专业 GIS 产品所使用的 POLYVRT 模型。

"空间实体+空间索引"模型采用"面向对象"的图形数据结构。即以点、线、面作为基本的图形数据元素，各图形数据元素之间相互独立。好处是容易实现，但缺少图形元素之间的拓扑信息，许多空间分析算法在实现上有所障碍。

POLYVRT 拓扑关系模型则基于结点和弧段的严密组织，结点是弧段的首、尾点或弧段之间的交叉点（弧段不能跨结点存在）。多边形由首、尾相连的弧段围成，相邻的多边形之间共用一条边界弧段。

1.2.2　栅格数据模型

栅格数据就是用数字表示的像元阵列，其中栅格的行和列规定了实体所在的坐标空间，而数字矩阵本身则描述了实体的属性或属性编码。

栅格数据是计算机和其他信息输入/输出设备广泛使用的一种数据模型，如电视机、显示器、打印机等的坐标空间，甚至专门用于矢量图形的输入/输出设备，如数字化仪、矢量绘图仪及扫描仪等，其内部结构实质上也是栅格的。

栅格数据最显著的特点就是存在着最小的、不能再分的栅格单元，在形式上常表现为整齐的数字矩阵，因而便于计算机进行处理，特别是存储和显示。

遥感数据是采用特殊扫描平台获得的栅格数据。遥感能快速、实时和大面积获取地面信息，是 GIS 最重要的数据来源之一。实践中更有以处理遥感影像数据为主的系统，因而实用的 GIS 必然要求能够有效地处理来自遥感的栅格数据。

数字地形模型（DTM）和数字高程模型（DEM）是 GIS 专门的研究与应用领域，有着十分广泛的用途。DTM 和 DEM 常用的、也最简单的表示形式就是栅格数字阵列，这些都对 GIS 处理栅格数据的能力提出了很高要求。

此外，栅格数据存在着的"最小空间单元"，非常适合于地理信息的"模型化"。因为无论怎样复杂的模型算法，在一个栅格单元内就是纯粹的属性运算。随着计算机硬、软件技术的发展与突破，栅格数据占用存储空间大、图形数据精度差等传统的缺点对一个实际运行的应用系统来说已经显得越来越不重要了，从而栅格数据模型成为解决许多复杂实际应用问题的有力武器。

近年来，许多研究者在栅格数据模型和属性数据模型之外，探索一种矢量和栅格一体化的数据模型，以实现这两种数据模型的统一，但这一探索目前仍处于研究阶段。

1.2.3　属性数据及其表示

GIS 矢量数据模型采用的是"面向对象"的图形数据结构，属性值与相应的地理实体相联系。空间数据以实际表示的地理对象组织为一个单元（点、线、面），该地理对象的属性数据可以是描述该地理对象的一切形式的数据类型，各属性项之间彼此独立，从而形成该对象的属性向量序列，我们称为"向量模型"。

GIS 栅格数据模型采用的是"面向空间"的图形数据结构，属性值与相应的空间位置相联系。空间数据以行、列值确定的单元所对应的属性或属性编码表示该单元位置的地物属性。显然，这样的属性表示不能在一个栅格阵列中列出更多的属性内容，而只能选择在一个专题内容下的不同属性取值，我们称为"专题模型"，如图 1-1 所示。

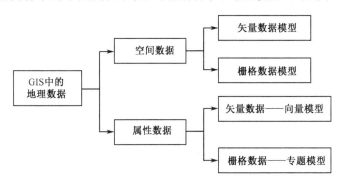

图 1-1　GIS 的数据模型

GIS 中地理对象与位置、分布、形状等空间信息无关的特性，用属性数据来表示。在矢量数据模型中，空间数据的单元是抽象化的点、线、面数据对象，其属性数据的具体内容一般要比空间数据灵活，原因是其在很大程度上依赖于系统设计对属性数据的内容和处理要求。如"道路"属性的描述，可以有名称、起点、到达点、长度、路宽、路面性质、路面等级、林荫带的有无、最大允许车速、最大允许承压等。这些属性数据，对不同的信息系统，就有着各种选择的较大灵活性：对于城市交通管理信息系统来说，这大部分内容都是必需的，甚至还要补充；对于城市人口信息系统来说，以上数据信息未必都是必需的，而很可能有较大程度的简化。另对于同样是"线"实体的河流来说，用于航运管理的信息系统和用于水资源优化利用的信息系统，属性数据的选择同样会有不同。所以，同是点、线或面的空间数据类型，其属性数据会千差万别甚至完全不同。

属性数据这种随应用而变化的随意性决定了它不可能有统一的数据格式，因而从数据结构角度也难建立各数据项之间的彼此联系，所以 GIS 矢量数据模型下的属性数据，只能处理为"属性向量"形式，即将各属性项看作彼此无关的"独立向量"，如图 1-2 所示。

属性1	属性2	属性3	属性4	属性5	…	属性n

图 1-2　GIS 的属性数据模型

至于栅格数据，由于数据单元对应的是区域空间，区域空间在一般情况下都不具有一致的属性值，所以要表示区域空间内的地物的属性，就只能对整个区域空间选择使用一种属性类型，这就是该栅格阵列的内容或"主题"。栅格数据这种以"主题"命名属性的方法我们称为"主题模型"。也就是说，一个栅格矩阵单元对应一种属性主题，如地表高程及地面坡度、坡向和土地利用类型等，这样每个栅格单元的具体内容，就只是同一主题下的不同取值。

1.2.4　空间地理位置

地球表面是一个起伏不平的不规则表面，地面上任意一点的位置都可以用地理坐标来确定，而要将一个由地理坐标确定的点表示到二维平面上，就必须采用地图投影来实现。地理信息与地理坐标密切联系，地物的空间位置信息可用不同的地理坐标来描述。在 GIS 中，常用的坐标系统主要有三种：空间直角坐标系、地理坐标系、平面直角坐标系。

1. 空间直角坐标系

原点位于参考椭球体的中心，z 轴指向参考椭球体的北极，x 轴指向起始子午面与赤道的交点，y 轴位于赤道面上，且按右手系与 z 轴成 90° 夹角，如图 1-3 所示。

在空间直角坐标系中，任意一点的坐标可用该点在坐标系的各个坐标轴上的投影来表示。一个特定的地理坐标系由一个特定的椭球体和一种特定的地图

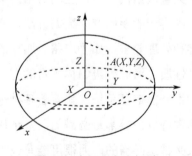

图 1-3　空间直角坐标系

投影构成，其中椭球体是一种对地球形状的数学描述，而地图投影是将球面坐标转换成平面坐标的数学方法。

2. 地理坐标系

所谓地理坐标系，包括两方面内容：一是在把大地水准面上的测量结果换算到椭球体面上的计算中所采用的椭球的大小；二是椭球体与大地水准面的相关位置不同，对同一点的地理坐标所计算的结果将有不同的值。因此，选中了一个一定大小的椭球体，并确定了它与大地水准面的相关位置，就确定了一个坐标系。

地球的自然表面是一个不规则的曲面，但是从总体形状来看，地表的起伏高差相对于地球的半径是相当微小的，因此人们可以用旋转椭球体来模拟地球的形状。这个椭球体我们称为"地球椭球体"。不同国家在不同的历史时期对地球进行过多次测量，出现了大量的椭球体，但是由于没有一个椭球体能够准确地描述地球的整体形状，因此在应用时应该根据各个国家或地区的具体情况选择合适的地球椭球体。

地理坐标系也称为真实世界的坐标系，其用经度、纬度和高程来定义或确定地物的位置。

1）天文经纬度

在大地测量中常以天文经纬度来定义地理坐标，天文经度即观测点天顶子午面与格林尼治天顶子午面的两面角，或视为一个天体在上述两地的时差角。在天文学和大地测量学中，常用时间单位表示。天文经度在地球上的定义，即本初子午面与观测点之间的两面角。天文纬度在地球上定义为铅垂线与赤道平面间的夹角，如图 1-4 所示。

2）大地经纬度

通常在大地测量中，所有的观测值在概算时均应转换到参考椭球面上。地面上任意点 A 的位置，可用大地经度 λ、大地纬度 ϕ 和大地高度 h 表示，如图 1-5 所示。

大地经度 λ 指参考椭球面上某一点的大地子午面与本初子午面的两面角，通常由本初子午面向东西量度，向东 $0°\sim180°$ 为东经，向西 $0°\sim180°$ 为西经。按规定，东经为正，西经为负。大地纬度 ϕ，指参考椭球面上某一点的垂直线（亦称法线）与赤道平面的夹角。由赤道向南北两极量度，向北 $0°\sim90°$ 为北纬，向南 $0°\sim90°$ 为南纬。

大地经纬度构成的本地坐标系，在大地测量计算中广泛应用。

3）地心经纬度

地心指地球椭球体的质量中心。地心经度等同大地经度，地心纬度是指参考椭球面上任一点和椭球中心连线与赤道面之间的夹角。

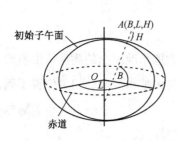

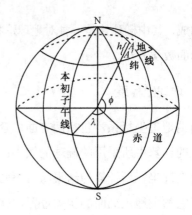

图 1-4　天文经纬度坐标系　　　　　图 1-5　大地经纬度坐标系

4）三种经纬度关系

如图 1-6 所示，由 O、P 定义的经纬度为地心经纬度；由椭球表面垂直线（或称法线）定义的经纬度为大地经纬度。但从前面关于天文经纬度的严格定义可以看出，天文经纬度只能在天球上定义，因为铅垂线既不过地心，通常也不与地轴共面，因而天文经度难以用两面角定义。由此可见，在大地经纬网上各点的天文经纬度和大地经纬度是不相同的。而天文经度及天文纬度相同点的轨迹，却呈现为在大地经纬线附近摆动的非平面曲线。由于 θ 通常很小，因而这种摆动也是很小的。图 1-6 中 ψ 代表地心纬度，ϕ 指大地纬度，φ 指天文纬度。

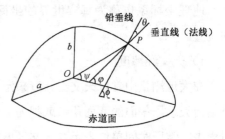

图 1-6　三种经纬度关系

3. 平面直角坐标系

地球椭球面是一个不可展平的曲面，必须通过地图投影来将地球表面上任何一个由地理坐标不确定的点表示到二维平面上。地图投影运用一定的数学模型，将地理坐标转换成平面直角坐标系。

数学上的平面直角坐标系有两个坐标轴，其中横轴为 x 轴（x-axis），取向右方向为正方向，纵轴为 y 轴（y-axis），取向上为正方向。坐标系所在平面叫作坐标平面，两坐标轴的公共原点叫作平面直角坐标系的原点。x 轴和 y 轴把坐标平面分成四个象限，右上面的叫作第一象限，其他三个部分按逆时针方向依次叫作第二象限、第三象限和第四象限。象限以数轴为界，横轴、纵轴上的点及原点不属于任何象限。一般情况下，x 轴和 y 轴取相同的单位长度。

与数学上的直角坐标系不同，在运用地图投影将地理坐标转换成平面直角坐标系时，投影带中央经线的投影为纵轴（x 轴）、赤道投影为横轴（y 轴）（见图 1-7），x 轴与 y 轴的交点为原点的直角坐标系称为国家坐标系，否则称为独立坐标系。

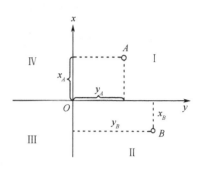

图 1-7　平面直角坐标系

4. 地图投影

地图投影是一种在地球球面和平面之间建立点与点之间函数关系的数学方法，目的是解决将不可展的椭球面转换到一个平面上所产生的误差问题，主要采用几何透视方法或数学分析的方法，将地球上的点和线投影到可展开的曲面上，如平面、圆柱面或圆锥面。

地图投影主要分为以下几类。

1）按变形性质分类

等角投影：投影图上没有角度变形，即 $\omega=0$ 的投影。长度变形和面积变形离投影中心越远越大。

等面积投影：没有面积变形，即面积比等于 1 的投影。长度变形和角度变形离投影中心越远越大。

等距离投影：主方向之一没有长度变形的投影。投影中心是没有变形的点，离投影中心越远，变形越大。

2）按构成方法分类

方位投影（几何面为平面）：投影中心是没有变形的点，以投影中心向外变形逐渐增大，等变形线呈同心圆状分布。

圆柱投影（几何面为圆柱）：赤道为无变形的线，长度、面积变形随纬度的增高而增大。

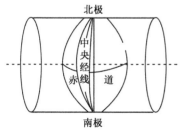

图 1-8　高斯-克吕格投影

圆锥投影（几何面为圆锥）：标准纬线为没有变形的线，离标准纬线越远变形越大。

此外，不借助几何面，用数学解析法确定，还分为伪方位投影、伪圆柱投影、伪圆锥投影及多圆锥投影。

我国规定 1∶500 000 及更大比例尺地形图使用的投影为高斯-克吕格投影，如图 1-8 所示，此投影为横轴等角切椭圆柱投影。椭圆面作为投影面，并与椭球面相切于一条经线上，按等角条件将该经线东西一定范围内的区域投影到椭圆柱表面上，再展成平面，构成横轴等角切椭圆柱投影。

六度带中央经线经度的计算：当地中央经线经度=6°×当地带号-3°。例如，地形图上的横坐标为 20345，其所处的六度带的中央经线经度为 6°×20-3°=117°（适用于 1:25 000 和 1:50 000 地形图）。三度带中央经线经度的计算：中央经线经度=3°×当地带号（适用于 1:10 000 地形图）。

其特征为：中央经线与赤道为互相垂直的直线；其他经线均投影为与中央经线相对称、并交汇于两极的曲线；其他纬线均投影为以赤道为对称轴向两极弯曲的曲线；经纬线成直角相交；具有等角性质；中央经线长度比等于 1，其余经线长度比均大于 1，长度变形为正；距中央经线越远，变形越大；在同一经线上，纬度越低，变形越大，最大变形在边缘经线与赤道的交点。

1.2.5　空间数据与属性数据的连接

在 GIS 的矢量数据模型中，由于空间数据和属性数据采用了完全不同的数据结构模式，为实现空间数据对象与其属性数据的统一，就必须将这两者连接起来。这通常通过一个共同的内部标识来实现。具体实现方法是对所有的空间数据对象（对应一定结构的图形对象）类，在其数据结构中建立一个唯一的标识字项，而在描述该空间数据对象的属性数据表格中，也建立一个这样唯一的标识字项。这样，无论是从空间数据对象查找其对应的属性信息，还是从属性数据记录中查找符合条件的空间数据对象，都可以通过这个标识字进行。

譬如，当单击某地理对象时，系统返回该地理对象的内部标识码，通过这个内部标识，就可以在属性数据表格中查询到这个地理对象对应的属性信息，如图 1-9 所示。

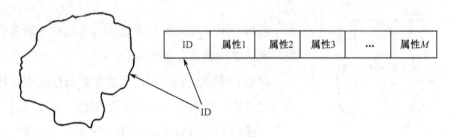

ID	属性1	属性2	属性3	...	属性M

图 1-9　空间数据与属性数据的连接

1.2.6　数据模型与 GIS 功能之间的联系

数据模型和数据组织是 GIS 软件的基础。没有好的数据模型，将导致系统功能的实现难度大大增加，甚至部分系统设计功能的无法实现。一般来说，这些影响主要包括以下几个方面。

（1）GIS 数据模型决定了 GIS 能否成功地表达各种地理对象与地理现象。GIS 数据模型抽象表达地表的各种地理对象，也同时表达这些地理对象相互作用所形成的各种地理关系和地理现象。显然，GIS 数据模型就必须能恰当地描述和表达这一切，否则数据模型就失去了它应有的功能，"模型"就不能模拟现实而成为"不称职"的模型。这也是对 GIS 数据模型最基本的要求。

（2）GIS 数据模型决定了 GIS 基本功能是否能够得以实现。GIS 各种基本功能的实现，都是通过对其数据模型中有关数据项进行各种复杂的计算分析来实现的，直接决定了系统基本功能的实现，如果数据模型中的有关信息缺失，这种计算就无法进行。譬如，邻域分析要求确定两个多边形的相邻与不相邻，一般是通过公有弧段来判定的，但如果数据模型中，多边形不是通过弧段，而是通过一组闭合的折线来定义的，则两个多边形之间即使相邻，却由于没有相邻的拓扑信息，这个邻域分析功能也无以实现。

（3）GIS 数据模型对各种 GIS 分析模型的实现具有关键意义。GIS 数据模型不仅决定了系统基本功能的实现，同时也对系统中各种 GIS 分析模型的实现具有关键意义。因为 GIS 中的各种分析模型，其实质都是将现实中的各种地理规律和地理逻辑映射为对地理数据所进行的各种计算操作程序。数据模型设计的合理与否，将直接影响到这种计算处理的难易和能否实现。

（4）GIS 数据模型决定了 GIS 数据库的效率与管理的难易程度。GIS 中，地理数据是存储在地理数据库中的。显然，GIS 数据模型将直接影响地理数据在地理数据库中的存储效率和存取效率。数据模型设计得越合理，地理数据库的信息量与数据量比值就会越大，数据库的存储效率也会越高；另外，数据模型设计得合理，程序员对地理数据存取的程序设计也会简单而高效，从而影响到数据库管理的难易。

1.3　GIS 的分类

简单地说，GIS 就是能处理、分析地理空间数据的一类信息系统。按照 GIS 的应用特点，可以将 GIS 分为两类——应用型 GIS 和工具型 GIS。

1.3.1　应用型 GIS

所谓应用型 GIS，就是与特定的地理区域相联系的、具有明确应用目的的 GIS。简单地说，就是广大用户为解决特定应用问题而建立的 GIS。应用型的 GIS，一般具有以下特点。

（1）区域性特点。应用型的 GIS，一般都针对特定的地理区域，或者说与特定的地理区域相联系。如"陕西省生态环境数据库系统""塔里木河水资源管理信息系统""西安市房地产管理信息系统""加拿大地理信息系统"等，系统名称前往往都冠以区域名称，即指明了系统的区域性。

（2）应用目的性特点。应用型的 GIS，一般都具有更为明确的应用目的和使用对象。如"里木河水资源管理信息系统"，明确指明其应用目的就是管理塔里木河的水资源，它的使用对象只能是对塔里木河水资源具有检查、规划、协调与调配权力的国家或地方机构。又如"西安市交通管理信息系统"，则明确它的应用目的就是管理西安市的交通，它的使用对象只能是城市的交通管理部门等。

（3）核心应用模型。应用型的 GIS，特别是专业型的 GIS，一般以一个到几个核心的应用分析模型（或模型群）作为系统的核心应用模型。这些应用模型，有的是 GIS 常规的应用分析方法或者模型，如邻域分析、缓冲区分析、最短路径分析、泰森多边形分析、地形分析、空间叠置分析等的简单使用或各种组合，但更多的是以这些常规的应用分析方法或模型为基础，结合本专业的新理论与新技术而建立的专业应用模型。

（4）专业的用户界面。应用型的 GIS，一般都结合专业的应用问题并针对特定的用户群体建立完全专业化和用户化的系统界面。一般不出现面向 GIS 专业的名词或术语；界面的布局、组件的使用也都更接近特定专业的用户习惯与行业规范。水土保持或资源环境管理信息系统，在要求使用缓冲区分析模型建立河流沿岸一定宽度范围内的植被重点保护范围时，就可能在其相应的菜单项中直接使用"确定植被重点保护区范围"专业术语，而不会使用"缓冲区分析"等 GIS 专业术语。

应用型 GIS，还可进一步划分为专题型 GIS 和区域型 GIS。所谓专题型 GIS，就是具有有限目标和专业特点的 GIS，如各种水资源管理信息系统、房地产管理信息系统、交通管理信息系统、土地管理信息系统等。这一类 GIS，一般应用范围、用户对象都比较明确，并且有很强的专业针对性。而所谓区域型 GIS，则是以区域的自然、社会经济综合研究和全面信息服务为目标而建立的 GIS。这类 GIS，一般作为社会公用的信息服务项目，没有针对性很强的专业应用目的和固定的用户对象，并且具有一个大而全面的数据库系统支持，涉及区域的资源、环境和社会经济的方方面面，因而也适应更多的应用部门和更广泛的用户群体。

1.3.2　工具型 GIS

工具型 GIS，是可以对各种地理空间数据进行输入、编辑、显示、管理、查询和处理分析，并能用于建立应用型 GIS 的软件包。

工具型 GIS，特别是设计先进、技术含量高的流行商品地理信息处理平台，一般都在很大程度上满足用户的应用要求，但其面向的往往是 GIS 理论与技术，对用户的专业问题针对性不强，除非对 GIS 理论和技术方法熟练掌握的专业用户，才能够自如地解决自己的专业应用问题，而一般用户则难以直接使用。

另外，从用户应用角度来看，用户建立自己的 GIS 应用，未必一定要用到专用的工具型 GIS。但在实践中，由于 GIS 是一类复杂、先进的高技术，开发一个实用的 GIS，需要涉及 GIS 的有关理论、技术、方法、技术规范和数据标准等方方面面的内容，还涉及软件工程、空间数据结构、空间数据库技术、GIS 应用分析模型及其算法等，因而除非特别需要，用户从时间、精力、投资、技术力量等多方面考虑，都不会选择从底层做起，而乐于使用专门的 GIS 开发工具。一些长期从事 GIS 技术开发的企业或组织，则可能利用它们较长时间的开发经验和技术积累，从事 GIS 开发方面的技术服务，成为工具型 GIS（或基础软件）的专门开发商。

结合以上分析，可以看出，GIS 的分类可表示为图 1-10 所示形式。

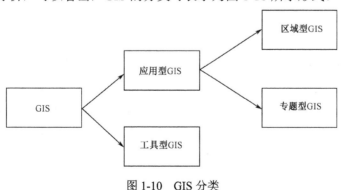

图 1-10　GIS 分类

1.3.3　应用型 GIS 开发的三种实现方式

1. 独立开发

独立开发指开发者采用一种程序设计语言，从系统的底层开发入手，进行 GIS 功能的设计和实现。这种开发方式不依赖于任何 GIS 工具软件，从空间数据的采集、编辑到数据的处理分析及结果输出，所有的算法都由开发者独立设计，然后选用某种程序设计语言，如 Visual C++、Delphi 等，在一定的操作系统平台上编程实现。这种方式无须依赖任何商业 GIS 工具软件，减少了开发成本，开发者对系统的底层设计非常清楚，便于升级和修改调试，但需要投入大量的时间和人力，而且系统的稳定性需要长时间的检验，软件需要不断测试和修改。

2. 单纯二次开发

单纯二次开发指完全借助于 GIS 工具软件提供的二次开发语言进行应用系统开发。GIS 工具软件大多提供了可供用户进行二次开发的宏语言，如 ESRI 支持的 Avenue 和 Python 语言，MapInfo 公司研制的 MapInfo Professional 提供的 MapBasic 语言等。用户可以利用这些宏语言，以原 GIS 工具软件为开发平台，开发特殊目的的应用程序。这种方式需要投入大量的时间学习二次开发语言，而且能够实现的功能也有限，语言的通用性差。

3. 集成二次开发

集成二次开发是指利用 GIS 工具软件或 GIS 控件，如 ArcGIS、MapObjects、MapInfo、MapX 等，实现 GIS 的基本功能，以通用软件开发工具尤其是面向对象的可视化开发工具，如 Delphi、Visual C++、Visual Basic、Power Builder 等为开发平台，进行二者的集成开发。

目前主要有以下两种集成二次开发方式。

（1）以 GIS 工具软件为基础的开发（OLE/DDE 方式）：采用 OLE Automation 技术或利用 DDE 技术，用软件开发工具开发前台可执行应用程序，以 OLE 自动化方式或 DDE 方式启动 GIS 工具软件在后台执行，利用回调技术动态获取其返回信息，实现应用程序中的地理信息处理功能。这种方式在 2000 年左右较为流行，随着组件技术的发展而逐渐退出应用领域。

（2）以 GIS 控件为基础的开发：利用 GIS 工具软件生产厂家提供的建立在 OCX 技

术基础上的 GIS 功能控件，如 ESRI 的 ArcGIS Engine 和 MapObjects、MapInfo 公司的 MapX 等，在 Delphi、Visual C++、Visual Basic、Power Builder 等编程工具编制的应用程序中，直接将 GIS 功能嵌入其中，实现 GIS 的各种功能。

4. 三种实现方式的分析与比较

由于独立开发难度太大，单纯二次开发受 GIS 工具提供的编程语言的限制而增大了开发的难度，因此结合 GIS 工具软件（或控件）与当今可视化开发语言集成开发方式就成为 GIS 应用开发的主流。它的优点是：既可以充分利用 GIS 工具软件对空间数据库的管理、分析功能，又可以利用其他可视化开发语言具有的高效、方便等编程优点，集二者之所长，不仅能大大提高应用系统的开发效率，而且使用可视化软件开发工具易于创建软件界面，系统的稳定性高，实现的数据库功能更强大，实现的 GIS 可靠性好、易于移植、便于维护。尤其是使用 OCX 技术利用 GIS 功能组件进行集成开发，更能表现出这些优势。

由于上述优点，集成二次开发正成为应用 GIS 开发的主流方向。这种方法唯一的缺点是前期投入比较大，需要同时购买可视化编程软件和 GIS 工具软件或 GIS 控件。

目前许多软件公司都开发了很多 ActiveX 控件，合理选择和运用现成的控件，可减少开发者的编程工作量，使开发者避开某些应用的具体编程。直接调用控件实现这些具体应用，不仅可以缩短程序开发周期，使编程过程更简洁，用户界面更友好，还可以使程序更加灵活、简便。因此，GIS 组件式开发将成为未来的发展趋势，与利用 OLE Automation 技术作为服务器的 GIS 开发相比，利用控件开发速度快，占用资源少，而且容易实现应用系统底层的编程和设计开发。

1.4 GIS 开发的组件技术

1.4.1 软件开发的组件技术

目前，在软件开发领域，由于日趋成熟的组件技术具有方便快捷的特点，易于被开发者所熟悉和掌握，因此吸引了更多的人加入软件开发的队伍中，并推动了组件技术的迅速发展。组件技术以前所未有的方式提高了软件产业的生产效率，这一点已逐步成为软件开发人员的共识。传统的 C/S 结构、群件、中间件等大型软件系统的构成形式，都将在组件的基础上重新构造。由于组件技术的出现，软件产业的形式也随之发生了很大的变化。大量组件生产商涌现出来，并推出各具特色的组件产品，软件集成商则利用适当的组件快速生产出用户需要的某些应用系统。

组件技术使近 20 年来兴起的面向对象技术进入成熟的实用化阶段。在组件技术的概念模式下，软件系统可以被视为相互协同工作的对象集合，其中每个对象都会提供特定的服务，发出特定的消息，并且以标准形式公布出来，以便其他对象了解和调用。组件间的接口通过一种与平台无关的语言 IDL（Interface Define Language）来定义，而且是二进制兼容的，使用者可以直接调用执行模块来获得对象提供的服务。早期的类库，提供的是源代码级的重用，只适用于比较小规模的开发形式；而组件则封装得更加彻底，更易于使用，可以在各种开发语言和开发环境中使用。

1.4.2　COM 与 DCOM

1. COM

COM 是组件式对象模型（Component Object Model）的英文缩写，是组件之间相互接口的规范，是 OLE（Object Linking & Embedding）和 ActiveX 共同的基础，其作用是使各种软件构件和应用软件能够用一种统一的标准方式进行交互。COM 不是一种面向对象的语言，而是一种与源代码无关的二进制标准。COM 所建立的是一个软件模块与另一个软件模块之间的链接，当这种链接建立之后，模块之间就可以通过称为"接口"的机制来进行通信。COM 标准增加了保障系统和组件完整的安全机制，并扩展到分布式环境。

COM 本质上仍然是客户/服务器模式。客户（通常是应用程序）请求创建 COM 对象并通过 COM 对象的接口操纵 COM 对象。服务器根据客户的请求创建并管理 COM 对象。客户和服务器这两种角色并不是绝对的。

2. DCOM

分布式环境下的 COM 称作 DCOM（Distribute COM，分布式构件对象模型）。微软在其 ActiveX 技术中蕴含了"软件部件"的概念，而且进一步将这种技术拓展为 DCOM 技术。DCOM 是 ActiveX 的基础，它实现了 COM 对象与远程计算机上的另一个对象之间直接进行交互。DCOM 规范定义了分散对象创建和对象间通信的机制，规范本身并不依赖于任何特定的编程语言和操作系统。DCOM 是对原 COM 技术的延续，主要增加了远程调用 COM 部件的功能。同时，由于它结合原来 COM 中的 ActiveX 技术，使得原有的各种 ActiveX 部件也因 DCOM 的兼容性变成可被远程调用的部件。

因为 DCOM 派生于 ActiveX 技术，所以它可以支持现有的 TCP/IP、HTTP 等网络协议，还对 Java 语言兼容，微软也授权在 Unix、SOLARIS 等其他操作系统平台上使用这种技术。DCOM 的技术特点在于每个程序模块无须存储在各客户端，更无须下载程序本身在客户端运行。只要在服务器内存放一份 DCOM 部件，不同地方的用户即可通过网络来访问这一 DCOM 部件。使用 DCOM 部件构成的大型程序，可以把处理相同工作的部分分割出来交给一个专门的软件模块完成。而其他程序或其他 DCOM 部件只需对其进行调用，即可获得所需信息。当程序流程发生变化时，程序员只要对变更的部分进行修改，即可同时对其他单位的程序更新，有效地提高了整个系统的灵活性。

DCOM 的实现采用了 DCOM 库的形式，当 DCOM 客户对象需要 DCOM 服务器对象的服务时，DCOM 库负责生成 DCOM 服务器对象并在客户对象和服务器对象之间建立初始连接，一旦返回服务器对象指针，DCOM 库就不再参与客户对象与服务器对象之间的工作，两个对象之间可以自由地进行通信。

DCOM 接口实际上是逻辑上和语义上相关联的函数集。服务器对象通过 DCOM 接口为客户对象提供服务，客户对象不需要了解服务器对象的内部数据存储方式。接口可以看成两个软件构件之间的一种协议，协议表明服务器对象为客户对象提供一种且仅此一种服务。接口采用全局唯一标识符（GUID）来保证服务的唯一性。通常的 DCOM 构件提供多种服务，服务器对象为每一种服务实现一个接口，当客户对象指针指向相应的服务器对象时，它就激活服务器对象接口的相应函数。

DCOM 的优势是很明显的，由于接口的定义和功能保持不变，DCOM 构件开发者可以改变接口功能、为对象增加新功能、用更好的对象来代替原有对象，而建立在构件基础上的应用程序几乎不用修改，提高了代码的重用性。

1.4.3　组件式 GIS 的特点

组件式 GIS 为新一代 GIS 应用提供了全新的开发工具，与传统的 GIS 软件相比，组件式 GIS 具有以下特点。

（1）易于系统集成。传统 GIS 软件的几种系统集成方式包括：①通过存取中间文件的方式建立 GIS 软件与应用分析模型之间的数据交换通道；②直接使用 GIS 软件提供的二次开发语言编制应用分析模型；③利用专业程序设计语言开发应用模型，并直接访问 GIS 软件的内部数据结构；④通过动态数据交换（DDE）建立 GIS 与应用模型之间的快速通信。但是，不论采用以上何种模式，传统的 GIS 软件都难以实现无缝系统集成。而组件式 GIS 本身可以作为面向对象语言平台的控件来使用，通过属性、事件、方法实现与 GIS 组件及非 GIS 组件的交互，开发的应用软件系统成为一个完整的整体，很容易实现系统的无缝集成。

（2）开发语言具有通用性。传统 GIS 一般都提供一套独立的二次开发语言，这些语言具有很大的局限性，只能在开发商的 GIS 工具软件环境下使用。这既是 GIS 基础软件开发者的负担，也给用户带来学习上的负担；而且使用系统所提供的二次开发语言，开发功能受到一定的限制，难以处理复杂问题。组件式 GIS 不需要专门的 GIS 二次开发语言，具有与其他集成环境中 ActiveX 控件一样的标准开发接口，有利于减轻 GIS 软件开发者的负担，而且增强了 GIS 软件的可扩展性。组件式 GIS 的用户不必掌握专门的 GIS 开发语言，只需熟悉基于 Windows 平台的通用集成开发环境，以及组件式 GIS 的各个控件的属性、事件和方法，就可以实现应用系统的开发和集成。组件式 GIS 控件可以跨语言使用，目前可供选择的开发环境很多，如 Visual C++、Visual Basic、Visual FoxPro、Delphi、C++ Builder 和 Power Builder 等。

（3）具有可扩展性。在组件式软件技术背后，有一个十分庞大的组件资源库，用户可以从不计其数的组件中挑选需要的组件与组件式 GIS 一起集成应用系统，极大地扩展了 GIS 的功能。全球范围内有许多软件公司在编写各种各样的控件，这些第三方控件基本可以解决任何通用软件编程中所遇到的问题，从简单的命令按钮到动态的三维统计图，从多媒体播放到超文本显示，几乎无所不有。这些控件中有商业软件，也有价格很低的共享软件，甚至还有免费软件。

组件式 GIS 是组件大家族中的一员，组件式 GIS 集成应用系统具有无限的可扩展性。目前使用 ActiveX 控件的开发语言几乎都支持可视化程序设计。因此，使用组件式 GIS 控件集成应用系统，能可视化地设计系统界面，在窗口上布局按钮、列表框、图片框和 GIS 控件，可以立即反馈窗口界面的外观，实现所见即所得的界面设计。

（4）开发灵活、价格便宜。由于传统 GIS 结构的封闭性，软件本身变得越来越庞大，不同系统的交互性差，系统的开发和集成难度大。而各种 GIS 组件都集中地实现与自身最紧密相关的系统功能，同时组件化的 GIS 平台集中提供空间数据管理能力，并且能以灵活的方式与数据库系统连接。用户可以根据实际需要选择所需控件，最大限度地降低了用户的经济负担。由于 GIS 组件可以直接嵌入各种面向对象的开发工具中，对于开发人员而言，就可以自由选用熟悉的开发工具，无须进行专门的学习。

（5）更加大众化。组件式技术已经成为业界标准，用户可以像使用其他 ActiveX 控件一样使用 GIS 控件，非专业的普通用户也能够开发和集成 GIS 应用系统，推动了 GIS 大众化进程。组件式 GIS 的出现使 GIS 不仅是专家们的专业分析工具，同时也成为普通用户对地理相关数据进行管理的可视化工具。

1.4.4　组件式 GIS 开发平台的结构

国外 GIS 组件的代表作应首推 ArcGIS Engine、MapObjects 及 MapX 等。其中 ArcGIS Engine、MapObjects 由全球最大的 GIS 厂商 ESRI（美国环境系统研究所）推出，MapX 由著名的桌面 GIS 厂商美国 MapInfo 公司推出，另外还有加拿大阿波罗科技集团的 TITAN 等。

GIS 软件的模型包含若干功能单元，诸如空间数据获取、坐标转换、图形编辑、数据存储、数据查询、数据分析、制图表示等。要把这些所有的功能放在一个控件中几乎是不可能的，即使能够实现也会带来系统效率的低下。一般可以认为 GIS 构件的设计主要遵循应用领域的需求，例如 ESRI 的 MapObjects 就是以空间数据访问、查询、制图为主要目标的 GIS 构件。

组件式 GIS 开发平台通常可设计为三级结构。

（1）基础组件：面向空间数据管理，提供基本的交互过程，并能以灵活的方式与数据库系统连接。

（2）高级通用组件：由基础组件构造而成，面向通用功能，简化用户开发过程，如显示工具组件、选择工具组件、编辑工具组件、属性浏览器组件等，它们之间协同控制，消息都被封装起来。

（3）行业性组件：抽象出行业应用的特定算法，固化到组件中，进一步加速开发过程。以区域环境影响分析为例，除了需要研究区域的电子地图显示、环境信息查询等常用 GIS 功能外，还需要结合环境科学的分析计算模型，开发这些模型的功能接口，这样在系统设计时就可以直接调用这些组件实现相应的功能。

1.4.5 组件技术与 GIS 的发展

所谓组件式 GIS，是指基于组件对象平台，以一组具有某种标准通信接口的、允许跨语言应用的组件提供的 GIS。这种组件称为 GIS 组件，GIS 组件之间及 GIS 组件与其他组件之间可以通过标准的通信接口实现交互，有利于在面向对象的语言平台上进行系统的综合开发。

随着计算机和地理信息技术的飞速发展，以组件技术为基础的新一代 GIS 的设计开发方式，改变了传统集成式 GIS 平台的工作模式，更适合开发者进行二次开发和与其他应用软件系统的有机集成。

ActiveX 控件是当今可视化程序设计中应用最为广泛的标准组件，以 COM/ActiveX 技术规范为基础的全组件式 GIS 开发工具，提供了使用这些组件的大量实例程序和面向对象语言平台下的源代码，用户可以在这些例子的基础上，任意添加自己开发的功能，也可以将各种控件重新组合，形成独具特色的 GIS。

组件式软件技术已经成为当今软件技术的潮流之一，为了适应这种技术潮流，GIS 软件像其他软件一样，已经或正在发生着革命性的变化，即由过去的厂家提供全部系统或者具有二次开发功能的软件，过渡到如今由厂家提供组件而由用户自己再开发的方向上来。组件式 GIS 技术无疑将给整个 GIS 技术体系和应用模式带来巨大影响。

GIS 技术的发展，在软件模式上经历了功能模块、包式软件、核心式软件，从而发展到组件式 GIS 和 WebGIS 的过程。传统 GIS 虽然在功能上已经比较成熟，但是由于这些系统多是基于 10 多年前的软件技术开发的，属于独立封闭的系统。同时，GIS 软件变得日益庞大，用户难以掌握，费用高昂，这些阻碍了 GIS 的普及和应用。组件式 GIS 的出现为传统 GIS 面临的多种问题提供了全新的解决思路。

组件式 GIS 的基本思想是把 GIS 的各大功能模块划分为几个控件，每个控件完成不同的功能。各个 GIS 控件之间，以及 GIS 控件与其他非 GIS 控件之间，可以方便地通过可视化的软件开发工具集成起来，形成最终的 GIS 应用。控件如同一堆各式各样的积木，它们分别实现不同的功能（包括 GIS 功能和非 GIS 功能），根据需要把实现各种功能的"积木"搭建起来，就构成了应用系统。

1.4.6　ActiveX 与 ActiveX 控件

1. ActiveX

ActiveX 是微软公司的构件技术标准，实际上是对象嵌入与链接（OLE）的新版本，使 OLE 接口加强了对数据和特性的管理，效率更高，而且更加便于进行 Internet 互操作。作为针对 Internet 应用开发的技术，ActiveX 广泛应用于 Web 服务器及客户端的各个方面。同时，ActiveX 技术也被用于创建普通的桌面应用程序。

ActiveX 既包含服务器端技术，也包含客户端技术，其主要内容如下。

（1）ActiveX 控制（ActiveX control）：用于向 Web 页面、Microsoft Word 等支持 ActiveX 的容器（container）中插入 COM 对象。

（2）ActiveX 文档（ActiveX document）：用于在 Web 浏览器或者其他支持 ActiveX 的容器中浏览复合文档（非 HTML 文档），例如 Microsoft Word 文档、Microsoft Excel 文档或者用户自定义的文档等。

（3）ActiveX 脚本描述（ActiveX scripting）：用于从客户端或者服务器端操纵 ActiveX 控制和 Java 程序、传递数据及协调它们之间的操作等。

（4）ActiveX 服务器框架（ActiveX server framework）：提供了一系列针对 Web 服务器应用程序设计各个方面的函数及其封装类，诸如服务器过滤器、HTML 数据流控制等。

在 Internet Explorer 中内置 Java 虚拟机（Java virtual machine），可以使 Java Applet 能够在 Internet Explorer 上运行，并可以与 ActiveX 控制通过脚本描述语言进行通信。

2. ActiveX 控件

ActiveX 控件是充分利用 OLE 和 ActiveX 技术的自定义控件，是基于与应用程序无关的思想而设计的，其目标是提供一种面向对象，与操作系统无关，与机器平台无关，可以在应用程序之间互相访问对象的机制。ActiveX 控件是建立在 COM 标准上的独立的软件元件，提供给用户应用接口，发送相应的事件，开发者则可以截取这些事件，执行相应的功能。ActiveX 控件开发端和使用端是完全独立的，可以用 Delphi、VB 等各种语言来开发，又可以用于不同语言、不同开发平台、不同的系统环境中。ActiveX 控件与 VBX 不同，VBX 的标准建立在 16 位段式结构的基础上，并不适用于 32 位环境。ActiveX 控件可以在 32 位环境下提供与 VBX 相类似的功能。一个或多个 ActiveX 控件会保存在一个动态链接库中，但它是一种特殊的动态链接库，其扩展名不是 DLL 而是 OCX。

3. ActiveX 与 ActiveX 控件的区别

ActiveX 技术是 OLE 技术在 Internet 上的重定义，而 ActiveX 控件则是 OLE 控件在 Internet 上的扩展。ActiveX 不等同于 ActiveX 控件，ActiveX 是一个很宽泛的技术标识，而 ActiveX 控件只是一种特定技术。自从 Microsoft 公司于 1996 年推出 ActiveX 技术以来，ActiveX 技术已得到了许多软件公司的支持和不断发展，大量基于 ActiveX 技术的 ActiveX 控件被开发出来。ActiveX 控件是一个动态链接库，是作为基于 COM 服务器进行操作的，并且可以嵌入在包容器宿主应用程序中，ActiveX 控件的前身就是 OLE 控件。由于 ActiveX 控件与开发平台无关，因此用一种编程语言开发的 ActiveX 控件可以在另一种编程语言中使用。如用 C++开发的 ActiveX 控件，不进行任何修改即可应用于 VB、Delphi。由此可见，通过使用 ActiveX 控件即可快速实现小型的组件重用和代码共享，从而提高编程效率。

1.5 其他 GIS 开发技术简介

1.5.1 网格 GIS

网格（Grid）GIS 利用现有的网格技术、空间信息基础设施、空间信息网络协议规范，形成一个虚拟的空间信息管理与处理环境，将空间地理分布的、异构的各种设备与系统进行集成，为用户提供一体化的空间信息应用服务的智能化信息平台。

网格 GIS 的特点：异构性、动态性的环境；跨多管理域（测绘、国土资源、交通、气象、商务）及多区域的动态资源共享。

网格 GIS 与传统分布式 GIS 的主要区别是，松散耦合、异构、动态环境、跨区域、跨多个管理域。

未来，随着网格 GIS 体系结构的设计与实现，公益性地理空间信息服务方式将实现：实时集成（Just in time integration），应用按需供应（Application on demand），服务点播（Service on demand），处理器资源按需供应（CPU on demand），存储器资源按需供应（Memory on demand）等。

网格 GIS 是网格计算在 GIS 领域的应用，我们可以从下列三点理解它的概念。

（1）网格是思想。网格计算的目标是共享资源和数据，并让所有节点共同工作，这与 GIS 工程的需要相一致。网格一个主要特征是在某些特殊规则下共享各种类型的资源，包括数据、应用、计算能力，这些规则可以保证网格系统中的各种资源在一起很好地工作。

（2）网格是技术。网格计算需要相当的技术来保证共享各种资源，并使它们彼此之间很好地协作，需要相当的标准来保证安全和整个系统各部分之间的通信。网格 GIS 还需要更有效地共享各种类型资源的技术。

（3）网格是基础设施。网格系统由各种类型的计算机、数据、设备和服务构成。随着网格的发展走向成熟，建立全国范围甚至世界范围的若干资源节点变得十分重要；应当在互联网上组合大量的资源，并为用户提供优质的服务。当网格环境建立以后，用户可以像现在使用电力一样使用来自互联网的资源，而并不需要知道它的来源。由于网格计算提供了软件和数据，我们投资和维护的费用将急剧减少。

1.5.2　共相 GIS

共相是现代哲学中的基本概念，最早由柏拉图提出并由此确定了西方哲学甚至整个哲学的主要发展方向，哲学中用"共相"和"殊相"来分别指代普遍性和个别性的概念与事物。

中科院旗下的北京超图地理信息技术有限公司在论坛上率先宣布推出下一代 GIS 软件模式——"共相式"SuperMap GIS Universal 系列产品。该公司负责人介绍说，中国完全拥有自主知识产权的"共相式"GIS 软件能够支持当前存在的任何计算设备、任何操作系统、任何开发语言、任何数据库和任何数据格式，并可以很小代价来支持未来的计算设备、操作系统、开发语言、数据库和数据格式。

1.5.3　云 GIS

所谓云 GIS，就是将云计算的各种特征用于支撑地理空间信息的各要素，包括建模、存储、处理等，从而改变用户传统的 GIS 应用方法和建设模式，以一种更加友好的方式，高效率、低成本地使用地理信息资源。

云 GIS 的特征包括以下三点。

（1）一个集中的空间信息存储环境；

（2）一个以服务为基础的空间信息应用平台；

（3）一个以租赁为主要形式的商业运营模式。

云 GIS 价值包括以下几个方面。

（1）资源使用的低成本：云 GIS 将用户从传统的资源独占转变为资源共享，最大化资源的利用率，降低了单个用户使用资源的成本。

（2）业务的连续性：云 GIS 为用户提供的地理信息服务是弹性的，能够根据用户业务需求的变化快速、动态地扩展资源，从而提升业务的连续性。

（3）业务的灵活性：云 GIS 将用户原本固定的成本投入转变为可变的运行成本，提升了资本运作的灵活性，进而提升了用户的业务灵活性。

（4）业务的创新能力：云 GIS 将用户从烦琐的资源管理工作中解放出来，从而使用户能够更加专注于自身的业务创新。

（5）良好的用户体验：云 GIS 降低了用户使用地理信息资源的复杂度，用户只需要根据业务的需求选择合适终端访问云 GIS 服务即可。

这里的资源不仅包含我们通常所说的地图数据、GIS 功能、GIS 服务等，也涵盖了传统 IT 建设中的各种 IT 基础设施，包括服务器、网络、存储等物理范畴和操作系统、数据库、中间件等软件范畴。

云 GIS 的建设模式与云计算相同，主要有三种建设模式：公有云 GIS、私有云 GIS 和混合云 GIS。其中，混合云 GIS 是公有云 GIS 和私有云 GIS 之间的权衡模式。

第2章 GIS 设计与开发的基本方法

2.1 GIS 设计概述

管理信息系统（MIS）是现实中咨询、规划、管理、决策等过程的模型抽象，涉及复杂的环境条件及许多周围的关系与事物，系统内部要求处理各要素间复杂的逻辑关系，因而信息系统的设计与开发是非常复杂的。

地理信息系统（GIS）是管理信息系统技术的扩展，相对于早期的管理信息系统，GIS 涉及更多的学科和更宽范围的综合对象，并使用更复杂的技术。

2.1.1 GIS 设计的特点

相对于早期的管理信息系统，GIS 涉及更复杂的技术方法和更高质量的数据要求，并对计算机软、硬件也有相对较高的要求，因而 GIS 的设计就具有它自身独有的一些特点。

（1）GIS 是基于地球空间数据处理、分析的一类管理信息系统，也就是说 GIS 必以地理坐标构筑整个数据信息的结构框架。

（2）GIS 是现实城市与区域生态、社会经济巨系统的抽象。由于现实世界生态、社会经济巨系统的多变量、高阶次、多回路、非线性、时变性和复杂性，GIS 的设计需面对复杂大系统的分解与协调技术，系统分析方面的工作量巨大。

（3）GIS 远比一般的 MIS 系统复杂。除一般统计数据外，GIS 的设计更需要处理各种类型的地理空间数据（如遥感影像数据、矢量地图数据、GPS 定点采集数据及图形、图像数据和声、像等多媒体数据等），其设计方法和设计工具也较一般的 MIS 系统更加灵活多样。

（4）GIS 的空间数据库还必须保证与应用相适应的空间数据精度，并要考虑空间数据基准和地图投影等其他问题。

从以上几点可以归纳出：GIS 之所以比 MIS 系统复杂，主要可归结为两方面的原因，一是 GIS 自身具有复杂性，二是 GIS 需要处理相对于文字、数字等更复杂的地理空间数据。

2.1.2　GIS 设计的原则

GIS 的设计是一项复杂的系统工程，一般也要采用结构化的分析与设计思想，即自上而下地划分模块，逐步求精，其要点如下所述。

（1）保证系统总体功能的实现为最高目标。在研制系统的各个阶段，要始终贯穿系统的观点，即以保证系统总体功能的实现为最高目标。

（2）用结构化方法构筑 GIS 的逻辑设计模型。结构化方法构筑 GIS 的逻辑设计模型，其实质就是使用系统的分解技术，将复杂的系统问题逐步细化。

（3）连续有序，循环往复，不断提高。GIS 设计是一个需要多次反复，并逐步提高、完善的过程。初步的设计往往需要经过与用户和专家多次讨论与切磋，并反复修改与完善，才能最终确定。

（4）面向用户的观点，即要最大限度地满足和方便用户。GIS 的设计和其他各种类型的信息系统一样，都是为特定用户服务的。系统的优劣评价也往往以用户的满意为最大标准。所以，最大限度满足和方便用户，是系统设计的基本方法，也是系统设计的重要原则之一。

为了保证信息系统的开发质量，降低开发费用及提高系统开发的成功率，必须借助正确的开发策略和科学的开发方法。过去几十年里，在大量的系统开发实践中，人们探索和发展了许多指导系统开发的理论和方法，如原型化方法、结构化生命周期法、企业系统规划法、战略数据规划法、面向对象方法等。

以下将概括介绍其中常用的原型化方法、结构化生命周期法及新出现的面向对象方法。

2.1.3　GIS 设计的内容

（1）系统总体设计：在对建立系统主、客观条件深入调查研究、用户信息需求分析等工作的基础上，做出系统的逻辑设计模型。

（2）数据模型设计：依据系统所涉及专业数据及相关信息的特点等，为系统设计适合表达的数据类型及数据分类体系。

（3）数据库设计：设计系统的数据库模型。

（4）系统功能设计：确定系统所具有的功能及各个子功能的实现方案。

（5）应用模型和方法设计：解决专业问题的应用模型和主要的空间分析方法。

（6）数据录入方法设计：数据库建立于更新的实现接口。

（7）输出方式：规划加工后的信息产品输出。

（8）用户界面设计：建立适合特定应用群体并具有专业特点的用户界面。

2.1.4　GIS 设计的步骤

GIS 的设计一般分为以下步骤。

（1）用户需求与可行性分析（需求分析）。在对用户需求深入调查研究的基础上，提供一份可行性分析报告。此项工作有时也称为立项，言下之意，若用户需求过高，技术上或经济上满足不了，立项就可能不成功；反之，就要在明确系统目标与基础轮廓的基础上，编写出可行性研究报告，作为项目立项的依据。

（2）系统总体设计。系统的总体设计，旨在建立系统的逻辑设计模型，一般在明确系统目的、任务、目标等原则问题的基础上，先要为工程实现制定各种标准和规范，在可能的情况下，可进行一些小区域的实验，并对实验结果进行必要的经验总结，完成项目应有的准备工作；然后，在这些工作的基础上，进行系统的总体设计，形成规范的总体设计说明书。

（3）详细设计。系统详细设计是在总体设计的基础上，结合系统物理实现所进行的详细规划，一般包括子系统功能设计、模块设计、数据库设计、数字化作业方案设计、应用模型设计、产品输出设计等，对于基于网络的分布式系统，还包括网络软件、硬件、通信协调等方面的设计。

系统详细设计的结果是提交一系列作业流程和技术规范的说明文件。

2.2 GIS 设计的方法

2.2.1 结构化生命周期法

所谓结构化生命周期法，就是要求将信息系统的开发工作，从初始到结束划分为若干个阶段，并预先规定好每个阶段的任务，再按一定的准则来按部就班地逐一完成。

1. 结构化生命周期法的特点

（1）预先明确用户要求，根据需求设计系统。结构化生命周期法要求系统的设计是在完全明确用户要求的基础上而进行的。所以，一般在系统设计的一开始，必须先进行深入细致的需求分析，以明确用户的应用目的和基本信息需求。

（2）自顶向下设计或规划系统。按结构化方法，将系统设计的主要问题，自顶向下层层细化，形成层次分明的系统树状结构。

（3）严格按阶段进行开发。结构化生命周期法要求系统的开发严格按阶段进行，每一阶段均具有明确的任务和目标，只有当前一阶段的工作完成并经过严格的检验之后，才能转入下一步的工作。

（4）工作文档要求标准化和规范化。系统开发过程的每一阶段，都要求编（填）写规范的工作文档。这些工作文档，作为审查该阶段任务完成状况的依据而决定该阶段的设计目标是否已经达到。

（5）运用系统的分解和协调技术使复杂系统简化。系统的分解与协调技术，是人们处理、研究复杂系统的有效方法。信息系统及其对应的对象系统一般都是复杂的大系统，必须借助于大系统的分解技术对之进行局部剖析、分解，将复杂的大系统简化；但也同时必须借助于系统协调技术，对各要素之间的协同关系进行研究。

（6）强调阶段成果的评审和检验。结构化生命周期法特别强调阶段成果的评审和检验，前一阶段的工作如果不能通过评审和检验，则不能转入下一阶段。

结构化生命周期法是一种应用普遍、技术成熟的系统开发方法，在这一领域内人们已积累了大量的实践经验，是开发大系统普遍采用的方法。

2. 阶段的划分

结构化生命周期法的基本思想是将系统开发看作工程项目，一般将系统的开发过程划分为五个主要阶段，各阶段又可再细分为多个工作步骤，如图 2-1 所示。

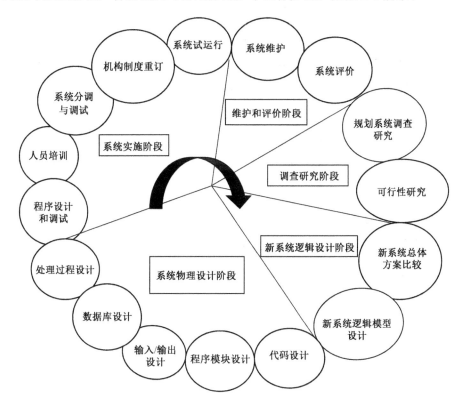

图 2-1　系统开发阶段中的主要步骤

1）调查研究阶段

这一阶段，主要是对现行系统的调查与摸底，一般由系统分析员采用各种方式进行调查研究。

（1）搞清现行系统的界限、组织分工、业务流程、资源状况和薄弱环节等。

（2）在以上调查与研究的基础上与用户协商讨论，提出初步的新系统目标。

（3）进行系统开发的可行性研究，提出可行性分析报告。

2）新系统逻辑设计阶段

这一阶段主要的作业任务有以下几点。

（1）在对现行系统进行调查研究的基础上，提出新建系统要达到的目标。

（2）划分子系统和功能模块，构造出新系统的逻辑模型。

（3）交付新系统的逻辑设计说明书。

3）系统物理设计阶段

这也是新系统的物理设计阶段，关键是模块化，在这一阶段，系统分析员根据新系统的逻辑模型，具体选择一个物理的计算机信息处理系统，内容包括以下几点。

（1）人-机过程设计：确定用户使用该系统解决实际问题的作业过程。

（2）数据分类与代码设计：对系统涉及的各种专业数据按照一定的原则进行系统的分类，并在此基础上按一定的标准与规范设计分类代码。

（3）输入/输出设计：确定系统的数据输入与输出方案。

（4）数据库设计包括数据库管理系统、空间数据与属性数据的存储结构等。

（5）程序模块：划分程序的组织单元，规划各组织单元的功能和数据接口。

（6）通信网络设计。

4）系统实施阶段

系统实施阶段即新系统付诸实现的实践阶段，本阶段主要是实现系统设计阶段所完成的新系统的物理模型。

（1）计算机及其他硬件设备的安装与调试。

（2）程序设计及调试。

（3）操作人员培训。

（4）编制操作，使用手册和有关说明。

5）维护和评价阶段

信息系统是复杂的大系统，系统内、外部环境，各种人为的和机器因素的影响要求系统能适应这种变化，不断地修改完善，这就需要对系统进行维护。

系统的评价，主要是指系统开发后期对系统的评价，旨在将建成的新系统与预期的目标做一个比较，看原先制订的目标是否都一一得以完满实现，不同的指标综合体现为用户的满意程度。

2.2.2　原型化方法

1. 原型化方法概述

在传统的 MIS 开发中，一直采用的是严格定义、预先说明的生命周期法。这种方法的理论基础是严密的，它要求系统开发人员和用户在系统的开发初期就要对整个系统的功能有全面、深刻的认识，并制订出每个阶段的计划和说明书，以后的工作便围绕这些文档进行，这种方法产生于 20 世纪 60 年代，受当时学术界的影响，这种方法特别注重全面性、严密性和严格性，它的思想基础是任何系统都能在其建立之前被充分理解，这和当时信息系统技术应用范围比较狭窄，使用环境相对稳定，信息处理规模有限等发展的历史特点是相适应的，因而能够在多场合被广泛采用，并建立了一整套的理论体系，总结出了许多实际开发的方法。

然而，随着计算机技术的飞速发展，出现了许多新情况和新需求，给这种传统的开发方法带来了严峻的挑战。

（1）计算机工业的高速发展使得硬件价格急剧下跌，而软件费用在整个信息系统的开发费用中相对上升，传统的结构化方法耗时多、人员广、费用大，给开发工作带来许多不利因素。

（2）市场竞争的日益激烈，要求企业在经营时能够做到灵活多变，因而也要求为之服务的信息系统开发快、成本低、用途灵活。

（3）随着计算机的普及，已有相当多的信息系统开发工作开始转由专业用户来完成，这些用户对最终需求并不完全了解，只希望信息系统能给工作带来便利和好处，这就违反了结构化生命周期法的基本要求。

另外，考虑到人自身的一些特点——灵活、多变、依经验行事等，就产生了原型化方法，这种方法的基本思想是：

（1）并非所有的需求都能预先定义；

（2）有快速的建造工具；

（3）需要系统模型；

（4）反复修改，逐步完善。

用户需求的多变，是结构化生命周期法实施过程中的最大困难，而原型化方法则相反，它鼓励用户在开发阶段不断地提高需求。

2. 原型化方法的生命周期

利用原型化方法开发信息系统大致要经过以下几个阶段。

（1）确定用户的基本需求。在这一阶段中，用户根据系统的输出清楚地表达自己的基本需求，即系统应具备的一些基本功能、人-机界面的基本形式等。系统开发人员来确定这些要求哪些是现实的，哪些是不实际的。这里不要求开发人员花费很大力气对用户需求做出全面了解。

（2）开发初始原型。由开发者快速建立一个符合用户基本信息需求的交互式系统。对于这个系统，只要求能反映用户的基本需求而不要求达到完善。

（3）利用原型来提炼用户需求。用户通过亲自使用原型，从而了解其信息需求得到满足的程度及存在的问题。开发人员一方面记录用户提出的对该系统缺点和不足的评论意见；另一方面更要借助具体的系统进行引导，启发用户对系统产生最终要求。利用原型来提炼用户需求是原型化方法的精髓和关键步骤。

（4）修正和改进原型。根据第（3）阶段用户提出的修改和完善意见，开发人员对系统进行修改、扩充和完善等。

（5）反复修改直到用户满意。将经修改和改进的系统原型再拿去启发用户需求，这样的过程反复进行，直到用户满意为止。

3. 原型化方法和结构化生命周期法的结合

原型化方法比结构化生命周期法提供了更开明的策略，对于较难预先定义的问题，可以把原型的开发过程作为结构化生命周期法的一个阶段。

4. 原型化方法的优缺点

（1）优点：开发周期短、费用少。原型化方法提倡使用开发工具，可很快形成原型，而且使用方便、灵活、修改容易。原型化方法提供初始原型给用户，使得用户的参与更实际且更富建设性，也有利于增强用户对新系统的信心。由于在开发过程中一直有用户参与，这就减少了对用户的培训费用。

（2）缺点：在大系统和复杂系统中，原型化方法难以直接使用。开发过程管理困难，反复修改会使开发进度难以控制。

综上所述，原型化方法比较适用于用户需求不清、管理及业务处理不稳定、需求经常发生变化、系统规模小、不太复杂的情况。原型化方法和结构化生命周期法的结合流程如图 2-2 所示。

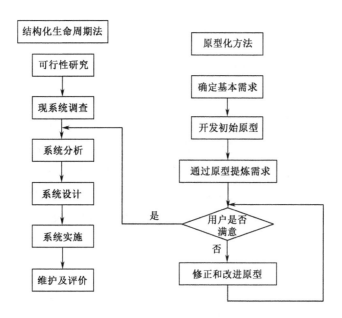

图 2-2　原型化方法和结构化生命周期法的结合流程

2.2.3　面向对象方法

1. 面向对象方法的由来

面向对象方法起源于面向对象的程序设计语言。20 世纪 70 年代，由于管理大型程序的需要，许多程序语言的设计者都追求实现"数据抽象"的概念。Xerox Paloalto 公司经过对 Smalltalk-72、Smalltalk-74、Smalltalk-76 连续不断地研究、改进之后，终于在 1980 年推出了商品化的 Smalltalk-80。该语言在程序设计中强调对象概念的统一，引入了对象、对象类、方法、实例等概念和术语，采用动态联编和单继承性机制等，使人们注意到面向对象方法所具有的模块化、信息封装与隐藏、抽象性、继承性、多态性等独特的特性，为解决大型软件管理、提高软件可靠性、可重用性、可扩充性和可维护性提供了更为有效的手段与途径。

面向对象既是一种技术，也是一种思想。由于面向对象的程序设计语言和程序设计技术取得了成功的影响，面向对象方法开始出现于与计算机技术和应用有关的几乎所有领域，如数据库、人机界面、人工智能、操作系统，分布式处理等领域。

在软件开发过程中，正确的需求分析和设计对保证软件质量有决定性的影响，因此在 20 世纪 80 年代后期，出现了面向对象的分析、面向对象的设计方法和技术，人们试图在系统开发的整个生命周期中都使用面向对象方法。

2. 面向对象方法中的概念和术语

1）对象

与人们直接打交道的世界上的事物，总是具体的、个别的事物，这具体的、个别的事物就称为对象。对象可以是真实的，如一架飞机、一辆汽车；也可以是抽象的，如一个决策过程、一个计划的制订等，这主要取决于我们研究问题的目的。

面向对象方法以对象作为最基本的元素，它将系统看成离散对象的集合，一个对象既包含有确定的状态，也具有具体的行为模式，因而它也是面向对象方法分析问题和解决问题的核心。

2）类

人们对世界的认识普遍存在着"从个别到一般"和"从一般到个别"的相逆过程。人们对一个新的具体事物的认知，总会拿来与以往认识的事物进行比较，从而得出它们的"一致"和"不一致"，进而将"相一致"的事物归纳、抽象为概念，完成"从个别到一般"的飞跃。反过来，这些归纳、抽象所形成的概念又可以使我们感知和推理世界上的其他事物，从而完成"从一般到个别"的回归。

在面向对象方法中，将具有一致属性表达和行为特征的对象抽象为类。在面向对象的程序设计中，这种一致的属性表达即对应着一致的数据结构，而一致的行为特征则映射为一致的事件响应和方法。

类是个体对象可能的无限集合，每个对象都是其相应类的一个实例，这和其他学科中对研究对象的分类没有什么不同，如对植物的分类、动物的分类及道路、建筑物的分类等。类描绘了个体之间的共性，对象是具体的个体。如"道路"所描述的是一类交通路线的属性和共同特征，而"东长安街"却指明了具体的道路对象，它具有所有道路所具有的一切属性特征，当然也具有它自己个别的特征。

3）继承

类具有层次，每一个子类均自动具有其父类的属性表达和行为特征，这种特征被称为继承性。在面向对象的程序设计中，每一个子类均自动具有其父类的数据特征、事件和方法。继承性是面向对象系统的主要优点之一，它可以极大程度地减少物理设计和程序设计中的重复性。

继承（或积累）是高级系统的重要属性，人类社会正是由于不断的积累过程，才能够产生如此强大、如此发达的生产力。所以在地球的历史上，人类社会在不断的发展变化中，并不断地由简单走向复杂，由低级走向高级。在软件设计中，这种类的继承性，一方面避免了程序代码的重复编写，另一方面也避免了因重复编写而带来的不一致等其他问题。

4）消息

对象进行任一动作的必要条件是接收消息。如果没接收到消息，对象是不做任何反应的，对象间的联系（或相互作用）也是通过彼此间发送消息来完成的。此外，消息中只包括消息发送者的要求，而不指示接收者具体该如何处理这些消息。

5）方法

对象或对象类对一个消息的响应过程称为方法。接收者所含的方法决定了该对象如何处理接收到的消息，这是对象类所具有的自我特征。

3. 面向对象的建模技术——OMT

面向对象的开发是一种在分析和设计阶段独立于程序设计语言的概念化过程，其目标是帮助分析者、设计者及用户清楚地表达抽象概念。该技术取名为 OMT（Object Oriented Modeling Technique），即面向对象的建模技术。

OMT 实际上是一种思维方式，而不是程序设计，其技术的要点如下。

（1）面向对象的分析师分析系统中的对象和这些对象之间相互作用时出现的事件，以此把握系统的结构和系统的行为。

（2）面向对象的分析模拟人们理解和处理现实世界的方式，系统被视为对象的集合，每个对象处于某种特定的状态。

（3）面向对象的设计将分析的结果映射到某种实现工具的结构上，这个实现工具可以是面向对象的，也可以是面向过程的。

（4）当实现工具也是面向对象的时候，这个映射过程有着比较直接的一一对应，这是因为，面向对象技术使分析者、设计者和程序员，特别是最终用户都使用相同的概念模型。

（5）由于使用相同的概念模型工具，面向对象建模技术使得从分析到设计的转变非常自然。

（6）使用面向对象技术，同时也使设计变得简单，从而可以将重点转移到分析阶段，而面向对象的实现工具能提供支持分析所形成的模型的构造块。

4. OMT 模型和建模步骤

（1）OMT 使用对象模型、动态模型和功能模型三种模型，从三个角度使用不同的观点进行模拟。

- 对象模型：描述系统的对象结构（对象属性、操作和关系）。
- 动态模型：描述与时间及操作顺序有关的系统属性。
- 功能模型：描述与值的变化有关的系统属性。

各模型之间的相互关系是：对象模型描述了动态模型和功能模型中的数据结构，而对象模型中的操作对应于动态模型中的事件及功能模型中的功能。

（2）OMT 的建模步骤如下所述。

- 系统分析：从问题陈述入手，分析并构造包含现实世界重要性质的模型。
- 系统设计：由系统设计人员负责系统的全局构造。
- 对象设计：在分析的基础上，对模型涉及的对象加入实现上的考虑。
- 系统实现：将对象设计中的对象和关联用具体的程序设计语言、数据库和硬件来实现。

2.3 需求分析

需求分析是与对用户的深入调查紧密关联的，它是一切种类的 GIS 应用系统设计的基础和出发点。具体来说，它通过对系统潜在用户书面的或口头的交流与了解，并按系统软件设计的要术归纳整理后，得到对系统概略的描述和可行性分析的论证文件。

2.3.1 需求分析的内容

1. 用户情况的调查

（1）用户范围。调查用户范围的目的是确定系统的服务对象和服务类型。如对于政府领导人，系统就是一个评价、分析与决策支持系统；对于一般业务人员，系统就应是一个事务处理系统；若二者兼而有之，则系统就应该是一个集决策支持、评价、分析与事务处理为一体的系统。

（2）用户研究领域状况调查。重点是了解用户在其研究领域中的方向、深度、学科前沿、新的动向等，以及用户希望通过 GIS 解决哪些实际应用问题，以确定系统设计的目的、应用范围和应用深度，为以后的总体设计、功能设计和应用模型设计提供科学合理的依据。

在可能的情况下，要尽可能吸收该领域新的理论、技术和方法，避免系统的先进性受到影响。

（3）用户数量调查。调查系统使用人员和使用部门的多少，以确定系统开发的规模。

（4）用户基础状况调查。调查用户知识水平、知识结构、对 GIS 了解和掌握的程度等，以确定系统的开发环境和开发工具（由此带给用户的应用环境）。

2. 系统目的和任务的确定

在对用户及其需求调查的基础上，根据用户的要求和特点确定系统的目的和任务。可以从空间信息的管理与制图、空间指标的量算、空间分析与综合评价、空间过程的模拟四个方面进行考虑。

3. 数据源调查与评估

首先，对拟建系统所需的数据来源、种类、质量、形式等做出全面的调查分析，在此基础上给出所需数据重要性的排序，并对数据的可能来源、质量等做出评估。其次，对数据库的结构、大小、服务范围、输出形式及质量等做出大致规划。

4. 概算投资、人员编制及年处理工作量等

根据以上调查，可以初步确定 GIS 的结构、形式、规模等，进而可估算出所需投资、人员编制及年处理工作量等。

2.3.2　可行性研究

可行性研究就是根据拟建系统的社会经济和技术条件，确定系统开发的必要性和可行性。

1. 理论上的可行性

（1）系统数据结构、数据模型与应用涉及的专业数据的特征和结构的适宜分析。如土地适宜性评价，根据对不同土地属性的专业数据的运算建立土地对某种利用的适宜性评价等级，显然要求系统数据结构能对多边形数据层进行叠加分析，如果系统数据结构

不能满足这种模型分析的需要，则数据模型与涉及的专业数据的特征就是不适宜的；交通、通信线路的维护管理系统，要求系统数据结构、数据模型能满足网络分析需要，否则系统数据结构就是不适宜的。

（2）分析方法、应用模型与 GIS 技术结合的可能性分析。即系统进行专业分析而采用的分析方法和应用模型是否是 GIS 技术可以支持的，以及采用什么方法予以连接。一般来说，通用的工具型 GIS 直接提供的空间分析方法是较为有限的，而大多数专业问题需要的应用模型都需要系统研制者自行开发。但许多专业问题涉及的分析方法和分析模型可能是 GIS 技术目前难以支持的，如土地利用的变化，涉及区域人口态势、资源组合、经济发展水平、产业结构变化等一系列系统变量的变化，采用时序仿真分析方法对分析区域土地利用的动态变化是科学的、实用的方法，但这种时序仿真方法和 GIS 空间数据处理的结合，目前还没有一种理想的方法。

由于应用模型的良好与否及技术水平，在很大程度上影响到对系统的应用水平及质量的评价，所以对以一两种应用模型为主的 GIS 应用开发而言，对分析方法、应用模型与 GIS 技术结合的可能性分析是十分重要的。

2. 技术上的可行性

（1）技术方法的可行性。即拟建系统所使用的关键技术、关键的模型分析方法在技术上是否可行。GIS 是一种先进的技术，开发 GIS 应用系统，在很大程度上就是要将这种新的、先进的技术方法应用到用户的专业研究领域中去。所以开发应用型 GIS，要尽量吸收一些新的技术和手段，以保证系统的先进性。

（2）技术力量状况的分析。GIS 是一种先进的技术，同时也是一种极其综合的技术。GIS 应用系统的开发，涉及计算机（硬件、软件）、地理、测绘、遥感及数字图像处理、数理统计、数学模型、人工智能等许多的专业领域。在应用型 GIS 的开发中，高素质的各类专业人才及对这些人才的合理组织和正确调配是系统开发成功的关键。

（3）相对较长时期的先进性。应用系统性能、功能的可靠性和先进性是建立在计算机硬、软件基础之上的。然而，由于计算机硬、软件技术发展十分快速，无论开发者还是用户，都不希望自己通过投入大量资金或一番苦心研究开发出来 GIS 应用系统，因为计算机硬、软件技术的快速发展而迅速落后或被淘汰，而要求其能保持相对较长时期的先进性。

3. 经济上的可行性

（1）经济可行性评估。经济可行性评估不仅需要评估用户经济承受能力，而且必须考虑经济上的合理性，即对整个系统进行投入与产出分析，只有产出大于投入才是合理的。

（2）社会效益分析。主要评审所建系统有无社会效益，在有些情况下，经济可行性评估不能通过，但具有较高的社会效益，仍认为该系统经济上是可行的。

2.3.3　可行性分析报告

可行性研究的结果是产生一个可行性分析报告，它与需求分析报告一起作为立项的基础和进行系统总体设计的依据。可行性研究报告是需求分析和可行性研究的结果，也是系统开发"立项"的基础。

该报告内容一般要求包括：①系统的应用目的；②系统任务；③用户投资能力评论；④技术支持状况；⑤人力和物力条件；⑥软、硬件选配和比较；⑦数据源状况调查分析；⑧应用前景预测；⑨效益评论；⑩实现的时间及可能性等。

2.3.4　需求分析和可行性研究的一般原则

（1）实事求是，避免对效益和系统目标的夸大，但也不能将目标定得过小而给人一个没有多大应用价值的印象。

（2）要进行深入细致的调查研究，掌握用户亟待解决的问题，从而使系统的设计有很强的针对性。

（3）进行国内外工具型 GIS 和同类应用型 GIS 的比较研究，汲取他人之长，避免或者少走弯路。

2.3.5　本节实例

1. 需求分析报告实例

新疆大学 CampusGIS（CGIS）项目需求分析（节选）

地理信息系统（Geographic Information System）始于 20 世纪 60 年代的加拿大与美国，随后各国进行了大量的研究工作。随着不断的发展，其功能越来越突出，与传统的管理信息系统技术相比，具有较多的优势。当然，不同领域具有不同的特点，对 GIS 的功能具有不同的需求，系统的开发应按照各自领域的需求开发出适合本领域的系统。高等院校作为社会的重要组成部分，其本身特征更复杂，所要求的技术更先进。随着我国高等教育事业的快速发展，高校规模不断扩大，只注重属性数据的输入、处理、分析和管理的传统高校信息系统已不能满足需要。由于校园信息包括空间信息和非空间信息两大部分，并且二者总是直接或间接地存在某种关联，如学生成绩—学生—宿舍，科研成果—教师—住宅等，这就说明空间信息可以作为校园信息管理系统的统一平台。由此，就提出了校园地理信息系统（Campus Geographic Information System）的概念。

1）CGIS 简介

目前大多数 GIS 具有数据的获取、数据的处理、数据的管理、数据的查询与分析及图形的显示等功能。CGIS 是 GIS 的一种类型，所以它不但具有 GIS 的基本功能还应具有其自身独特的功能。CGIS 是融计算机图形和数据库于一体，储存和处理属性信息和空间信息，满足校园管理、校园规划及师生对各种信息的查询等要求，同时借助其独有的空间分析功能和可视化表达进行各种辅助决策的一种高新技术。

与传统的管理技术相比，CGIS 具有用图形、图像数字信息来表现校园各种空间及属性要素，为用户提供各种校园信息的查询、检索和必要的空间分析、统计操作及按不同用户要求输出相应的专题要素，为校园的发展预测、规划决策及科学管理提供可靠依据等功能。

2）项目需求分析

为开发出最大限度满足用户需求的 CGIS，首先应对用户的需求进行分析。以下分别从校园管理者、校园规划者、广大师生角度对新疆大学 CGIS 项目进行需求分析。

（1）从校园管理者角度。校园管理是校园后勤管理的一个重要方面，管理的内容非常丰富，从日常各类房屋的使用、教学楼的使用，到校园中各种道路的管理、校园的环境保护、绿化管理及各种设施管线的管理，涉及的管理信息有数据和图形，内容丰富多彩，形式多种多样。并且校园各类数据更新比较频繁，如校园基础设施建设、教职工流动、学生入学和毕业等数据都需要及时更新。近年来，新疆大学办学规模不断扩大，全日制在校学生达到三万余人，为了提供足够的基础设施，新疆大学不断地改造，校园面貌日新月异，原有的档案图纸管理方式因更新慢，且资产管理与教学设施管理脱节，远远满足不了校园使用和管理的需要，所以这对 CGIS 产生了极大的需求。

根据新疆大学的特点，校园管理的基本需求可归纳为：①图件档案的管理和及时更新；②校园及周边基础设施的管理；③教学场所（教室、图书馆、运动场等）的管理；④教学及生活服务设施的管理；⑤校园建设辅助规划等。可见，系统功能应满足校园管理工作中的一些关于地理位置、地理图形及地理数据和属性数据的查询、检索、统计和分析，实现图形和数据的无缝连接，并可进行联合查询，同时还可以形成各种具有地理特性和相应属性的地图和分析报告及统计图表，还要能对信息进行及时更新，确保信息的准确性。

（2）从校园规划者角度。校园是城市的一个缩影，校园的规划离不开城市规划原则的指导，城市规划中遇到的问题也正是校园规划所面临的。从校园规划到施工都需要根据精确、一致及可以随时取得的数据来制定有长远眼光的决策。学校的扩招和校园的扩建必然带来用地紧张、交通拥挤、环境污染等一系列棘手的校园问题，这给校园的管理和规划提出了更新更高的要求。而多年来校园规划工作面临的一个难题就是现状信息的收集、分析、整理工作相当烦琐。

本着科学、合理、美观、实用的原则规划校园，校园规划者便产生了以下需求：①校园现状信息的整体掌握；②校园的绿化，各类建筑、道路及地下管道等的优化设计布局；③计算任意两实体之间的距离，以实现距离最短或时间最短等为目标的各种优化设计；④规划图的安全保存与显示；⑤通过分析校园现状、发展趋势和潜在能力等综合因素展现校园可能的前景等。这就要求系统具有校园空间数据和属性数据的采集功能、叠加分析、缓冲区分析、网络分析等空间分析功能及图形的多种方式显示功能等。

（3）从师生角度。学生、教师是学校的主体，要开发优质且功能齐全的校园地理信息系统，师生的需求分析不容忽视。新疆大学全日制在校学生达到三万余人，有三个校区和二十多座宿舍楼，教学楼、办公室、实验室布局分配也较为复杂，这些问题给教师对学生信息的了解及管理工作及学生对老师办公室分配、教室资源信息的了解带来了极大的困难。

由此分析，教师和学生的需求主要是对各种信息的获取，具体可分为：①办公楼信息，要实现学校党政机关各部门位置及属性、各院系办公室位置及属性等查询显示功能；②教学楼信息，要能够调用学校各教学楼层平面图及其教室的位置等信息，实现教室资源信息的浏览、查询及当前教室排课情况的查询功能；③实验室信息，要能够显示各实验室的平面图及各实验室的设备分布情况，实验人员、实验项目及实验的安排情况等各类信息的查询功能；④图书馆信息，要能够显示图书馆各楼层平面图、图书馆工作人员信息、书库藏书、学生自习室及阅览室等信息的查询功能；⑤学生宿舍信息，显示学生宿舍楼基本信息及楼层平面图、各楼层宿舍的住宿人员情况、各宿舍电话号码信息；⑥学生成绩信息，显示学生不同学期的成绩及学生的姓名、学号、系别、住址等信息。

2. 可行性分析报告实例

××电力地理信息系统可行性研究报告（节选）

1）项目建设的背景

××地处×××平原，境内拥有 500kV 变电站×座，220kV 变电站×座，110kV 变电站×座，35kV 变电站×座。110kV 输电线路××km，35kV 输电线路×××km，10kV 输电线路×××km。截至 2010 年年底，实现购网电量×××亿千瓦时。全县下辖×××× 等 12 个镇，用电人口 58 万左右。

目前，信息化浪潮正以超乎人们想象的势头渗透到电力生产和各个领域，我们需要站在更高的位置全面、客观、综合地了解和认识电生产管理和电网管理，对××电力的发展和网架建设进行全面规划，对出现的各种复杂问题寻找对策和思路。一方面，数字区域、虚拟地理环境等新概念不断涌现并被人们赋予新的内涵，这些概念或目标将为我们认识区域提供一种新的方法；另一方面，现代科学技术的发展，特别是宽带计算机网络技术、大规模存储技术、高分辨率卫星遥感技术、地理信息系统技术的飞速发展，为这些概念和目标的实现提供了强有力的技术支持。信息化已经成为目前提升电网管理水平，促进产业结构的优化和经济增长方式的发展动力。

地理信息系统作为一种空间型、基础型的信息系统，可以弥补传统管理信息系统（MIS）的不足，可以将电网资源与环境、城镇基础设施和其他组成要素整合在电子地图上，直观地表达和揭示这些信息所隐含的规律，为企业的管理和决策提供技术支撑。基础地理信息为进行各种信息资源的空间定位和空间分析提供了统一的基础，也为各种信息资源的空间定位和整合提供了统一的空间载体或平台，具有基础性、公用性、前瞻性和共享性等特点，因此许多信息系统建设都需要使用基础地理信息作为支撑。

随着信息化建设进程的逐步推进，电力企业各个部门都提出了专业信息系统的应用需求，这些专业信息系统的建设都需要有基础地理信息的支持。由于缺乏统一协调和全面规划，基础资源难以共享；另外，各部门单兵作战、各自为政，缺乏系统性，一方面造成重复建设、资源浪费的现象；另一方面基础工作投入不够，出现有功能无数据的局面。同时由于标准不统一，信息资源不能共享，无法形成合力。

"十二五"期间，是我公司实施信息化建设战略的关键阶段，同时也是国家电网"SG186"工程实施战略的关键阶段，这一时期应充分利用信息技术，尤其是地理信息系统技术，推进电网建设和管理信息化，以信息化提高电网管理水平。"十一五"期间，集团公司也对各县地理信息系统建设提出了明确要求，要深化系统应用，提高农电业务管理辅助决策分析能力和信息集成共享水平，积极开展配网地理信息系统在生产、营销、服务系统中的集成应用。

为适应新的形势和发展需求，提高电网建设和现代化管理水平，更好地完成集团公司、市公司提出的信息化建设战略目标，有必要对××电网地理信息资源进行一次全面的规划、建设、集成与整合，为××电力信息化建设、可持续发展打下一个坚实的基础。

2）项目建设的必要性和可行性

（1）项目建设的必要性。××电网地理信息系统建成后将为电网资源管理、电网规划、建设和管理、输配网设施建设、调度管理等方面提供基础地理信息服务和技术支撑。以××电网地理信息数据作为基础框架，各部门各业务系统的数据就可以在这个平台上得以集成，不同领域的数据才能够无缝整合，从而保证电力生产管理决策依据的科学性和准确性。地理信息数据与各部门业务数据的有机结合将完善各专业地理信息系统的决策支持功能，及时满足电力信息化建设对基础地理信息资源的迫切需求，其意义主要体现在以下两点。

■　有利于加快××电力信息化建设进程。电网地理信息系统项目的实施对××电力信息化的发展具有重大的意义。项目的本身就是信息化建设的重要组成部分，项目的实施将促进我公司信息系统的发展，有利于提高企业信息化建设的整体水平。

■　有利于促进××电网的可持续发展。项目的实施有利于对县域电力资源情况的全面了解和资源配置，必将提高我县电网资源的合理配置、充分利用，提高公司领导和生产部门做出重大决策的科学性，对电网的可持续发展具有深远的意义。

（2）项目建设的可行性。

■　政策与实施可行性。集团公司要求加快县公司电网地理信息系统建设的工作要求和有关技术规程、管理办法等文件精神，为××电网地理信息系统建设提供了政策保障，通过对我公司建设条件全面调研和分析可知，××电网地理信息系统项目的建设是可行的。

■　综合效益可行性。通过××电网地理信息系统的建设，实现全县电网信息资源的统一规划和监管，并实现和生产 MIS、营销 MIS 等其他业务系统的互联互通与数据实时共享，为电网建设提供技术支撑，为公司领导的宏观决策提供依据，因此综合效益是非常明显的。

■　技术可行性。能够采用独特技术，把各种电子地图和查询结果在 Office 中生成，便于文件书写、上报和引用。

采取多种查询统计方式，实现单条线路到整个企业设备的查询统计，并生成多种报表。自定义查询方式满足个性化需求。

采用电网专家模型，形成"数字化神经中枢"，建立输电、配电、变电的完整逻辑模型，在此基础上实现了输配电线路的无限制切改、理论线损计算、电网分析、潮流计算等功能，满足当前电网不断变化，新增和拆除设备及线路不断增加的需求。

基于 WebGIS 平台，建立输电、配电、变电、低压电网和用户表箱的完整逻辑模型，实现输配电线路的无限制切改功能，满足电网不断变化的需求。

杆塔坐标和设备基础数据是供电企业的财富，需要大量的时间采集和录入，必须保证其安全。一般系统把图形以文件方式保存，安全性差，我们把杆塔、线路和变电站等图形数据保存在数据库中，保障数据安全；支持海量数据；完善的权限控制机制可保障系统安全；在并发响应和交互操作的环境下保障数据安全和一致性。

2.4 系统总体设计

立项工作完成之后，就应着手于系统的设计了。系统设计的首要工作就是进行系统的总体设计，也就是从相对宏观的角度把握系统的建设。系统总体设计是系统建设中最重要的总控文件，它是在需求分析的基础上，平衡系统的各种环境条件对系统所进行的规划，起到了"承上启下"的重要作用，以后的详细设计、系统实施验收评价等都将以系统的总体设计为依据。

2.4.1 系统总体设计的内容

1. 确定系统目标

根据系统的应用目的和需求分析的结果将系统要达到的基本要求具体化。确定系统目标一般要求注意以下几点。

（1）有限目标：目标要具体，不能贪大。

（2）针对性：以解决用户亟待解决的问题为主，实用性强。

（3）目标细化：对于应用目的较为综合的系统，一般可以用几个子目标将总目标具体化。

2. 系统结构设计

系统结构设计主要包括系统逻辑结构设计和数据库结构设计两部分内容。

（1）系统逻辑结构设计：包括逻辑结构和数据流程，一般用框图表示。

（2）数据库结构设计：总体设计阶段的数据库设计，主要是数据库的概念设计，即通过对用户信息要求的综合归纳，形成一个不依赖于任何 DBMS 的信息结构模型。设计包括以下几点。

■ 信息类型：确定项目包括的基础信息和专题信息及信息分类、编码等。

■ 实体的属性范畴：确定实体包括的属性信息内容，以配合应用分析模型和专用分析功能的设计与建立。

■ 实体之间的联系：地理实体之间的联系是多方面的，一般可以从定性关系、定位关系、拓扑关系三个方面考虑。

（3）有关数据库的其他内容。应用型 GIS 数据库的设计，除以上各点外，还应考虑以下内容。

■ 空间数据的参考基准面和坐标系统：参考基准面是建立 GIS 空间数据定位框架（空间坐标系统）的基础，它包括平面基准面和高程基准面两项内容。基准面一般应选择全国统一的基准面，以方便与其他数据库之间的数据交换。

■ 地图投影：较小比例尺地图投影的选择应根据具体的应用目的而定，一般大比例尺的应用，因投影方式不同所引起的数据误差很小，我国 1:5 000 000～1:500 000 的地形图均采用高斯-克吕格投影。

■ 数据库比例尺：数据库比例尺的选择，应在权衡应用目的和功能要求的基础上优先考虑，这是由于不同比例尺的选择，对系统的应用功能和建库工作量乃至系统预算的影响很大，而非一般的技术性问题。

■ 数据库管理：GIS 数据库是一个庞大的组织，特别是较大型的应用，一般采用空间上分块、内容上分层的组织和管理方式。即对于一个较大的区域，其空间数据库用类似于地形图分幅或其他更灵活的方法进行组织和管理，而对于不同的专题内容则组织为不同的数据层。

3. 系统配置构成

（1）硬件：主机、外设、网络环境。

（2）软件：基本软件环境、GIS 平台、应用分析模型。

（3）系统调控、组织机构。

（4）人员配置。

4．总体设计的其他内容

系统总体设计的内容还包括系统详细结构、系统运行管理方式、更新手段、经费预算、实施计划等，读者可参考实例进行理解，此处不再赘述。

总体方案最后还应经过专家评论且论证通过，否则还需重复以上步骤。最后形成系统"总体设计说明书"。

2.4.2　系统总体设计的步骤

系统总体设计，一般按照图 2-3 所示步骤进行。

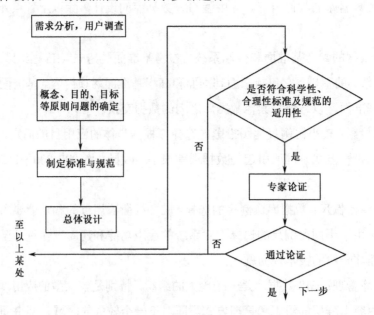

图 2-3　系统总体设计的步骤

（1）确定概念、目的、目标等原则问题。一个专业性较强的信息系统，总会涉及本专业的许多特殊的名词和概念，这些名词和概念在用户和开发者之间如果有认识上的不统一，其后果将是严重的。所以，一般需特别强调这些重要的名词和概念，目的是明确和统一认识，避免不一致的情况发生。

系统的建设目的是建设信息系统的基本出发点，系统建设目标是对系统建设的基本功能要求，这些都是系统总体设计首先要面临的关键问题，不能有任何的游移不定，必须在总体设计的一开始就准确表达。

（2）制定标准、规范。信息系统的建设是一项复杂的系统工程，各要素之间具有复杂的联系。为保证系统开发的质量，必须有一套严格的标准或者规范对系统建设中的各个环节进行约束。

（3）总体设计。在以上工作的基础上，进行系统的总体设计。

（4）小区试验。对于可整合和分割的系统，在尽可能的情况下，应先进行一些小范围的试验，以对初步的系统设计进行必要的验证。

（5）经验总结。对基本成功的小区试验结果进行必要的经验总结，目的是进一步完善设计思想和关键的技术方法。

（6）专家论证。最后的总体设计方案，还必须经过专家的论证通过，进一步避免不正确或不完善的情况发生。

2.4.3　系统总体设计的基本要求

系统总体设计，必须兼顾完备性、标准化、先进性、兼容性、高效率、可靠性和适用性等一系列基本要求。

（1）完备性：指功能完备，以满足用户的基本要求为评价标准。

（2）标准化：有以下两方面的含义。

■ 符合 GIS 的基本要求和标准。

■ 数据类型、编码、符号图式符合现有的国家标准和行业规范。

（3）先进性：系统的先进性，要求做到以下几点。

■ 硬件设备的先进性：选择使用最先进的计算机系统和各种外部硬件设备。

■ 软件设计的先进性：选择使用功能先进，技术可靠，质量稳定的 GIS 平台软件和先进的软件设计方法建造系统。

■ 技术方法的先进性：在反映系统最重要的应用模型、方法设计上，要尽可能地吸收专业领域最先进的理论与技术方法。

■ 管理手段的先进性和先进的系统管理、严格的规章制度是系统得以有效运行的重要保证。

（4）兼容性：指系统数据的可交换性，即和大多数信息系统和相关软件进行数据变换的能力。

（5）高效率：系统有较高的运行效率，特别是在数据更新、图形图像处理、综合输出等方面，具有较高的处理速度。

（6）可靠性。

- 运行安全：系统运行可靠、稳定、正确，并保证系统数据安全。
- 容错能力：或称"强壮性"，指系统对用户的不正确操作和环境条件的较大变化有较强的抗性。
- 数据精度：在设计范围内保证数据的精度要求。

（7）适用性：系统能够满足目标内各种不同应用目的的分析需要。

2.4.4　系统总体设计的基本原则

系统总体设计是系统建设中最重要的总控文件，系统总体设计的关键问题是能够把握系统，即牢牢地掌握系统的全貌，使之不能脱离自体目标。这就要求在进行系统总体设计时，务必注意以下内容。

（1）坚持系统工程学的设计思想和设计方法，始终掌握系统的总目标。全局性（或整体性）原则是系统工程学重要的基本原则之一。它强调在复杂的事务处理中，必须把握全局的、整体的方向，在整体与局部发生冲突时，必须保证整体。信息系统也是复杂的大系统，系统总体设计也必须保证系统的总目标。

（2）对重大问题予以定性考虑，着重强调原则。对重大问题予以定性考虑的实质仍然是系统的整体性原则，即对于处在高层次的重大系统问题直接确定，避免它受到来自低级的、底层问题的干扰，并通过这些原则来保证对整体的、重大问题的正确决策。

（3）避免过早陷入细节问题。总体设计主要是解决整体的、重大的、原则的系统问题，过早地涉及细节必然会干扰重大的、原则的问题的解决和定性。

2.4.5　本节实例

××××电网地理信息系统项目的总体规划（节选）

在××电网地理信息系统的建设与应用中，系统的核心作用在于服务，它是一个针对电力生产部门具体的管理业务的信息系统，其总体框架如图 2-4 所示。

系统模块按功能划分为 5 大模块，地图管理模块是 GIS 的基本功能；设备管理是 GIS 的主要功能；高级应用是在所有数据完备的基础上扩展的专业功能；系统整合是本系统与其他系统的数据集成与接口；系统管理是一些日常工作中使用到的参数查询和综合数据统计分析的一些辅助功能。

地理信息系统的核心目标是围绕地理信息数据库的建设与更新维护,为××电网地理信息系统建设提供一个统一的、公共的空间定位基准和基础数据。系统利用 GIS 技术,持续改进地理数据的生产流程与服务流程,建立数据更新的长效机制和技术手段,保证地理信息的质量和现势性。

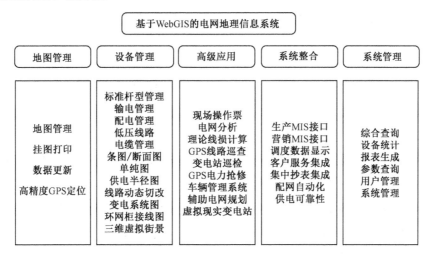

图 2-4　××电网地理信息系统总体框架

对于××电网地理信息系统而言,"服务是目的,数据是核心,生产是基础,更新是关键,管理是保障"。

总体上,××电网地理信息系统建设是以计算机软硬件与网络环境为依托,以政策、信息化机构及安全体系为保障,以标准和规范体系为依据,以数据库建设为核心,以地理信息系统功能开发为支撑,以基础地理信息数据获取、管理、更新、共享与服务为主要目的的地理信息系统。

1. 地图管理

地图管理是输电配电网地理信息系统的基本功能。电子地图管理系统的功能结构如图 2-5 所示。

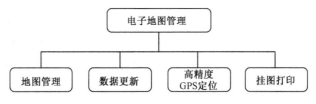

图 2-5　电子地图管理系统的功能结构

电子地图管理系统应具备三种格式的电子地图（矢量电子地图、航拍图和高程图），多种方式实现地理地形图的录入、显示和编辑，管理地形图，进行地形图数据的采集、无边际地图管理等。GPS 定位数据导入是利用带有全球定位系统（GPS）功能的 PDA（掌上电脑）对杆塔等设备进行定位，一般精度可达 2m，导入杆塔坐标数据，自动生成线路。针对错综复杂、密度较高的低压线路，这些经纬度数据通过数据线或其他通信方式上传到系统中，结合线路间的逻辑关系，生成配电网的走径图。

2. 设备管理

设备管理是系统的主要功能之一。设备管理包括按照统一编码，对各电压等级的电力线路、杆塔、变电站、设备等进行空间管理，多种方式空间查询和统计，各种设备信息管理等。

线路设备基础信息管理是指采用数据分类与图形显示两种方式，对不同电压等级的杆塔、线路、设备的基本参数、图形图像信息、地理位置信息等进行统一管理。在地形图背景上叠加电网设备，设备图形由用户定义，分别连接设备台账、缺陷、运行等数据库，单击对应的图形组件即可查询、修改有关该设备的信息。

3. 高级应用

1）电网分析

根据电网拓扑结构，可进行配网分析，如通电检测、供电电源分析、供电范围分析等，还可应用以上基本拓扑分析功能进行进一步辅助分析。

系统设计通电检测功能可检查全网通电情况，突出显示通电线路及设备。如网架中存在环网情况，则系统报警，并显示环网路径。

提供在地形图、线路接线图、网络图上点取任一通电设备，系统根据当前电网拓扑结构计算出该设备的电源端设备，并突出显示供电路径的功能。同时根据需要可分类统计出电源端至查询设备间所有设备信息。

2）理论线损计算

理论线损计算包括输电、配电和低压理论线损计算三部分。

根据网络拓扑结构，按理论线损计算公式，配电理论线损采用电量法、容量法和均方根电流法计算。低压采用竹节法和一般计算方法，计算线路的理论线损和理论线损率，输出统计报表。还可以根据需要统计某条线路或某个所的所有线路的线损情况。

3）GPS 线路巡检系统

传统的巡检方式巡检不及时、不到位，纸笔录入方式落后且效率低；巡检数据的计算机录入成为"瓶颈"，费时、费力、出错率高，巡线管理工作水平相对滞后。

GPS/GIS 智能巡检系统无须在杆塔或线路上安装任何信息识别载体，利用全球卫星定位系统（GPS）实现线路巡视自动定位、自动计时，并通过配有嵌入式 GIS 的掌上电脑详细规范地完成缺陷记录，并通过把手持机中巡检记录信息上传到中心管理机，完成巡检数据的存储、查询、分析、汇总和报表输出，实现从缺陷发现到缺陷处理及消缺的全过程高效监管，再配以中心管理机 GIS 达到巡检全过程的直观显示，有利于对缺陷进行整体分析。

巡视手持机分为 GPS 实时巡视手持机和普通巡视手持机，实时手持机带有手机和拍照功能，能够实时回传数据，实时下载任务，并能够实时监控巡视人员行进位置。智能巡检关系图和智能巡检系统整体框架分别如图 2-6 和图 2-7 所示。

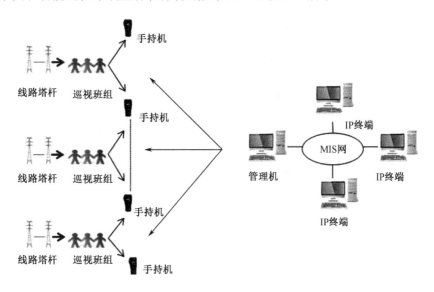

图 2-6　智能巡检关系图

4）现场工作票

按照国家电网工作票、操作票格式及操作流程规范制定，本系统应用 GPRS、GIS、GPS 对生产两票进行现场管理，现场工作人员通过手持机填写申请，通过 GPRS 网络发送到调度，调度确认申请后，通过 GPRS 网络下发操作票到现场工作人员手持机中，调度人员通过手持机回传的 GPS 数据和图像信息可以实时查看现场工作人员实际地理位置和现场实际工作情况（实时照片和现场视频）。

5）GPS 电力抢修

随着现代化建设的高速发展，电力输送网络迅速扩大，对电网的管理要求越来越高，停电所造成的损失变得越来越难以承受。线路发生故障后迅速修复成为全社会对电力部门的基本要求。为了合理调配抢修资源,保证客户用电故障在承诺时限内迅速处理,最大限度缩短停电时间,建立一套时效性和经济性的线路抢修调度指挥系统平台势在必行。配电地理信息系统和无线视频监控的结合使得整个系统在抢修的各个环节都有很强的时效性和准确的决策性。应用无线通信、GIS、GPS 对抢修进行全面管理,调度人员可以在 GIS 中确定故障点位于哪个所、哪条线路、哪两基杆塔之间,同时确定哪几辆抢修车离故障点最近,并通过无线通信技术发送工单到抢修车,根据车载端实时回传的 GPS 坐标及现场实时图像对整个抢修过程监控。

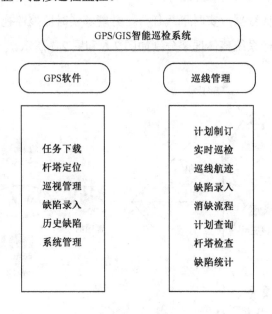

图 2-7　智能巡检系统整体框架

4. 系统整合

系统整合包括生产 MIS 接口,营销 MIS 接口,显示调度数据,集成集中抄表系统,集成客户服务系统等。

与调度自动化 SCADA 集成,实现动态信息在 GIS 上的显示包括以下内容。

在地理线路图上显示实时参数,包括电流、功率、功率因数等,并据此采用不同色彩样式实时显示设备停电、正常运行等运行状态。

系统可动态显示遥测信息、SCADA 的设备正常变位信息,并在 GIS 图形的设备带电状态进行动态着色,系统还可显示 SCADA 的故障变位信息,并可发出报警信息。

可以配合系统的潮流计算功能,完成潮流方向和数值的显示。

系统可实现 SCADA 历史数据的曲线生成和显示。

基本 GIS 功能主要包括以下几点。

（1）数据浏览。包括地图基本操作：地图放大、缩小、漫游、全幅；索引图与放大镜；图例功能。地图量算操作：距离量算、面积量算。

（2）数据查询。图查属性：可以通过选择地图上的空间对象来查看该空间对象的属性信息。属性查图：可以通过某个条件或多个条件组合来对属性进行查询，并能根据属性项把空间对象定位到地图。空间查询：通过用户输入的点、线、面或者已经被选择的实体，自定义一个缓冲值对图层进行空间查询，查询的方式多种多样，包括包含关系、覆盖关系、交叉关系等。

（3）图层控制。对用户已经加载到系统的数据进一步控制，通过图层控制树，用户可以快速地定位到具体的图层，同时控制图层的显示与否，以及图层风格设置、图层顺序等。

（4）数据输入输出。从地形图数据库中提取相应的数据，并进行数据格式转换，以满足不同平台（SuperMap GIS 、ArcGIS、MapInfo、AutoCAD 等）的应用需求。主要数据格式输入输出包括 SDB、Coverage、ShapeFile、DXF、SCS（CASS 软件明码格式）、MIF、GeoTiff、IMG 等。

5. 系统管理

系统管理是一些日常工作中使用到的参数查询和综合数据统计分析的辅助功能，如报表生成、设备统计等。这里的用户管理功能，进行诸如合法用户的授权创建、用户权限设定和删除用户授权等。

2.5　系统详细设计

总体设计完成后进入系统的详细设计阶段。系统详细设计实质上是对总体设计的细化和具体化，它涉及系统实施过程可能遇到的方方面面，其中重点是系统的功能设计、数据库设计、模型与方法设计、用户界面设计等。

2.5.1　GIS 功能设计要点

从数据流程和系统结构上看，任何类型的信息系统都能以数据库作为基本的分解面，数据进入数据库之前的部分为系统的数据准备部分，数据进入数据库之后的部分为系统数据的应用部分，如图 2-8 所示。

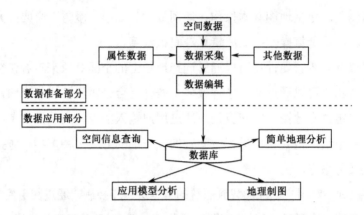

图 2-8 系统的数据准备部分和数据应用部分

从应用上讲，GIS 的功能主要是系统数据的应用部分，也就是空间信息查询、简单地理分析、应用模型分析和地理制图。但作为一个统一的整体，并考虑空间数据、属性数据更新、扩充对系统维护的重要性和必要性，GIS 还应该包括数据采集与数据编辑功能。

应用型 GIS 的功能设计，主要是根据需求分析的结果，为用户选择合理的应用功能。至于这些应用功能的具体实现，则要看具体情况而定，如果所选择平台工具已具备这些功能，当然只需合理地调配和使用进些功能就可以了，而当所选择平台工具不具备这些功能时，必须考虑自行开发。所以，应用型 GIS 功能设计的要点，不在于对基本功能的设计和编程，而在于根据需求分析的结果，对解决特定应用目的而进行的系统功能选择合适的工具型 GIS 的功能并对之具体化。

2.5.2 GIS 功能设计的原则

（1）功能完备。功能的设计应满足确定的应用目的，要能够解决用户要求解决的所有应用问题，这也是对功能设计的基本要求。

（2）功能结构合理。要求系统对实现的功能组织科学、合理、简洁、清晰，具体要求做到针对特定问题合理集成和分解。系统中对某一具体应用功能的实现，有些直接来源于某一算法，如使用缓冲区分析进行河道沿岸水土保持重点区的规划，使用包含分析确定矿点的行政归属等。但更多情况下是对这些基本算法的综合运用，包括对原平台系统所提供功能或算法的集成和分解。功能设计应针对解决具体问题，逻辑关系清晰，不能使用户产生任何歧义。

（3）功能独立。各功能模块功能具体，形式上相互独立，无重复。

（4）可靠、科学。要求各功能模块稳定性好，操作可靠，方法科学和实用。

（5）简便。要求操作简便。

2.5.3　地理数据库设计

数据库技术是任何类型信息系统的基础。在 GIS 中，对任何地理实体的描述都包含两方面的信息——相对于位置与形状的空间信息和相对于性质与特点的属性信息，而对空间信息矢量模型的有效管理是 GIS 数据库设计的核心。

1. 地理数据库设计要点

相对于一般数据库而言，地理数据库的设计要注意以下各点。

（1）由于地理具体空间信息的描述有着更为复杂的结构和相互的不一致，因而很难和属性信息统一于同一数据格式的数据模型之中。这就是说，地理对象在地理数据库中，难以用统一的数据结构和唯一的数据记录来表达。

（2）绝大多数的地理数据库系统，都将地理具体的空间信息和属性信息分别存储、管理于不同的数据库系统，即存储、管理空间数据的空间数据库和存储、管理属性数据的属性数据库。典型的如 ESRI 的 ArcInfo，用 Arc 管理空间数据，而用 Info 关系数据库管理属性数据。

（3）空间数据库的数据对象一般都对应着唯一的图元对象，但并不一定都对应着一个地理对象。由于空间数据描述的复杂性，空间数据库的数据对象之间有着复杂的逻辑组织，因而各数据对象之间也有着较为复杂的空间相关性。

（4）地理数据库的空间数据库和属性数据库可以使用完全不同的数据库引擎（如 ESRI 的 ArcInfo），也可以使用相同的数据库引擎。在有些工具系统的实现中，空间数据的管理也采用与数据文件相结合等较为灵活的方式。

2. 数据库结构模型

目前，商品化的 GIS 平台软件，大都采用基于关系型数据库的数据库模型，其空间数据与属性数据的管理多采用以下几种数据库结构模型。

（1）混合结构模型。用两个子系统分别存储和检索空间数据与属性数据，其中属性数据存储在常规的关系型数据库中，而空间数据存储在空间数据管理系统中，两个子系统之间使用内部标识相联系，在检索目标时必须同时检索两个子系统。

混合结构模型的一部分是建立在标准的关系型数据库之上的，因此存储和检索数据较为有效和可靠。但由于使用了两个不同的存储系统，它们分别有各自的规则，查询操作难以优化，存储在关系型数据库系统之外的数据有时会丢失数据项的语义。此外，这种数据库组织形式最大的缺陷还在于数据的完整性有可能遭受破坏，因而必须建立空间数据库系统与属性数据库系统连接、互动的可靠性与安全性机制。采用这种模型的 GIS软件有 ESRI 的 ArcInfo、MGE、SICARD、GENEMAP 等。

（2）扩展结构模型。扩展结构模型采用同一个关系型数据库系统存储空间数据和属性数据，其具体做法是在标准的关系数据库中增加空间数据管理层，即利用该层将地理结构查询语言（GeoSQL）转化成标准的 SQL 查询，借助索引数据的辅助关系实施空间索引操作。这种模型的优点是省去了空间数据库和属性数据库之间的烦琐连接，空间数据存取速度较快。但由于是间接存取，在效率上总是低于数据库管理系统中的直接操作过程，而且查询过程较为复杂。扩展结构模型的代表性 GIS 软件有 SYSTEM 9、Small World 等。

（3）统一结构模型。这种数据库结构模型不是基于标准的关系型数据库系统，而是在开放型的数据库管理系统基础上扩充空间数据表达功能。其空间扩展完全包含在数据库管理系统之中，用户可以使用自己的基本抽象数据类型来扩充数据库管理系统，在核心数据库管理系统中进行数据类型的直接操作。这种数据库结构模型方便、有效，并且用户还可以开发自己的空间存取算法。缺点是用户必须在数据库管理系统环境中实现自己的数据类型，对有些应用将相当复杂。

2.5.4　应用模型与方法设计

应用模型，也称"用户应用软件"，就是用户结合其专业问题和 GIS 理论与技术建立的 GIS 实际应用。它表达了参与部门及用户在自己建立的 GIS 中怎样处理它们的应用问题。

应用模型是应用型 GIS 建立中的核心工作，也是应用 GIS 解决实际应用问题的关键所在，一个应用型 GIS 有无鲜明特色和应用价值，在很大程度上取决于其中应用模型设计的成败，所以应用模型的设计对应用型 GIS 的设计是非常关键的。

1. 应用模型设计的内容

（1）设计应用功能和定义应用模型。依据功能设计的结果，定义应用模型，确定模型的数学方法及输入和输出。

（2）开发应用模型原型。根据所定义的应用模型开发一个基本符合要求的模型原型。

（3）应用模型的建模、编程和程序测试。进行模型的具体开发，完成其物理原型。

（4）试运行及修改、完善。在（3）与（4）之间反复进行，直至所开发的应用模型达到完全满意。

（5）实际运行及更高层次的完善和提炼。GIS 应用模型开发，是应用系统开发中最具意义的核心工作，开发者需要对整个开发工作的理论、方法、技术、经验进行及时和必要的总结，才能不断完善自己的开发水平，进而提高到专业的 GIS 理论高度，从而丰富和提高自己。

（6）编写用户手册。一般都要为用户提供使用说明书或应用指南。

2. 应用模型的详细设计

应用模型的详细设计，一般需要三方面人员的通力合作。

（1）有关领域内的专家——将有关的应用问题模型化。由于应用模型是解决用户专业领域内的应用问题的，因此这一类问题的解决，应该首先由专业领域内的专家提出问题的解决方案。任何专业问题都有其自身的特点，为了保证系统设计的先进性，一般还要特别注意吸收专业领域内的新理论、新思想和最前沿的技术方法，所以除非是该领域内的专家或能代表用户需求的技术人员，其他人员是不能替代的。有关领域内的专家需要解决的问题，是将要求解决的问题数学模型化，这也是建立应用模型的第一步。

（2）GIS 专家——将有关问题 GIS 化。有关领域内专家提出的解决问题的数学模型或数学方法，并不一定都能通过 GIS 技术，特别是特定的 GIS 软件获得解决。如许许多多的多元统计分析技术、最优化技术、时序仿真技术等，在各种 GIS 平台软件下都是不容易解决的。

（3）软件人员——将以上转变为实在的模型。以上各方面专家的理论、思想、技术和设计，最后都必须经过软件设计专家。通过各种软件开发工具和 GIS 技术的结合，才能够成为用户直接使用的应用软件，解决用户的专业应用问题。

2.5.5　本节实例

×××详细设计说明书

1. 引言

（1）编写目的。

[说明编写这份详细设计说明书的目的，指出预期的读者。]

（2）背景。

■　[待开发系统的名称。]

■　[列出本项目的任务提出者、开发者、用户。]

（3）定义。

[列出本文件中用到的专门术语的定义和外文首字母词组的原词组。]

（4）参考资料。

[列出有关的参考资料。]

2. 系统的结构

[给出系统的结构框图，包括软件结构、硬件结构框图。用一系列图表列出系统内每个模块的名称、标识符和它们之间的层次结构关系。]

3. 模块 1（标识符）设计说明

[从此处开始，逐个地给出各个层次中每个模块的设计思路。以下给出的提纲是针对一般情况的。对于一个具体的模块，尤其是层次比较低的模块或子程序，其很多条目的内容往往与它所隶属的上一层模块的对应条目的内容相同，在这种情况下，只要简单地说明这一点即可。]

（1）模块描述。

[给出对该基本模块的简要描述，主要说明安排设计本模块的目的和意义，并且还要说明本模块的特点。]

（2）功能。

[说明该基本模块应具有的功能。]

（3）性能。

[说明对该模块的全部性能要求。]

（4）输入项。

［给出对每一个输入项的特性。］

（5）输出项。

［给出对每一个输出项的特性。］

（6）设计方法（算法）。

［对于软件设计，应详细说明本程序所选取的算法和具体的计算公式及计算步骤。］

［对于硬件设计，应详细说明本模块的设计原理、元器件的选取、各元器件的逻辑关系、所需要的各种协议等。］

（7）流程逻辑。

［用图表辅以必要的说明来表示本模块的逻辑流程。］

（8）接口。

［说明本模块与其他相关模块间的逻辑连接方式，说明涉及的参数传递方式。］

（9）存储分配。

［根据需要，说明本模块的存储分配。］

（10）注释设计。

［说明安排的程序注释。］

（11）限制条件。

［说明本模块在运行使用中所受到的限制条件。］

（12）测试计划。

［说明对本模块进行单体测试的计划，包括对测试的技术要求、输入数据、预期结果、进度安排、人员职责、设备条件、驱动程序及桩模块等的规定。］

（13）尚未解决的问题。

［说明在本模块的设计中尚未解决而设计者认为在系统完成之前应解决的问题。］

4．模块 2（标识符）设计说明

［用类似模块 1 的方式，说明模块 2 乃至模块 N 的设计思路。］

2.6　GIS 软件设计

无论什么样的地理信息应用系统，最后都是通过软件技术实现并集成到一起，成为用户应用系统的。所以，GIS 软件设计也是建立 GIS 的重要一步。

2.6.1 应用型 GIS 软件设计的基本特点

（1）主要是对工具型 GIS 底层功能模块或处理函数的组织和调用。建立 GIS 应用系统，除非处于特别的原因，一般都是在某一个或某几个工具型 GIS 技术支撑下的应用开发。这些工具型 GIS，一般都提供了功能完善、技术可靠、性能稳定的功能模块和底层处理函数及各种各样的 GIS 开发和应用服务。应用型 GIS 的设计者，完全没有必要绕开这些现成的 GIS 技术而另辟蹊径。所以，应用型 GIS 的软件设计，主要是对工具型 GIS 底层功能模块或处理函数的组织和调用。

（2）使用的工具型 GIS 不具备的功能，才需要自选编制软件。当然，任何功能完备的 GIS 工具软件都不可能在自己的产品中囊括所有用户的所有应用问题。在绝大多数的应用系统开发中，总还会有少量用户应用问题在所使用的 GIS 工具软件中无法解决。这时，就需要系统开发者通过软件设计，开发 GIS 不具备的这些功能。

（3）应用模型和用户界面是应用型 GIS 软件设计的主要方面。应用模型代表了用户通过建立 GIS，要求最终解决或处理的实际应用问题，它是应用系统开发、建设的根本目的，且在一般的 GIS 工具软件中，也难以直接获得解决，而必须借助于应用系统的开发者，通过软件设计并对工具型 GIS 的底层功能调用来解决。

此外，作为应用型 GIS，一般都有相对固定的用户群体和一定的专业特点，这必然要求应用系统的界面除配置完善、易于使用的帮助系统外，还要符合相应的专业习惯，使用相应的专业用语，适合相应用户的知识水平。

2.6.2 信息描述

GIS 软件设计必须明确对系统中各种信息的描述，这一般涉及数据流程、系统数据结构、进入系统的数据类别、数据字典、数据来源、数据处理基本模块、运行方式、系统外部要素和内部要素。

1. 数据流程

和其他任何形式的信息系统一样，GIS 也是处理数据的。既有各种数据进入 GIS，也有各种数据通过 GIS 输出，数据输入与输出的整个过程构成了 GIS 的数据流程。这个流程大致如图 2-9 所示。

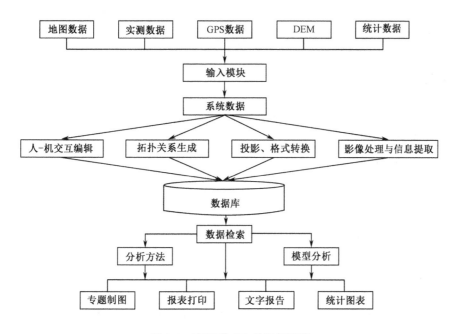

图 2-9　应用型 GIS 的数据流程

（1）外部数据通过输入编辑模块进入系统。

（2）经过人-机交互编辑、拓扑关系生成、投影和格式转换、影像处理和信息提取等作业形成完整的系统数据结构。

（3）复合系统要求的数据以一定的结构与格式进入系统数据库。

（4）通过数据检索得到数据子集。

（5）数据子集通过方法库中的方法或应用模型中的模型进入计算机程序进行各种处理分析。

（6）处理分析的结果和检索得到的数据子集通过输出模块整编成文字、图表或表格输出。

2. 系统数据结构

系统数据结构，可以从不同角度划分为两种格式。

（1）外部数据（逻辑数据）格式：外部数据结构面向用户，描述地图或地理实体之间的逻辑联系，由用户建立应用系统时定义。例如，建立交通管理信息系统的用户根据专业问题的需要，定义的道路、车站、加油站、旅馆、饭店、仓储等，这些数据是用户从自己的专业问题出发进行定义的。

（2）内部数据格式：内部数据格式面向程序设计，描述系统数据的物理结构和实体之间的拓扑关系、存取方式，在程序设计时确定。例如，系统分析员根据以上专业问题，定义的弧段、节点、区域等，这些属于内部数据格式。

3. 进入系统的数据类别

进入 GIS 的各类数据，大致可以划分为以下主要类别。

（1）遥感影像数据；

（2）专题地图数据；

（3）栅格地图数据；

（4）台站观测数据；

（5）社会、经济统计数据；

（6）文字报告数据；

（7）外部系统数据。

以上数据类别中，外部系统数据作为一种直接的数字产品，其形式可能是上述 6 种中的任何一种。但随着应用系统的建立，外部系统数据作为建立应用系统方便、重要的数据来源越来越受到人们的重视。

4. 数据字典

数据字典用来描述系统数据库中数据结构的意义、来源、管理、方法与功能模块的联系、任务、用户权限等，是系统建设、维护、管理中的重要信息。

5. 数据来源

GIS 中的数据来源，按不同的数据类型，分为以下三类。

（1）矢量数据：数字化仪跟踪数字化、屏幕跟踪数字化和栅格数据矢量化。

（2）栅格数据：扫描（包括遥感器扫描）数据，矢量数据栅格化。

（3）属性数据：统计数据、观察数据和图例获取，如模型生成、遥感影像分类等。

6. 数据处理基本模块

（1）矢量数据：包括图形输入、图形编辑、拓扑生成、格式转换、查询检索、指标量算、空间分析、符号编辑、矢量绘图。

（2）栅格数据：包括投影变换、影像处理、查询检索、数据统计、覆盖运算、逻辑分析、点阵打印、模型应用。

（3）属性数据：同矢量或栅格数据同步参与检索、查询及模型运算。

7. 运行方式

运行方式为鼠标支持下的菜单命令或图形菜单。

8. 系统外部要素和内部要素

系统外部要素指软件设计的环境，一般不能通过软件设定而改变。其内容包括用户、输入的数据、操作系统及硬件设备等。

系统内部要素指在软件设计中，可以通过设计而改变的部分，如数据编辑、图像处理、模型分析、整体输出等。

2.6.3　软件设计方法

对应于管理信息系统开发中的结构化生命周期法、原型化方法和面向对象方法，GIS 的软件设计，也有结构化软件设计方法、原型化设计方法和面向对象软件设计方法。

1. 结构化软件设计方法

结构化软件设计方法是软件发展早期形成的，其要旨为：按系统工程学的方法，层层分解作业任务和完成对应功能的程序模块，程序设计本身则重视以下准则。

（1）分清程序的执行顺序；

（2）明确程序的执行条件和程序分支；

（3）避免使用非逻辑的使程序执行改变方向的语句（GOTO 语句）。

Pascal 是公认的最严格的结构化程序设计语言，它采用了一套严格的规则来实现程序结构的自然、严谨并避免出现非清晰性。

结构化程序设计方法中最重要，也最流行的是自顶向下逐步细化的顺序设计方法（HIPO 法），它将系统描述分为若干个层次，最高层描述系统的总功能（对应程序的主过程），其他层次则一层比一层更精细，更加具体地描述系的功能（对应程序中的过程），直到分解为程序设计语言中的语句。

HIPO 法可分解为以下四个基本层次。

（1）直观目录：用尽可能简要的方式，说明系统的所有功能和主要联系，是解释系统的索引。

（2）概要图：简要表示主要功能的输入／输出和分析处理内容，用符号和文字表示每个功能中活动之间的关系。

（3）详细图：详细地用接近编程结构的方式描述每一功能，并使用必要的图标和文字说明。

（4）程序框图：在 GIS 软件设计中，为充分利用系统的软、硬件功能并保持良好的可移植性等优势，也配合使用一种自下而上的结构化设计，方法是先将与软、硬件有关的公用子程序列出，然后再列出与软、硬件无关的公用子程序，最后组合成软件系统。使用这种方法，可以提高软件的开发效率和可移植性。

结构化软件设计方法的特点：

（1）软件结构描述清晰，便于掌握系统全貌；

（2）可逐步细化，一直到程序语句，相对容易掌握。

2．原型化设计方法

特点是程序设计开始不需要立即清晰地描述一切，而是在明确任务以后，在软件实现过程中逐步对系统进行定义和改造，直至完成，其步骤如下。

（1）认识基本要求，做出基本设想。

（2）并发工作模型，提出有一定深度的宏观控制模型。

（3）程序编制和模型修正。通过软件编制，不断提出技术上的新目标，并通过与用户的交流取得对系统要求和开发潜力的新认识，进而调整系统方案。

（4）原型设计完成。根据一定的标准来判断用户的需求是否已得到了完全的实现，从而决定系统的设计是否完成。

有关原型化软件设计方法的评论：原型化软件设计虽然带有一定的盲目性，但其在一开始即迅速建立起系统的原型，从而使软件的开发可以在这一实在的模型上逐步提炼和提高，以至最终完成，是非软件设计专业人员和小规模系统设计常用的方法。

3．面向对象软件设计方法

面向对象程序设计是近年来随 Windows 操作系统的出现而逐步发展起来的一种全新的程序设计技术，其基本思想是，将软件设计面对的问题，按其自然属性进行分割成为一个个对象模型，而软件设计就是针对这一个个对象模型而进行的，其要旨如下：

（1）所有对象之间，只有逻辑联系，而无主次划分；

（2）对象实现了数据和操作的结合；

（3）具有相同的结构、操作，遵守相同的约束和规则的对象可聚合为对象类；

（4）对象之间的联系通过传递消息来进行；

（5）对象类具有层次，这种层次结构具有继承性。

面向对象软件设计方法的特点，主要表现如下：

（1）面向对象，因而也更接近于面向问题；

（2）软件设计带有一定的智能化特性；

（3）灵活，是用相对简单的技巧实现复杂程序设计的有效方法。

2.7　用户界面设计

2.7.1　用户界面的作用

作为一种软件产品，无论应用型 GIS，还是工具型 GIS，用户界面对软件使用效果都是极为重要的，主要表现在以下几个方面。

（1）为用户提供一个易学、易用的使用环境。软件系统的所有功能都是通过用户界面介绍给用户，并引导用户使用的。所以，用户界面应当为用户提供一个易学、易用的使用环境。良好的用户界面，逻辑清晰，层次分明，切合用户的专业水平，容易将软件的功能系统地展现给用户。

（2）引导用户正确使用软件功能。GIS 一般都具有较为复杂的功能结构，用户界面重要的功能之一，就是引导用户正确使用软件功能。在用户选择菜单功能操作时，应循序渐进地引导用户逐个满足该操作必需的执行条件，并适时和自动地生成功能需要的一些窗口与对话框等。

（3）避免用户使用软件时出现的逻辑错误。现代的软件系统，功能都很复杂，用户使用过程中，难免出现逻辑上或其他方面的错误，而良好的用户界面，都能在一定程度上防范这些错误的发生。如当某种功能尚不具备执行条件时，界面上执行该功能的菜单或图标变为不可选（灰色）状态，而当条件满足时又自动变为可选（正常）状态。

（4）提供完善的帮助系统。良好的用户界面，一般都具有完善的帮助系统，以随时提供使用者查询或引导用户解决出现的问题，而且这种帮助系统也具有一定的智能化性质，如随着出现的错误自动打开相关的帮助内容等。

（5）纠正可能的误操作。完善、良好的用户界面，还可能在一定程度上纠正用户可能的误操作，如对有些常犯错误进行强制纠正。

2.7.2 用户界面的设计原则

在 GIS 中，用户界面的设计，关键是把握实用、美观两个基本点，并注重以下一些基本原则。

（1）简易性原则。即用户界面的设计，尽可能简单和易于使用。作为一种软件，GIS 一般都具有庞大的规模、复杂的结构和众多的功能，如果组织不好，逻辑不清，很容易形成复杂的用户界面，并由此给用户带来使用中的问题。实现系统的简易性，可采用各种不同的设计技巧。如国产 GIS 软件 MapGIS，首先采用对话框索引系统主要模块，用户进入系统，首先选定自己基本的作业面，就是一个简单、实用、逻辑清晰的设计。

（2）艺术性原则。用户界面是软件系统与使用者的沟通，所以人性化的、美学感强的用户界面，往往更容易受到欢迎。如在界面上增加一些艺术性的设计，使之高雅、美观，但色彩不浓烈，界面图形不繁杂。

（3）专业性原则。专业性原则包括两方面的内容。

■ 与系统的专业内容相协调。即用户界面的设计，要与软件使用者的专业特点相一致，能正确反映用户的专业用语和专业习惯，不出现外专业的类似用语等。

■ 与用户的专业水平相一致。即用户界面的设计，还要与软件使用者的专业水平相适应。如面对高级技术人员使用的系统，应尽可能使用专业词汇和学术用语，界面的引导设计在逻辑清晰的前提下也力求专业化；反之，面对大众使用的系统，如城市交通引导、旅游点信息查询等，就不能使用过于专业化的名词与术语，也不能使用过于专业的界面引导设计。

（4）系统性原则。即用户界面的设计，应使其成为一个有机的系统，逻辑清晰、层次分明，用户使用这种界面，很容易掌握系统的功能组织及其相互联系，从而了解系统的全貌。

（5）一致性原则。用户界面的设计，力求不出现功能的重叠或缺失，更不能出现相互矛盾的地方。相同的操作或菜单标题，不应出现在几个地方，以避免使用者产生理解或使用上的歧义。

2.7.3　用户界面的主要类型及主要界面组件

1. 用户界面的主要类型

（1）对话框。对话框（dialog frame）是含有一组空间的矩形窗口，一般用于在程序执行的特定环境条件下，接收和处理用户的输入，如图 2-10 所示。

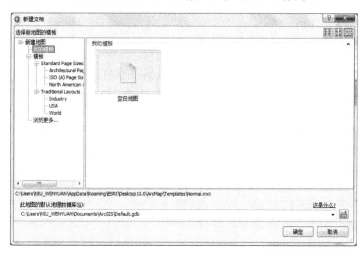

图 2-10　ArcMap 10.0 的新建文档对话框

实际上，各种对话框可以出现在系统执行中不同层次的各个过程，执行完有关的操作后即退出界面。优点是简单、明了，可以进行一组相关内容的选择或输入，而且不占用系统的主界面。

使用对话框作为系统主要功能界面的情况很少见，一般可用来开发小型的应用系统或简单的地理信息查询系统。

（2）单文档界面。在主窗口中，任何时候只能调入并处理一个文档的应用程序称为单文档界面（SDI）应用程序，如 Windows 下的"写字板"软件，就是典型的单文档界面软件。

GIS 处理数据量大，同时调用并处理多个地理数据库的情况很少，所以 GIS 的设计，特别是专题型的 GIS，一般都不需要同时处理多个地理数据文件，单文档界面很适合这样的设计。

（3）多文档界面。与单文档界面的情况相反，多文档界面（MDI）就是能同时打开并处理多个数据文件的应用程序。

2. 主要界面组件

软件界面除了命令按钮、标签（或"静态文本框"）、文本框、列表框、组合框、图片框、单选钮、框架、滚动条等基本组件外，还包括菜单与菜单条、工具条、选项卡、目录树等高级组合。

（1）菜单与菜单条。菜单（menu）提供一组执行命令的列表，供用户进行各种选择，从而完成相应的系统功能。

菜单有普通菜单、下拉式菜单、弹出式菜单和图形菜单等类型。在软件主界面的设计中，一般按类型和层次将主要的功能操作组织为一下拉式菜单组，并呈条状在窗口上方排列，称为菜单条（menubar）。菜单条占用很小的界面空间，却可以逻辑分明、排列有序地集中系统的大部分功能表项，是当代软件界面设计的主要手法之一。

（2）工具条。工具条（toolbar）即一组整体排列的图形按钮，在 Windows 单文档界面或多文档界面环境下，一般都在窗口上方，沿菜单栏分布的是主工具条，如图 2-11 所示。但在实际的界面设计中，也可以沿文档窗口的左、右、下不同部位安插工具条，或者使之浮动于窗口之中，能自由改变位置。

图 2-11　ArcMap10.0 的常用工具条

工具条一般具有菜单条中的常用操作，使用中不用在菜单条的下拉列表框中寻找相应的菜单项，因而更为简单和直接。工具条设计可以直接指向相应菜单项的功能处理子程序或函数，按钮设计还可以使用普通型、Check 型、分组型等不同形式，从而使得界面更符合使用的需要。

（3）选项卡。选项卡（tab）是一种常用的标准组件，它提供一组可作为其他控件容器的控件。在该控件中，任何时刻只能有一个选项卡处在活动状态，从而有效地组织处于同一等级的各种作业任务。

使用选项卡可以将多个类别的功能集中于一个容器空间，该空间仅在使用中覆盖地图窗口，所以极大地节省了窗口空间，如图 2-12 所示。

（4）目录树。目录树（Treeview）是一个控件，用于显示 Node 对象的分层列表。每个 Node 对象均由一个标签和一个可选的位图组成，用于显示帮助文档的标题、索引的入口、磁盘文件目录等能按树状组织分层的数据信息。

GIS 开发中使用 Treeview 控件或类似界面方法，用来显示数据的分层组织和帮助信息。如 ArcMap10.0 的"目录"控件中的数据管理，就是用这样的界面结构管理调入数据信息，如图 2-13 所示。

（5）状态栏。状态栏（statusbar）是 Windows 程序界面中的常用组件，一般置于窗口底部用来显示与操作有关的状态信息。

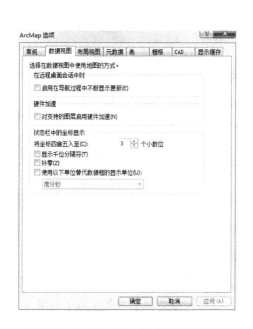

图 2-12　ArcMap10.0 的系统设置选项卡　　　图 2-13　ArcMap10.0 的目录控件

2.7.4　GIS 中常用的其他界面技术

GIS 应用系统一般在状态栏中显示当前活动层、地图当前比例尺、光标在地图窗口中移动的位置信息。

1. 分式窗口

所谓分式窗口，就是可被拆分为两个到多个单独的、可滚动面板的窗口。在应用 GIS 的设计中，通常都要同时打开几个窗口，如地图窗口、表格窗口、图层管理窗口、图例窗口等。分式窗口技术可动态调整各个窗口的大小，同时又可使各窗口不重叠覆盖，是 GIS 和其他应用开发中常用的界面技术。

分式窗口有动态分式窗口与静态分式窗口之分，动态分式窗口能在使用中对窗口进行切分或归并，但每个窗口都必须使用同一个"视图类"，这在应用系统开发中应用不多，而静态分式窗口可以在不同窗格内使用不同的视图类，这在应用系统建立中可分别用于地图窗口、图例窗口、表格窗口和"导航器"窗口等，因而比较常用。

2. 导航器

导航器又称"鹰眼"，是 GIS 常用的界面技术之一。其功能主要是为主地图窗口建立一个全局的图形索引，即将当前地图窗口中的显示范围简明地标注在索引地图窗口（导航器）的相应位置，并实现二者的同步互动。

一方面，用户可以通过导航器中方框的移动改变地图主窗口的显示范围；另一方面，用户对地图主窗口的任何缩放和漫游操作，也可实时地反映在导航器中的地图窗口上。

若要实现导航功能，一般需要完成以下内容。

（1）在两个不同的地图窗口中打开同一个地图对象，导航器窗口中可以只打开它的一个能体现地图定位功能的主要图层。

（2）导航器窗口中始终显示地图表示的全区域范围，缩放比例不变且位置固定。

（3）主地图窗口中的显示内容和显示范围根据用户使用时的情况完全随机，如按任意缩放比例显示任一区域范围和任意的专题内容。

（4）程序设计使主地图窗口的位置始终在导航器窗口中用一矩形索引或其他方式表示出来，即求得地图主窗口当前的显示范围，并用一个方框或其他标注方法将其标注在导航器窗口。

（5）用户单击导航器中地图上的某一空间点，主地图窗口则按当前的显示比例和专题内容平移到以该点为中心的区域进行显示。

2.8 GIS 软件开发的工程化

从系统工程的角度看，一个完整的 GIS 既是面向实际应用的计算机软硬件系统，同时也是基于系统化思想指导下的工程化建设过程。与一般信息系统不同的是，GIS 用来管理具有空间定位特征的地理数据，具体表现在以下几点。

（1）综合性强，横跨多学科：GIS 是由计算机科学、测绘遥感学、地理学、制图学、信息学等组成的边缘学科。

（2）数据组织以空间数据为主：GIS 数据库由图形数据和属性数据及建立于其上的数据模型组成（如拓扑模型），所有这些数据都以空间数据为核心。

（3）面向应用，以空间分析为主：GIS 作为一门以应用为主的技术，不同领域的 GIS 具有不同的特征，且应用面非常广。如土地管理信息系统、资源与环境信息系统、市政规划信息系统、商业销售管理信息系统等。所有这些系统的一个共同特征是，它们都以基于空间数据的空间查询和分析为主要功能。

总之，GIS 有其自身的特点，但其系统建设总体上也遵循软件工程学的基本原则和要求。GIS 的建设是在系统分析、系统设计的原则指导下，按总体设计方案和详细设计方案确定的目标和内容，分阶段、分步骤进行系统开发。GIS 的建设过程，要说明每一阶段的工作步骤，可用流程图详细表示出各个工作步骤之间的联系和相互制约关系等，它是系统能正确执行设计方案，保证根据设计的技术路线和组织管理措施，按期完成开发任务的技术依据。

2.8.1 GIS 开发工程化的方法

随着计算机硬件技术的进步，计算机容量、速度和可靠性都明显提高，计算机成本降低，特别是微机的普及和网络技术的发展，许多行业对 GIS 技术的需求也迅速增长。但与此相对应，目前的 GIS 软件开发过程中也存在不少问题，主要包括：①GIS 产品开发无计划性；②GIS 产品开发过程的不规范化；③无评测 GIS 产品的手段。

同其他软件开发活动过程相类似，GIS 产品的开发通常由多个 GIS 软件开发人员合作完成，开发阶段之间的工作应有很好的衔接。开发工作完成后，GIS 产品成果要面向用户，在应用中接受用户的检验。我们把计算机软件科学和其他工程领域中行之有效的工程学知识，运用到 GIS 产品开发工作中，形成 GIS 开发的工程化方法。

按照软件工程化方法定义，可以将 GIS 产品开发与演进活动分成六个基本步骤：制订 GIS 开发计划、GIS 需求分析、GIS 设计、GIS 程序编码、GIS 产品测试及运行维护。

制订 GIS 开发计划是指确定要开发的 GIS 产品的总体目标，给出它的功能、性能、可靠性及接口方面的要求，并对可利用的资源（计算机软硬件、人力等）、成本、可取得的效益、开发的进度做出评估，制订出完成开发任务的实施计划和可行性研究报告。

GIS 需求分析和定义是指对待开发的 GIS 产品提出的需求进行分析并给出详细定义，

编写出 GIS 需求说明书或系统功能说明书及初步的 GIS 用户手册。系统设计是 GIS 工程的技术核心。

GIS 设计包括总体设计、数据库设计和详细设计三个过程。总体设计是指将各项需求转换成由意义明确的各个模块组成的体系结构；数据库设计是为把数据组织存储到计算机中，并提高数据查询检索的效率而进行的设计工作，包括逻辑设计和物理设计两个阶段；详细设计是对总体设计中每个模块要完成的工作进行具体描述，为源程序编写打下基础，并提供设计说明书。

GIS 程序编码是指将 GIS 设计转换成计算机可接受的程序代码的过程。GIS 产品测试是保证 GIS 产品质量的重要手段，其主要方式是在设计测试案例的基础上检验 GIS 的各个组成部分。GIS 产品测试包括单元测试和组装测试两部分。已交付的 GIS 产品投入正式使用，便进入运行阶段，GIS 运行中可能由于多方面原因，需要对它进行修改。

2.8.2　GIS 工程设计的基本原则

GIS 工程设计的基本原则包括以下三点。

（1）计划管理原则。用分阶段的生命周期计划严格管理，在工程的整个生命周期应该制订并严格执行六类计划，它们是项目概要计划、里程碑计划、项目控制计划、产品控制计划、验证计划、运行维护计划。

（2）坚持进行阶段评审原则。第一，大部分错误是在编码之前造成的，据 Boehm 等人的统计，设计错误占软件错误的 63%，编码错误仅占 37%；第二，错误发现与改正行为越晚，所需付出的代价也越高。

（3）严格的产品控制原则。为了保持系统各个配置成分的一致性，必须实行严格的产品控制，其中主要是实行基准配置管理。所谓基准配置又称为基线配置，它们是经过阶段评审后的系统配置成分（各个阶段产生的文档或程序代码）。基准配置管理也称为变动控制，一切有关修改系统的建议，特别是涉及对基准配置的建议，都必须按照严格的规程进行评审，获得批准以后才能实施修改。

下面简要介绍软件工程的七条原理。

（1）用分阶段的生命周期计划严格管理。这一条是吸取前人的教训而提出来的。统计表明，50%以上的失败项目是计划不周造成的。在软件开发与维护的漫长生命周期中，需要完成许多性质各异的工作。这条原理意味着，应该把软件生命周期分成若干阶段，并相应制订出切实可行的计划，然后严格按照计划对软件的开发和维护进行管理。

（2）坚持进行阶段评审。软件的质量保证工作不能等到编码结束之后再进行，应坚持进行严格的阶段评审，以便尽早发现错误。

（3）实行严格的产品控制。开发人员最痛恨的事情之一就是改动需求，但是实践告诉我们，需求的改动往往是不可避免的。这就要求我们要采用科学的产品控制技术来顺应这种要求，也就是要采用变动控制，又叫基准配置管理。当需求变动时，其他各个阶段的文档或代码随之相应变动，以保证软件的一致性。

（4）采纳现代程序设计技术。从 20 世纪六七十年代的结构化软件开发技术，到最近的面向对象技术，从第一代语言到第四代语言，人们已经充分认识到：方法大于力气。采用先进的技术既可以提高软件开发的效率，又可以减少软件维护的成本。

（5）结果应能被清楚地审查。软件是一种看不见、摸不着的逻辑产品。软件开发小组的工作进展情况可见性差，难以评价和管理。为更好地进行管理，应根据软件开发的总目标及完成期限，尽量明确地规定开发小组的责任和产品标准，从而使所得到的结果能被清楚地审查。

（6）开发小组的人员应少而精。开发人员的素质和数量是影响软件质量和开发效率的重要因素，所以开发小组的人员应该少而精。这一条基于两点原因：高素质开发人员的效率比低素质开发人员的效率要高几倍到几十倍，开发工作中犯的错误也要少得多；当开发小组为 N 人时，可能的通信信道为 $N(N-1)/2$，可见随着人数 N 的增大，通信开销将急剧增大。

（7）承认不断改进软件工程实践的必要性。遵从上述 6 条基本原理，就能够较好地实现软件的工程化生产。但是，它们只是对现有经验的总结和归纳，并不能保证赶上技术不断前进发展的步伐。因此，Boehm 提出应把承认不断改进软件工程实践的必要性作为软件工程的第 7 条原理。根据这条原理，不仅要积极采纳新的软件开发技术，还要注意不断总结经验，收集进度和消耗等数据，进行出错类型和问题报告统计。这些数据既可以用来评估新的软件技术的效果，也可以用来指明必须着重注意的问题和应该优先进行研究的工具和技术。

2.8.3　GIS 工程设计的规范

在进入软件开发阶段之初，首先应为软件开发组制定在设计时应该共同遵守的标准，以便协调组内各成员的工作。它包括以下几点。

（1）阅读和理解软件需求说明书，在给定预算范围内和技术现状下，确认用户的要求能否实现。若能实现则需明确实现的条件，从而确定设计的目标及它们的优先顺序。

（2）根据目标确定最合适的设计方法。

（3）确定设计文档的编制标准，包括文档体系、用纸及样式、记述详细的程度、图形的画法等。

（4）通过代码设计确定代码体系、与硬件和操作系统的接口规则、命名规则等。

2.8.4　GIS 工程项目的管理

GIS 工程项目的管理包括工程的需求控制、质量控制、进度控制、风险控制等管理技术。保证一个 GIS 工程的成功还涉及人员组织技术与成本控制技术，即在一定的资金条件下最大限度地满足用户的需要，实现社会效益的同时，还能实现经济效益，也是 GIS 工程管理的重要任务。

2.8.5　GIS 工程建设中的文档

为了对 GIS 建设进行科学管理，规范建设文档，GIS 建设过程中必须完成以下各项文件：

（1）立项报告；

（2）可行性研究报告；

（3）项目合同；

（4）系统设计任务书；

（5）用户需求分析报告；

（6）系统总体设计方案和各子系统设计方案；

（7）系统实施总结报告；

（8）系统测试报告；

（9）用户使用报告；

（10）系统验收报告；

（11）系统建设总结报告。

这些文档的内容和详尽程度视系统规模大小、开发阶段等因素而定。

第3章 数据库设计基础与空间数据库设计

3.1 数据库概述

数据库技术是计算机应用领域中非常重要的技术，它产生于 20 世纪 60 年代末，是数据管理的最新技术，也是软件科学的一个重要分支。本节首先介绍数据库技术的基本概念，然后回顾数据管理技术的发展过程，并在此基础上介绍数据库的数据模型和数据库的设计及数据库设计实例。

3.1.1 数据库的基本概念

1. 数据

在计算机领域内，数据这个概念不局限于普通意义上的数字，还包括文字、图形、图像、声音等。凡是计算机中用来描述事物的记录，都可以统称为数据。比如用学号、姓名、年龄、系别这几个特征来描述学生时，（9900001，王红，19，计算机系）这一记录就是一个学生的数据。

2. 数据模型

为了用计算机处理现实世界中的具体事物，往往要对客观事物加以抽象，提取主要特征，归纳形成一个简单清晰的轮廓，从而使复杂的问题变得易于处理，这就是"建模"。数据模型就是一种对客观事物抽象化的表现形式。数据模型首先要真实地反映现实世界，否则就没有实际意义了；其次要易于理解，和人们对外部事物的认识相一致；最后要便于实现，因为最终要由计算机来处理。

数据模型通常由数据结构、数据操作和完整性约束三要素组成。

数据结构描述的是系统的静态特性，是所研究对象类型的集合。由于数据结构反映了数据模型最基本的特征，因此人们通常都按照数据结构的类型来命名数据模型。传统的数据模型有层次模型、网状模型和关系模型。

数据操作描述的是系统的动态特性，是对各种对象实例允许执行的操作的集合。数据操作主要分为更新和检索两大类，更新包括插入、删除、修改。两类操作统称"增、删、改、查"。

完整性约束的目的是保证数据的正确性、有效性和相容性。例如，在关系模型中，任何关系都必须满足实体完整性和引用完整性这两个条件。

3. 数据库

数据库（Data Base，DB）实际上就是按照一定的数据模型组织的、长期储存在计算机内、可为多个用户共享的数据的集合。在引入了数据库管理系统（Data Base Management System，DBMS）这个概念之后，可以认为，数据库就是由 DBMS 统一管理和控制的数据集合。

4. 数据库系统

数据库系统（Data Base System，DBS）包括和数据库有关的整个系统：数据库、DBMS、应用程序及数据库管理员和用户等。当然，人们也常把除人以外与数据库有关的硬件和软件系统称为数据库系统。一个数据库系统应该满足以下要求。

（1）允许用户用"数据定义语言"的专用语言来建立新的数据库。

（2）允许用户用"数据操作语言"或者"查询语言"的专用语言来对数据库中的数据进行查询和更新。

（3）支持存储大量的数据，保证对数据的正确及安全使用。

（4）控制多用户的并发访问，保证并发访问不相互影响且不损坏数据。

5. 数据库管理系统

DBMS 是专门用于建立和管理数据库的一套软件，介于应用程序和操作系统之间。DBMS 不仅具有最基本的数据管理功能，还能保证数据的完整性、安全性，提供多用户的并发控制，当数据库出现故障时对系统进行恢复。

3.1.2　数据管理技术的发展

数据管理指的是对数据进行分类、组织、储存、检索及维护。要注意，这里所说的数据，不仅是指数字，还包括文字、图形、图像、声音等。

随着计算机软硬件的发展，数据管理技术不断完善，经历了以下三个阶段：人工管理阶段、文件系统阶段、数据库管理阶段。

1. 人工管理阶段

20 世纪 50 年代中期以前，计算机主要用于科学计算。那时的计算机硬件方面，外存只有卡片、纸带及磁带，没有磁盘等直接存取的存储设备；软件方面，只有汇编语言，没有操作系统和高级语言，更没有管理数据的软件；数据处理的方式是批处理。这些决定了当时的数据管理只能依赖人工来进行。

人工管理阶段具有以下特点。

（1）数据不被保存。当时的计算机主要用于科学计算，一个程序对应一组数据。只是在计算某一问题时，把程序和对应的数据装入，计算完就退出，没有将数据长期保存的必要。

（2）没有专门的数据管理软件。数据需要由应用程序管理，因此应用程序的设计者不仅要考虑数据的逻辑结构，还要考虑数据的物理结构，比如存储结构、存取方法、输入方式等。另一层映像是整体数据逻辑结构和数据物理结构之间的映像，它保证了数据的物理独立性，当数据的存储结构发生变化时，通过修改这层映像可使数据的逻辑结构不受影响，因此应用程序同样不必修改。

（3）数据不共享。数据是面向应用程序的，一组数据只能对应一个程序。当多个应用程序涉及某些相同的数据时，必须自定义，无法互相利用、互相参照，因此程序与程序之间有大量的冗余数据。

（4）数据不具有独立性。数据的逻辑结构或物理结构发生变化后，必须对应用程序做相应的修改，这就加重了程序员的负担。

2. 文件系统阶段

20 世纪 50 年代后期到 60 年代中期，硬件方面已有了磁盘、磁鼓等直接存储设备；软件方面，操作系统中已经有了专门的数据管理软件，一般称为文件系统；处理方式上不仅有了批处理，而且能够联机实时处理。

用文件系统管理数据具有以下特点。

（1）数据可以长期保存。由于计算机大量用于数据处理，数据需要长期保留在外存上反复进行查询、修改、插入和删除等操作。

（2）由文件系统管理数据。由专门的软件及文件系统进行数据管理，文件系统把数据组织成相互独立的数据文件，利用"按文件访问，按记录进行存取"的管理技术，可以对文件进行修改、插入和删除的操作。文件系统实现了记录内的结构性，但整体无结构。程序和数据之间由文件系统提供存取方法进行转换，使应用程序与数据之间有了一定的独立性，程序员可以不必过多地考虑物理细节，将精力集中于算法。而且数据存储上的改变不一定反映在程序上，大大节省了维护程序的工作量。

但是，文件系统仍存在以下缺点。

（1）数据共享性差，冗余度大。在文件系统中，一个文件基本上对应一个应用程序，即文件仍然是面向应用的。当不同的应用程序具有部分相同的数据时，也必须建立各自的文件，而不能共享相同的数据，因此数据的冗余度大，浪费存储空间。

（2）数据的独立性差。文件系统中的文件是为某一特定应用服务的，文件的逻辑结构对应用程序来说是优化的，因此要想对现有的数据再增加一些新的应用会很困难，系统不容易扩充。

3. 数据库管理阶段

20世纪60年代后期以来，计算机管理的对象规模越来越大，应用范围越来越广泛，数据量急剧增长，同时多种应用、多种语言互相覆盖地共享数据集合的要求越来越强烈。

这时硬件已有大容量的磁盘，硬盘价格下降；软件实时处理要求更多，并开始提出和考虑分布处理。在这种背景下，以文件系统作为数据管理手段已经不能满足应用的需求，于是为解决多用户、多应用共享数据的需求，使数据为尽可能多地应用服务，数据库技术便应运而生，出现了统一管理数据的专门软件系统——数据库管理系统。

用数据库系统来管理数据比用文件系统具有明显的优点，文件系统到数据库系统，标志着数据管理技术的飞跃。

3.1.3 数据库的数据模型

数据模型是描述数据内容和数据之间联系的工具，它是衡量数据库能力强弱的主要标志之一。数据模型是一组描述数据库的概念。这些概念精确地描述数据与数据之间的关系、数据的语义和完整性约束。很多数据模型还包括一个操作集合。这些操作用来说明对数据库的存取和更新。数据模型应满足三方面要求：一是能真实地模拟现实世界；二是容易为人们理解；三是便于在计算机上实现。数据库设计的核心问题之一就是设计一个好的数据模型。目前在数据库领域，常用的数据模型有：层次模型、网络模型、关系模型及最近兴起的面向对象模型。下面以两个简单的空间实体为例，简述这几个数据模型中的数据组织形式及特点。地图 M 及其空间实体Ⅰ、Ⅱ如图 3-1 所示。

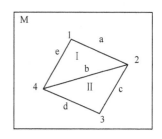

图 3-1　地图 M 及其空间实体Ⅰ、Ⅱ

1. 层次模型

层次数据库模型是将数据组织成的一对多（或双亲与子女）关系的结构，其特点为：①有且仅有一个节点无双亲，这个节点即树的根；②其他节点有且仅有一个双亲。图 3-1 所示多边形地图可以构造出图 3-2 所示的层次模型。

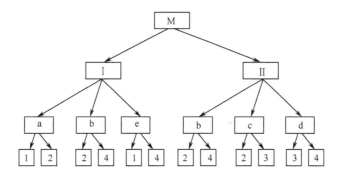

图 3-2　层次模型

层次数据库结构特别适用于文献目录、土壤分类、部门机构等分级数据的组织。例如，"全国→省→县→乡"是一棵十分标准的有向树，其中"全国"是根节点，"省"以下的行政区划单元都是子节点。这种数据模型的优点是层次和关系清楚，检索路线明确。

层次模型不能表示多对多的联系，这是令人遗憾的缺陷。在 GIS 中，若采用这种层次模型将难以顾及公共点、线数据共享和实体元素间的拓扑关系，导致数据冗余度增加，而且给拓扑查询带来困难。

2. 网络模型（network model）

在网络模型中，各记录类型间可具有任意连接。一个子节点可有多个父节点；可有一个以上的节点无父特点；父节点与某个子节点记录之间可以有多种联系，如一对多、

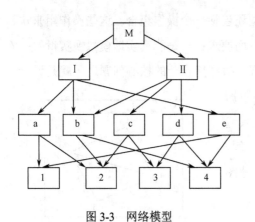

图 3-3 网络模型

多对一、多对多，如图 3-3 所示。

网络数据库结构特别适用于数据间相互关系非常复杂的情况，除了上面说的图形数据外，不同企业部门之间的生产和消耗关系也可以很方便地用网状结构来表示。

网络数据库结构的缺点是：由于数据间联系要通过指针表示，指针数据项的存在使数据量大大增加，当数据间关系复杂时指针部分会占大量数据库存储空间。另外，修改数据库中的数据，指针也必须随着变化。因此，网络数据库中指针的建立和维护可能成为相当大的额外负担。

3. 关系模型（relational model）

关系模型的基本思想是用二维表形式表示实体及其联系。二维表中的每一列对应实体的一个属性，其中给出相应的属性值，每一行形成一个由多种属性组成的多元组，或称元组（tuple），与一特定实体相对应。实体间联系和各二维表间联系采用关系描述或通过关系直接运算建立。元组（或记录）由一个或多个属性（数据项）来标识，这一个或一组属性称为关键字，一个关系表的关键字称为主关键字，各关键字中的属性称为元属性。关系模型可由多张二维表形式组成，每张二维表的"表头"称为关系框架，故关系模型即是若干关系框架组成的集合。如图 3-1 所示的多边形地图，可用表 3-1 所示关系表示多边形与边界及节点之间的关系。

表 3-1　关系表

多边形号 （P）	边　号 （E）	边　长	边　号 （E）	起节点号 （SN）	终节点号 （EN）	节点号 （N）	X	Y
I	a	30	a	1	2	1	19.8	34.2
I	b	40	b	2	4	2	38.6	25.0
I	c	30	c	2	3	3	26.7	8.2
II	b	40	d	4	4	4	9.5	15.7
II	c	25	e	4	1			
II	d	28						

注：关系 1　边界关系　关系 2　边界-节点关系　关系 3　节点坐标关系

关系模型中应遵循以下条件。

（1）二维表中同一列的属性是相同的；

（2）赋予表中各列不同名字（属性名）；

（3）二维表中各列的次序是无关紧要的；

（4）没有相同内容的元组，即无重复元组；

（5）元组在二维表中的次序是无关紧要的。

关系数据库结构的最大优点是它的结构非常灵活，可满足所有用布尔逻辑运算和数学运算规则形成的询问要求；关系数据还能搜索、组合和比较不同类型的数据，加入和删除数据都非常方便。关系模型用于设计地理属性数据的模型较为适宜。因为在目前，地理要素之间的相互联系是难以描述的，只能独立地建立多个关系表。例如：地形关系，包含的属性有高度、坡度、坡向，其基本存贮单元可以是栅格方式或地形表面的三角面；人口关系，包含的属性有人口数量、男女人口数、劳动力、抚养人口数等，基本存贮单元通常是对应于某一级的行政区划单元。

关系数据库的缺点是许多操作都要求在文件中顺序查找满足特定关系的数据，如果数据库很大，这一查找过程要花很多时间。搜索速度是关系数据库的主要技术标准，也是建立关系数据库花费高的主要原因。

4. 面向对象模型

面向对象是指无论怎样复杂的事例都可以准确地由一个对象表示。每个对象都是包含了数据集和操作集的实体，即面向对象的模型具有封装性的特点。

1）面向对象的概念

（1）对象与封装性。面向对象的系统中，每个概念实体都可以模型化为对象。多边形地图上的一个节点、一条弧段、一条河流、一个区域或一个省都可看成对象。一个对象是由描述该对象状态的一组数据和表达其行为的一组操作（方法）组成的。例如，河流的坐标数据描述了它的位置和形状，而河流的变迁则表达了它的行为。由此可见，对象是数据和行为的统一体。

一个对象 object 可定义成一个三元组

$$object=（ID，S，M）$$

其中，ID 为对象标识，M 为方法集，S 为对象的内部状态，它可以直接是一属性值，也可以是另一组对象的集合，因而它明显地表现出对象的递归。

（2）分类。类是关于同类对象的集合，具有相同属性和操作的对象组合在一起。属于同一类的所有对象共享相同的属性项和操作方法，每个对象都是这个类的一个实例，即每个对象可能有不同的属性值。可以用一个三元组来建立一个类型

$$class=（CID，CS，CM）$$

其中，CID 为类标识或类型名，CS 为状态描述部分，CM 为应用于该类的操作。显然有

$$S \in CS \ 和 \ M \in CM \quad （当 object \in class）$$

因此，在实际的系统中，仅需对每个类型定义一组操作，供该类中的每个对象应用。由于每个对象的内部状态不完全相同，所以要分别存储每个对象的属性值。例如，一个城市的 GIS 中，包括了建筑物、街道、公园、电力设施等类型。而洪山路一号楼则是建筑物类中的一个实例，即对象。建筑物类中可能有建筑物的用途、地址、房主、建筑日期等属性，并可能需要显示建筑物、更新属性数据等操作。每个建筑物都使用建筑物类中操作过程的程序代码，代入各自的属性值操作该对象。

（3）概括。在定义类型时，将几种类型中某些具有公共特征的属性和操作抽象出来，形成一种更一般的超类。例如，将 GIS 中的地物抽象为点状对象、线状对象、面状对象及由这三种对象组成的复杂对象，因而这四种类型可以作为 GIS 中各种地物类型的超类。比如，设有两种类型

$$Class_1=（CID_1，CS_A，CS_B，CM_A，CM_B）$$

$$Class_2=（CID_2，CS_A，CS_C，CM_A，CM_C）$$

$Class_1$ 和 $Class_2$ 中都带有相同的属性子集 CS_A 和操作子集 CM_A 并且

$$CS_A \in CS_1，CS_A \in CS_2，CM_A \in CM_1，CM_A \in CM_2$$

因而将它们抽象出来，形成一种超类

$$Superclass =（SID，CS_A，CM_A）$$

这里的 SID 为超类的标识号。

在定义了超类以后，$Class_1$ 和 $Class_2$ 可表示为

$$Class_1=（CID_1，CS_B，CM_B）$$

$$Class_2=（CID_2，CS_C，CM_C）$$

此时，$Class_1$ 和 $Class_2$ 称为 Superclass 的子类（Subclass）。例如，建筑物是饭店的超类，因为饭店也是建筑物。子类还可以进一步分类，如饭店类可以进一步分为小餐馆、普通旅社、宾馆、招待所等类型。所以，一个类可能是某个或某几个超类的子类，同时又可能是几个子类的超类。

建立超类实际上是一种概括，避免了说明和存储上的大量冗余。由于超类和子类分开表示，所以就需要一种机制，在获取子类对象的状态和操作时，能自动得到其超类的

状态和操作。这就是面向对象方法中的模型工具——继承，它提供了对事件简明而精确的描述，以利于共享说明和应用的实现。

（4）联合。在定义对象时，将同一类对象中几个具有相同属性值的对象组合起来，为了避免重复，设立一个更高水平的对象表示那些相同的属性值。假设有两个对象

$$Object_1 = (ID_1，S_A，S_B，M)$$
$$Object_2 = (ID_2，S_A，S_C，M)$$

其中，这两个对象具有一部分相同的属性值，可设立新对象 $Object_3$ 包含 $Object_1$ 和 $Object_2$

$$Object_3 = (ID_3，S_A，Object_1，Object_2，M)$$

此时，$Object_1$ 和 $Object_2$ 可变为

$$Object_1 = (ID_1，S_B，M)$$
$$Object_2 = (ID_2，S_C，M)$$

$Object_1$ 和 $Object_2$ 称为"分子对象"，它们的联合所得到的对象称为"组合对象"。联合的一个特征是它的分子对象应属于一个类型。

（5）聚集。聚集是将几个不同特征的对象组合成一个更高水平的对象。每个不同特征的对象是该复合对象的一部分，它们有自己的属性描述数据和操作，这些是不能为复合对象所公用的，但复合对象可以从它们那里派生得到一些信息。例如，弧段聚集成线状地物或面状地物，简单地物组成复杂地物。例如，设有两种不同特征的分子对象

$$Object_1 = (ID_1，S_1，M_1)$$
$$Object_2 = (ID_2，S_2，M_2)$$

用它们组成一个新的复合对象

$$Object_3 = (ID_3，S_3，Object_1(S_u)，Object_2(S_v)，M_3)$$

其中，$S_u \in S_1$，$S_v \in S_2$，从上式中可见，复合对象 $Object_3$ 拥有自己的属性值和操作，它仅是从分子对象中提取部分属性值，且一般不继承子对象的操作。

在联合和聚集这两种对象中，用"传播"作为传递子对象的属性到复杂对象的工具。即复杂对象的某些属性值不单独存于数据库中，而是从它的子对象中提取或派生。例如，一个多边形的位置坐标数据，并不直接存于多边形文件中，而是存于弧段和节点文件中，多边形文件仅提供一种组合对象的功能和机制，通过建立聚集对象，借助于传播的工具可以得到多边形的位置信息。

2）面向对象数据库（OODB）模型的特征

（1）对象和对象标识符：任一现实世界中的实体都可模拟成一个对象，由唯一对象标识符与之对应。

（2）属性和方法：属性有单值的，也有多值的。属性不受第一范式的约束，不必是原子的，可是另一个对象。方法是作用在对象上的方法集合。

（3）类：同一类对象共用相同的属性集和方法集。

（4）类层次和继承：类是低层次的概括，而子类继承了高层次类的所有属性和方法，也有自己特有的属性和方法。

3）面向对象数据库的设计方法

面向对象数据库的设计主要是定义对象及对象类，以及定义操作。

（1）定义对象及对象类：从真实世界中抽取有意义的物体和概念作为对象，并将某类作为数据库系统的基础类；根据数据抽象化的原则，如果表示一组物体的对象集合具备系统所需要的相似特性和操作，那么该集合应用类来表示。

（2）定义操作：详细分析系统的需求，研究对各类对象起作用的操作，包括对象自身的操作和该对象对另一类对象起作用的操作。

■ 构造操作（又称创建操作）：在 OODB 中产生该类的一个新的对象或实例，并赋予属性值。

■ 访问操作：提供附加访问的功能，能体现该类实例的某些特征。

■ 变更操作：用来改变特定对象的属性值。

4）GIS 中的面向对象模型

（1）空间地物的几何数据模型。GIS 中空间地物的几何数据模型如图 3-4 所示。从几何方面划分，GIS 的各种地物可抽象为：点状地物、线状地物、面状地物及由它们混合组成的复杂地物。每一种几何地物又可能由一些更简单的几何图形元素构成。例如，

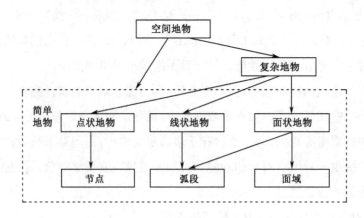

图 3-4 空间地物的几何数据模型

一个面状地物是由周边弧段和中间面域组成，弧段又涉及节点和中间点坐标。或者说，节点的坐标传播给弧段，弧段聚集成线状地物或面状地物，简单地物组成复杂地物。

（2）拓扑关系与面向对象模型。通常地物之间的相邻、关联关系可通过公共节点、公共弧段的数据共享来隐含表达。在面向对象数据模型中，数据共享是其重要的特征。将每条弧段的两个端点（通常它们与另外的弧段公用）抽象出来，建立一个单独的节点对象类型，而在弧段的数据文件中，设立两个节点子对象标识号，即用"传播"的工具提取节点文件的信息。拓扑关系与数据共享如图 3-5 所示。

区域文件

区　标　识	弧段标识
1	21
2	22,24,25,23
3	23
4	24,26,28
5	25,26,27

节点文件

节点标识	X	Y	Z
11	100	90	100
12	90	85	120
13	60	88	110
14	55	82	150
15	30	80	130
16	52	20	90

弧段文件

弧　标　识	起　节　点	终　节　点	中间点串
21	11	11	…
22	12	15	…
23	13	13	…
24	14	12	…
25	15	14	…
26	16	14	…
27	15	15	…
28	16	12	…

图 3-5　拓扑关系与数据共享

这一模型既解决了数据共享问题，又建立了弧段与节点的拓扑关系。同样，面状地物对弧段的聚集方式与数据共享、几何拓扑关系的建立也达到了一致。

（3）面向对象的属性数据模型。关系数据模型和关系数据库管理系统基本上适应于 GIS 中属性数据的表达与管理。若采用面向对象数据模型，语义将更加丰富，层次关系也更明了。可以说，面向对象的属性数据模型在数据库管理系统的功能基础上，增加了面向对象数据模型的封装、继承、信息传播等功能。

以土地利用管理 GIS 为例的面向对象的属性数据模型如图 3-6 所示。

GIS 中的地物可根据国家分类标准或实际情况划分类型。例如，土地利用管理 GIS 的目标可分为耕地、园地、林地、牧草地、居民点、交通用地、水域和未用地等几大类，地物类型的每一大类又可以进一步分类，如居民点可再分为城镇、农村居民点、工矿用地等子类。另外，根据需要还可将具有相同属性和操作的类型综合成一个超类。例如，工厂、商店、饭店属于产业，它有收入和税收等属性，可把它们概括成一个更高水平的超类——产业类。由于产业可能不仅与建筑物有关，还可能包含其他类型如土地等，所以可将产业类设计成一个独立的类，通过行政管理数据库来管理。在整个系统中，可采用双重继承工具，当要查询饭店类的信息时，既要能够继承建筑物类的属性与操作，又要继承产业类的属性与操作。

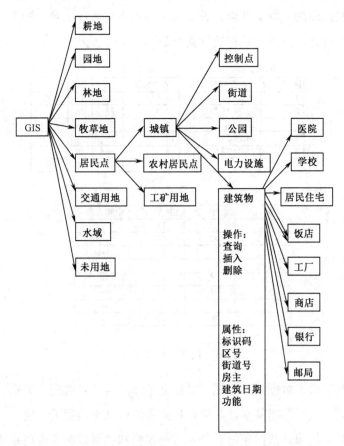

图 3-6　以土地利用管理 GIS 为例的面向对象的属性数据模型

属性数据管理中也需用到聚集的概念和传播的工具。例如，在饭店类中，可能不直接存储职工总人数、房间总数和床位总数等信息，这些信息可从该饭店的子对象职员数据库、房间床位数据库等数据库中派生得到。

3.1.4　数据库设计

设计与使用数据库的过程是把现实世界的数据经过人为的加工和计算机的处理，又为现实世界提供信息的过程。在给定的 DBMS、操作系统和硬件环境下，表达用户的需求，并将其转换为有效的数据库结构，构成较好的数据库模式，这个过程称为数据库设计。

要设计一个好的数据库必须用系统的观点分析和处理问题。数据库及其应用系统开发的全过程可分为两大阶段：数据库系统的分析与设计阶段，数据库系统的实施、运行与维护阶段。以下将从数据库设计的任务、数据库设计的特点、数据库设计的过程这三个方面重点介绍数据库的设计。

1. 数据库设计的任务

数据库的生命周期分为两个重要的阶段：一是数据库的设计阶段，二是数据库的实施和运行阶段。其中，数据库的设计阶段是数据库整个生命周期中工作量比较大的一个阶段，其质量对整个数据库系统的影响很大。

数据库设计的基本任务是：根据一个单位的信息需求、处理需求和数据库的支撑环境（包括 DBMS、操作系统和硬件），设计出数据模式（包括外模式、逻辑（概念）模式和内模式）及应用程序。其中信息需求表示一个单位所需要的数据及其结构，处理需求表示一个单位需要经常进行的数据处理，例如工资计算、成绩统计等。前者表达了对数据库的内容及结构的要求，也就是静态要求；后者表达了基于数据库的数据处理要求，也就是动态要求。DBMS、操作系统和硬件是建立数据库的软、硬件基础，也是其制约因素。为了便于理解上面的概念，下面举一个具体的例子。

某大学需要利用数据库来存储和处理每个学生、每门课程及每个学生所选课程和成绩的数据。其中，每个学生的属性有姓名（Name）、性别（Sex）、出生日期（Birthdate）、系别（Department）、入学日期（Enterdate）等；每门课程的属性有课程号（Cno）、学时（Ctime）、学分（Credit）、教师（Teacher）等；学生和课程之间的联系是每个学生选了哪些课程及每个学生每门课的成绩或是否通过等。以上这些都是这所大学需要的数据及其结构，属于整个数据库系统的信息需求。而此大学需要在此数据库上做的操作，例如统计每门课的平均分、每个学生的平均分等，则是此大学需要的数据处理，属于整个数据库系统的处理需求。最后，此大学要求数据库运行的操作系统（Windows、UNIX）、硬件环境（CPU 速度、硬盘容量）等，也是数据库设计时需要考虑的因素。

信息需求主要是定义所设计的数据库将要用到的所有信息，描述实体、属性、联系的性质，描述数据之间的联系。处理需求则定义所设计的数据库将要进行的数据处理，描述操作的优先次序、操作执行的频率和场合，描述操作与数据之间的联系。当然，信息需求和处理需求的区分不是绝对的，只不过侧重点不同而已。信息需求要反映处理的需求，处理需求自然包括其所需的数据。

数据库设计有两种不同的方法：一种以信息需求为主，兼顾处理需求，这种方法称为面向数据的设计方法（data-oriented approach）；另一种以处理需求为主，兼顾信息需求，这种方法称为面向过程的设计方法（process-oriented approach）。用前一种方法设计的数据库，可以比较好地反映数据的内在联系，不但可以满足当前应用的需要，还可以满足潜在应用的需求。用第二种方法设计的数据库，可能在使用的初始阶段比较好地满足应用的需要，获得好的性能，但随着应用的发展和变化，往往会导致数据库的较大变动或者不得不重新设计。这两种设计方法在实际中都有应用。

面向过程的设计方法主要用于处理要求比较明确、固定的应用系统，例如饭店管理。但是在实际应用中，数据库一般由许多用户共享，还可能不断有新的用户加入，除了常规的处理要求外，还有许多即席访问。对于这类数据库，最好采用面向数据的设计方法，使数据库比较合理地模拟一个单位。一个单位的数据总是相对稳定的，而处理测试则是相对变动的。

为了设计一个相对稳定的数据库，一般采用面向数据的设计方法。

数据库设计的成果有两个：一是数据模式，二是以数据库为基础的典型应用程序。应用程序是随着应用而不断发展的，在有些数据库系统中（如情报检索），事先很难编出所需的应用程序或事务。因此，数据库设计最基本的成果是数据模式。不过，数据模式的设计必须适应数据处理的要求，以保证大多数常用的数据处理能够方便、快速地进行。

还是利用上面提到的关于某大学里学生及课程信息的例子，数据库设计最基本的成果是各种信息的存放模式，例如共建立几张表、每张表包含哪些属性、每个属性的类型及多个表之间的联系等。虽然要存放这些信息有很多种方式，但是要考虑到常用的数据处理如统计学生平均分、统计课程平均分等，所以在设计数据存放的方式时要能适应这些处理需求。

2. 数据库设计的特点

同其他的工程设计一样，数据库设计具有以下 3 个特点。

1）反复性（iterative）

数据库设计不可能"一气呵成"，需要反复推敲和修改才能完成。前阶段的设计是后阶段设计的基础和起点，后阶段也可向前阶段反馈其要求。如此反复修改，才能比较完善地完成数据库的设计。

2）试探性（tentative）

与解决一般问题不同，数据库设计的结果经常不是唯一的，所以设计的过程通常是一个试探的过程。由于在设计过程中有各种各样的需求和制约的因素，它们之间有时可能会相互矛盾，因此数据库的设计结果很难达到非常满意的效果，常常为了达到某些方面的优化而降低了另一方面的性能。这些取舍是由数据库设计者的权衡和本单位的需求来决定的。

3）分步进行（multistage）

数据库设计常常由不同的人员分阶段地进行。这样既使整个数据库的设计变得条理清晰、目的明确，又是技术上分工的需要。而且分步进行可以分段把关，逐级审查，能够保证数据库设计的质量和进度。尽管后阶段可能会向前阶段反馈其要求，但在正常情况下，这种反馈修改的工作量不应是很大的。

3. 数据库设计的过程

数据库的设计一般分为 4 步：需求分析、概念设计、逻辑设计和物理设计。在数据库设计的整个过程中，需求分析和概念设计可以独立于任何的数据库管理系统，而逻辑设计和物理设计则与具体的数据库管理系统密切相关。下面分别介绍数据库设计的每个步骤。

3.2　需求分析

需求分析的任务是调查应用领域，对应用领域中各应用的信息要求和操作要求进行详细分析，形成需求分析说明书。需求分析是对现实世界深入了解的过程。数据库能否正确地反映现实世界，主要取决于需求分析。

需求分析人员既要对数据库技术有一定的了解，又要对单位的情况比较熟悉。一般由数据库人员和本单位的有关工作人员合作完成需求分析。需求分析的结果整理成需求分析说明书，这是数据库技术人员和应用单位的工作人员取得共识的基础，必须得到单位有关管理人员的确认。

目前，需求分析说明书一般用自然的语言表达，是非形式化的。在需求分析说明书中，已经确认了数据库中应包含的数据及其有关的特性，例如数据名、属性及其类型、键码、使用频率、更新要求、数据量估计、保密要求、共享范围及语义约束等。这些数据是关于数据的数据，即元数据。在设计大型数据库时，用人工管理这些元数据是困难的，也不便于查询和使用。一般用专用软件包或 DBMS 来管理这些数据。

数据字典不同于数据目录。数据目录主要是面向系统的，它是 DBMS 的一个组成部分；数据字典是面向数据库实现人员和用户的，它是用 DBMS 或专用软件实现的一个应用系统。用数据字典管理元数据，不但可以减少设计者的负担，也有利于保持数据的一致性（如避免重复或重名）并可提供各种统计数据，因而可以提高数据库设计的质量。

为了便于在后续阶段用计算机处理需求说明，需求说明有时转换成形式化和半形式化的描述形式，例如需求描述语言、框图、信息流图等。但是数据库的需求是多方面的，数据的语义是丰富多样的，要完全形式化描述数据库设计的需求说明，至少在目前还难以做到，还得辅以非形式化的说明。

一般需求分析分为应用领域的调查、定义数据库支持的信息与应用、定义数据库操作任务、定义数据项等几步。

3.2.1　应用领域的调查

应用领域的调查分为两个阶段。第一阶段，对应用领域的组织结构、业务流程和数据流程进行调查，对现行系统的功能和所需信息有一个明确的认识；第二阶段，在第一阶段的基础上进行应用领域的分析，抽象出应用领域的逻辑模型，最后把逻辑模型用数据流图来表示。

数据流图可以表示现行系统的信息流动和加工处理等详细情况，是现行系统的一种逻辑抽象表示，它独立于系统实现。

3.2.2　定义数据库支持的信息与应用

定义数据库系统支持的信息的目的是确定最终数据库需要存储哪些信息。信息定义以应用领域的逻辑模型为基础。信息定义分为以下两步。

（1）考察数据流图中每个存储信息，确定其是否应该而且可能由数据库存储，如果应该而且可能，则列入数据库需要存储的信息范围。

（2）对于上面产生的每个需要由数据库存储的信息进行严格定义，内容包括信息名、内容、产生该信息的应用和引用该信息的应用。

定义数据库系统支持的应用的目的是确定最终的数据库支持哪些应用系统。由应用领域调查所产生的逻辑模型是定义数据库系统支持的应用的基础。利用这个逻辑模型，按照下列步骤来完成应用的定义。

（1）考察数据流图中的每个数据处理应用，确定正在设计的数据库是否应该而且可能支持这个应用。如果应该而且可能支持，即把这个功能列入数据库系统支持的应用范围。

（2）对于上面产生的每个数据库系统应该支持的应用，进行严格的定义，内容包括应用名、处理功能、输入信息和输出信息。

3.2.3　定义数据库操作任务

数据库操作任务对应于最终数据库系统的事务。一个应用包括一个或多个数据库操作任务。每个数据库操作任务可属于多个应用。数据库操作任务的定义是对应用定义集合中每个应用逐步求精的过程。在逐步求精的过程中，划分出数据库操作任务，完成数据库操作任务的定义。

划分数据库操作任务的规则如下。

（1）每个数据库操作任务必须是某个应用的组成部分。

（2）每个数据库操作任务必须是一个独立的计算机执行单位，具有相对独立的功能。

（3）每个数据库操作任务内的所有数据库操作必须具有原子性，即当该任务成功地运行结束时，所有操作对数据库的影响必须同时存在，当该任务失败时，所有操作对数据库的影响必须全部清除。

（4）每个数据库操作任务必须具有明确的输入和输出数据项集合定义，每个数据项必须是详细说明的原子数据项。

根据上述规则，我们可以对应用定义集合中的每个应用进行逐步求精，得到一个数据库操作任务集合。然后，我们对每个操作任务进行定义，定义的内容有：①操作任务名；②操作任务编号；③所属应用名；④输入数据项；⑤输出数据项；⑥功能定义；⑦数据库操作定义；⑧操作信息量；⑨使用频率；⑩响应时间。然后，用图表的方式来表示每个数据库操作任务的定义，这种图表称为数据库输入处理输出图。

3.2.4　定义数据项

数据项的定义是数据库设计最基本而且最重要的工作。数据项定义以数据库操作任务定义为基础。

3.3　概念设计

概念设计的任务包括两个方面：数据库概念模式设计和事务设计。其中，事务设计的任务是，考察需求分析阶段提出的数据库操作任务，形成数据库事务的高级说明；数据库概念模式设计的任务是，以需求分析阶段所识别的数据项和应用领域的未来改变信息为基础，使用高级数据模型建立数据库概念模式。

3.3.1　概念设计的基本方法

要进行数据库的概念设计，首先必须选择适当的数据模型，用于概念设计的数据模型要具有以下的特点。

（1）有足够的表达能力，可以很方便地表示各种类型的数据及其相互间的联系和约束。

（2）简明易懂，容易使用，能为非计算机专业人员所接受。

（3）组成模型的概念少，定义严格，无多义性。

（4）具有使用图形表示概念模式的能力。

目前有很多可供选择的高级数据模型，例如各种语义数据模型、面向对象数据模型等。

应用得最广泛的是实体-联系（E-R）模型。E-R 模型除了具有上述的特点外，还可以用 E-R 图表示数据模式，便于理解与交流。本书将使用 E-R 模型作为概念设计的工具。用 E-R 模型设计数据模式，首先必须根据需求分析说明书，确认实体集、联系和属性。实体集、联系和属性的划分不是绝对的。实体集本来是一个无所不包的概念，属性和联系都可以看成实体集。引入属性和联系的概念，是为了更清晰、明确地表示现实世界中各种事物彼此之间的联系。

概念设计所产生的模式要求比较自然地反映现实世界。因此，实体集、属性和联系的划分实质上反映了数据库设计者和用户对现实世界的理解和观察。它既是对客观世界的描述，又反映出设计者的观点甚至偏爱。所以对于同一个单位，不同的设计者会设计出不同的数据模式。

数据库概念设计方法主要有两种，一种是集中式设计方法，另一种是视图综合（集成）设计法。下面介绍这两种方法。

1）集中式设计法

在这种方式中，首先将需求说明综合成一个统一的需求说明，一般由一个权威组织或授权的数据库管理员进行此项综合工作。然后，在此基础上设计一个单位的全局数据模式，再根据全局数据模式为各个用户组或应用定义数据库逻辑设计模式。这种方法强调统一，对各用户组和应用可能照顾不够，一般用于小的、不太复杂的单位。如果一个单位很大、很复杂，综合需求说明是很困难的工作。而且在综合过程中，难免要牺牲某些用户的要求。

2）视图综合设计法

视图综合设计法不要求综合成一个统一的需求说明，而是以各部分的需求说明为基础，分别设计各自的局部模式。这些局部模式实际上相当于各部分的视图，然后再以这些视图为基础，集成为一个全局模式。在视图集成过程中，可能会发现一些冲突，须对视图做适当的修改。由于集成和修改是在 E-R 模型表示的模式上进行的，一般可用计算机辅助设计工具来进行，修改后的视图可以作为逻辑设计的基础。

从表面上看，集中式设计法修改的是局部需求说明，而视图综合设计法修改的是视图，两者似乎无多大差别。但两者的设计思想是有区别的：视图综合设计法是以局部需求说明作为设计的基础，在综合时尽管对视图要做必要的修改，但视图是设计的基础，全局模式是视图的综合；集中式设计法是在统一需求说明的基础上，设计全局模式，再设计数据库逻辑模式，全局模式是设计的基础。

视图综合设计法比较适合于大型数据库的设计，可以多组并行进行，可以免除综合需求说明的麻烦。目前，视图综合设计法用得较多，下面将以此法为主介绍概念设计。

3.3.2 视图设计的基本策略

视图是按照某个用户组、应用或部门的需求说明，用 E-R 模型设计的局部模式。视图的设计一般从小开始，逐步加以改善，直至完备，一般有下列 3 种可能的设计策略。

1）自顶向下

自顶向下的视图设计先从抽象级别高、普遍的事物开始，逐步细化、具体化、特殊化。例如，图书这个视图，可从一般的出版物开始，再分为书籍和期刊，再加上借阅人、购置、流通等模式。

2）自底向上

自底向上的视图设计从具体的基本事物开始，逐步抽象化、普遍化。这相当于面向对象数据模型和 E-R 图中的普遍化过程。

3）由内向外

由内向外的视图设计从最基本、最核心的事物开始，逐步扩大至有关的其他事物。以学生视图为例，先表示学生的基本数据，再表示如课外活动、兴趣小组、家庭情况等有关的其他数据。

上面 3 种策略都可以完成视图的设计。设计 E-R 图没有固定的模式，上面所介绍的策略仅提供一个系统考虑问题的方法。如果设计者认为合适，也可混合运用上面几种设计策略。

3.3.3　视图综合设计法

视图综合设计法分为两步：第 1 步是设计局部概念模式，第 2 步是把局部概念模式合并成一个完整的全局概念模式，即最终的概念数据库模式。

1. 局部概念模式设计

局部概念模式设计可以由用户独立完成，也可以由数据库设计者协助完成。一般分为以下几个步骤。

（1）根据局部需求分析的结果产生局部实体集。局部实体集应该是局部应用领域中的事物，能够满足局部应用的要求。局部实体集的产生包括确定局部实体集的属性和键码。在局部概念模式设计过程中，我们可能会发现有些事物既可以抽象为实体集也可以抽象为属性或实体集间的联系。对于这样的事物，我们应该使用最易于为用户理解的概念模型结构来表示。每个事物必须由一种而且仅由一种概念模型结构表示。在设计局部实体集时，我们还需要确定哪些属性是单值属性，哪些属性是多值属性，以及哪些属性是复合属性（指由多个数据项组成的属性）。

（2）在确定了局部实体集后，根据局部分析的结果确定局部实体集间的联系及其结构约束。局部实体集间的联系要准确地描述局部应用领域中各事物之间的关系。同时，局部实体集间的联系也需要满足局部应用的各种要求。

（3）最后，根据上面的分析来形成局部 E-R 图。

2. 视图的集成

视图的设计从局部的需求出发，比一开始就设计全局模式要简单得多、单纯得多。有了各个局部的视图，就可通过视图的集成设计全局模式。

在进行视图集成时，需按照下面 3 个步骤来进行。

（1）确认视图中的对应关系和冲突。对应关系是指视图中语义都相同的概念，也就是它们的共同部分；冲突指相互之间有矛盾的概念。常见的冲突有下列 4 种。

■　命名冲突。命名冲突有同名异义和同义异名两种。例如，在上面给出的图中，"学生"和"课程"这两个实体集在教务处的局部视图和研究生院的局部视图中含义是不同的，在教务处的局部视图中指大学生和本科生课程，在研究生院的局部视图中指研究生和研究生课程，这属于同名异义；在教务处的局部视图中学生实体集有"何时入学"这一个属性，在研究生院的局部视图中有"入学日期"这一属性，两者是同义异名。

■　概念冲突。同一个概念在一个视图中可能作为实体集，在另一视图中可能作为属性或联系。例如，如果用户要求，选课也可以作为实体集，不一定作为联系。

■　域冲突。相同的属性在不同的视图中有不同的域。例如，学号在一个视图中可能被当作字符串，在另一个视图中可能被当作整数。有些属性采用不同的度量单位，也称为域冲突。

■　约束冲突。不同视图可能有不同的约束。例如，对于"选课"这个联系，大学生和研究生对选课的最少门数和最多门数可能不一样。

（2）对视图进行某些修改，解决部门冲突。例如，"入学日期"和"何时入学"两个属性名可以统一成"入学日期"，学号一律用字符串表示，学生分为大学生和研究生两类，课程也分为本科生课程和研究生课程两类等。

（3）合并视图，形成全局模式。尽可能合并对应的部分，保留特殊的部分，删除冗余部分，必要时对模式进行适当的修改，力求使模式简明清晰。

视图的集成并不限于两个视图的集成，可以推广到多个视图的集成。多个视图的集成比较复杂，一般用计算机辅助设计工具来进行。

3.4 逻辑设计

数据库逻辑设计的任务是把数据库概念设计阶段产生的数据库概念模式变换为数据库逻辑模式。数据库逻辑设计依赖于逻辑数据模型和数据库管理系统。关系模型和关系数据库管理系统因早已广泛使用而成为主流。所以，本章以关系模型和关系数据库管理系统为基础讨论数据库逻辑设计方法。

进行数据库的逻辑设计，首先须将概念设计中所得的 E-R 图转换成等价的关系模式。E-R 图中的属性也可以转换成关系的属性。以下讨论了实体集的转换。

实体集的转换是指对于数据库概念模式中的每个实体集，需要建立一个关系与之对应。该关系包含实体集的所有简单属性和复合属性的简单子属性，用下画线来表示关系的键码。关系模式的命名，可以采用 E-R 图中原来的命名，也可以另行命名。命名应有助于对数据的理解和记忆，同时应尽可能避免重名。DBMS 一般只支持有限的几种数据类型，而 E-R 图中某些属性的域，则应做相应的修改。如果用户坚持要使用原来的数据类型，那就可能导致数据库的数据类型与应用程序中的数据类型不一致，这只能在应用程序中转换。

3.5 物理设计

数据库物理设计的任务是在数据库逻辑设计的基础上，为每个关系模式选择合适的存储结构和存取路径，和逻辑模式不一样，它不直接面向用户。

数据库物理设计目标有两个：一是提高数据库的性能，特别是满足主要应用的性能要求；二是有效地利用存储空间。在这两个目标中，第一个目标更为重要，因为性能仍然是当今数据库系统的薄弱环节。

数据库的物理设计分为如下三个步骤。

（1）分析影响数据库物理设计的因素；

（2）为关系模式选择存取方法；

（3）设计关系、索引等数据库文件的物理存储结构。

3.5.1　影响物理设计的因素

给定一个数据库逻辑模式和一个数据库管理系统，有大量的数据库物理设计策略可供选择。我们希望选择优化的数据库物理设计策略，使得各种事务的响应时间最短、事务吞吐率最大。要做出这样的选择，我们必须在选择存储结构和存取方法之前，对数据库系统支持的事务进行详细分析，获得选择优化数据库物理设计策略所需要的参数。

对于数据库查询事务，我们需要得到如下信息。

（1）要查询的关系；

（2）查询条件（选择条件）所涉及的属性；

（3）连接条件所涉及的属性；

（4）查询的投影属性。

对于数据更新事务，我们需要得到如下信息。

（1）要更新的关系；

（2）每个关系上更新操作的类型；

（3）删除和修改操作条件所涉及的属性；

（4）修改操作要更改的属性值。

上述这些信息是我们确定关系的存取方法的依据。除此之外，我们还需要知道每个事务在各关系上运行的频率，某些事务可能具有严格的性能要求。例如，某个事务必须在 20 秒内结束。这种时间约束对于存取方法的选择具有重大的影响。我们需要了解每个事务的时间约束。

如果一个关系的更新频率很高，这个关系上定义的索引等存取方法的数量应该尽量减少。这是因为更新一个关系时，我们必须对这个关系上的所有存取方法进行相应的修改。

值得注意的是，在进行数据库物理设计时，我们通常并不知道所有的事务，上述信息可能不完全。所以，以后可能需要修改根据上述信息设计的物理结构，以适应新事务的要求。

3.5.2　选择存取方法

为关系模式选择存取方法的目的是，使事务能快速存取数据库中的数据。任何数据库管理系统都提供多种存取方法。其中最常用的是索引方法，所以我们着重介绍这种方法。

索引的选择是数据库物理设计的基本问题之一，也是比较困难的问题，原则上可以穷举各种可能的方案，进行代价估算，从中挑选最佳的方案，但这样做至少有下面 5 个困难。

（1）数据库中的文件不是孤立的，要考虑彼此的影响；

（2）可能的方案太多，即使用计算机计算，也难以承受；

（3）访问路径与 DBMS 的优化策略有关；

（4）设计目标比较复杂；

（5）代价估算比较困难。

鉴于上述原因，在手工设计时，一般按启发式规则选择索引。即使在数据库的计算机辅助设计工具中，也是先用启发式规则限制选择范围，再用简化的代价比较法选择索引。

下面介绍用启发式规则选择索引的一般原则。

（1）凡是满足下列条件之一的属性或表，不宜建立索引。

■ 不出现或很少出现在查询条件中的属性。

■ 属性值很少的属性。例如，属性"性别"只有两个值，若在其上建立索引，则平均起来，每个属性值对应一半的元组，用索引检索，还不如顺序扫描。

■ 属性值分布严重不均的属性。例如，学生的年龄往往集中在几个属性值上，若在年龄属性上建立索引，则在检索某个年龄的学生时，会涉及相当多的学生。

■ 经常更新的属性或表。因为更新时有关的索引需要做相应的修改。

■ 过长的属性。因为在过长的属性上建立索引，索引所占的存储空间较大，而索引级数也随之增加，有诸多不利之处。如果实在需要在其上建立索引，必须采取索引属性压缩措施。

■ 太小的表。例如小于 6 个物理块的表，因为采用顺序扫描最多也不过 6 次 I/O，不值得采用索引。

（2）凡符合下列条件之一，可以考虑在有关属性上建立索引，下面所指的查询都是常用的或重要的查询。

■ 主键码和外键码上一般都建有索引，这有利于主键码唯一性检查和引用完整性约束检查；主键码和外键码通常都是连接条件中的公共属性，建立索引可显著提高连接查询的效率。

■ 对于以读为主或只读的表，只要需要，存储空间又允许，可以多建索引。

■ 对于等值查询（查询条件以等号为比较符），如果满足条件的元组是少量的，例如小于 5%，且存储空间允许，可以考虑在有关属性上建立索引。

■ 对于范围查询（查询条件以小于、大于等为比较符），可以在有关的属性上建立索引。

■ 有些可以从索引直接得到结果，不必访问数据块。对于这种查询，在有关属性上建立索引是有利的。

上述选择索引的规则仅仅是原则性的，也许有些索引既有建立的理由，又有不宜建立的理由，这只能由设计者权衡。好在数据库在运行以后，还可以调整。有些索引一时难以决定是否建立，可以等到运行时通过实验来确定。

下面举一个简单的例子，说明究竟哪些情况下需要建立索引以提高效率。假设某个大学需要建立一个学生成绩的数据库系统，整个系统包括三个数据库：课程信息库、学生信息库和成绩信息库。数据库的结构如下：

学生（姓名，出生日期，<u>学号</u>，性别，系名，班号）

课程（教师，<u>课程名</u>，学分，课程号）

成绩（<u>学号</u>，<u>课程号</u>，成绩）

整个系统需要统计某学生的平均分、某课程的平均分等，所以上面库结构中标有下画线的属性经常出现在查询条件中，需要在上面建立索引。

3.5.3 设计存储结构

设计物理存储结构的目的是确定如何在磁盘上存储关系、索引等数据库文件，使得空间利用率最大而数据操作的开销最小。由于物理存储结构的设计包含的方面非常广泛，而且不同的数据库管理系统对磁盘空间管理的策略差别很大，所以下面以分区的设计来简单介绍物理存储结构的设计。

数据库系统一般有多个磁盘驱动器，有些系统还带有磁盘阵列。数据在多个磁盘组上的分布也是数据库物理设计的内容之一，这就是所谓分区设计。下面是分区设计的一般原则。

（1）减少访盘冲突，提高 I/O 的并行性。多个事务并发访问同一磁盘组时，会因访盘冲突而等待。如果事务访问的数据分布在不同的磁盘组上，则可并行地执行 I/O，从而提高数据库的效率。从减少访盘冲突、提高 I/O 并行性的观点来看，一个关系最好不要放在同一个磁盘组上，而是水平分割成多个部分，分布到多个磁盘组上。分割在表面上看似乎与聚集是矛盾的，实际上聚集是把聚集属性相同的元组在同一磁盘组上存放，以减少 I/O 次数；分割是将整个关系分布到不同的磁盘组上，利用并行 I/O 提高性能。然而两者是相辅相成的，分割的策略决定于查询的特征，可以按属性值分割，也可以不按属性值分割。

（2）分散热点数据，均衡 I/O 负荷。实践证明，数据库中的数据被访问的频率是很不均匀的。经常被访问的数据，称为热点数据。热点数据最好分散存放在各个磁盘组上，以均衡各个磁盘组的负荷，充分发挥多个磁盘组并行操作的优势。

（3）保证关键数据的快速访问，缓解系统的瓶颈。在数据库系统中，有些数据，例如数据目录，是每次访问的"必经之地"，其访问速度影响整个系统的性能。还有些数据从应用上来说，对性能的要求特别高，例如某些实时控制数据，这些数据要优先分配到快速磁盘上，有时甚至为减少访盘冲突，宁可闲置一些存储空间，将某一磁盘组供其专用。

3.6　数据库的实施、运行和维护

3.6.1　数据库的实施

根据数据库的逻辑设计和物理设计的结果，在计算机系统上建立实际的数据库结构，装入数据、进行测试和试运行的过程称为数据库的实施。

数据库的实施阶段主要包括以下工作。

（1）建立实际数据库结构。用具体的数据库管理系统提供的数据定义语言把数据库逻辑设计和物理设计的结果严格描述出来，作为 DBMS 可以接受的源模式，通过 DBMS 编译成目标模式，执行之后实际的数据库结构就建立起来了。

（2）装入实验数据，调试应用程序。实验数据可以是实际的数据，也可以是随机的数据。但测试数据应尽可能充分反映现实世界的各种情况，这样才能确定应用程序的功能是否满足设计要求。

（3）装入实际数据。数据库系统的数据量通常都很大，所以一般都是通过系统提供的实用程序或专门的录入程序来完成装入数据的工作。其实，在装入数据之前往往还有大量的数据整理工作，这是由于数据库作为共享资源，面对的是不同的用户、不同的应用，因此数据来自各个方面，难免在数据的结构、格式上与新设计的数据库系统有一定的差距。

（4）进入试运行。当有部分数据装入数据库以后，就可以对数据库系统进行联调，这个过程称为数据库的试运行。在试运行阶段，除了对应用程序做进一步测试之外，重点是执行对数据库的各种操作，实际测量系统的性能指标，检查是否达到设计要求，若发现问题，则应回过来修改物理结构，甚至修改逻辑结构。

3.6.2　数据库的运行和维护

数据库系统投入正式运行，意味着数据库的设计与开发阶段基本结束，运行与维护阶段开始。

数据库的运行与维护阶段主要包括以下工作。

（1）数据库的转储和恢复。数据库系统正式运行后最多的维护工作是数据库的转储。所谓转储就是定期把整个数据库复制到磁带或另外的磁盘上保存起来的过程。当数据库遭到破坏时，利用转储保留的数据库备份和日志文件备份使数据库恢复到转储时的状态。要想恢复到故障发生时的状态，则应把转储以后运行过的所有更新事务重新运行一遍。

（2）维持数据库的安全性与完整性。检查系统的安全性是否受到了侵犯；根据环境的变化，（如某些数据解密，可公开查询）及时调整操作权限；根据用户的需要授予不同的操作权限。另外，因环境的变化、需求的变化，数据库完整性约束条件也可能发生变化，也应及时调整以满足用户需求。

（3）监测并改善数据库性能。经常对系统的运行状况（如存储空间状况）和响应时间进行分析，结合用户在使用过程中发现的问题确定改进措施，使系统逐步完善。

（4）数据库的重组和重构。数据库运行一段时间以后，由于不断发生插入、删除和修改，数据库的物理存储情况会变差，数据的存取效率降低，数据库性能下降。这时应对数据库进行重组（重新组织）或部分重组，以提高系统性能。

如果数据库应用环境、用户需求有所改变，需要增加某些属性或实体集，需要删除某些属性或实体集，或者需要修改某些实体集之间的联系，则需要对数据库系统的逻辑模式和内模式做局部修改，也就是要重构（重新构造）数据库。比如，新建或撤销某些表，新建或撤销某些索引等。

重组与重构的差别在于：重组并不修改原有的逻辑模式和内模式，而重构则会部分修改原有的逻辑模式和内模式。

当然，如果应用环境、用户需求变化太大，重构亦无力回天，则表明原有系统"气数已尽"，这时摆在我们面前的任务就是，设计新的系统使之脱颖而出。

3.7 空间数据库概述

3.7.1 空间数据库特点

空间数据库是 GIS 的核心，指按照特定的数据结构和模型组织起来的空间对象的空间数据和属性数据的集合。空间数据表征地理实体的位置、形状、大小和分布特征等信息；属性数据描述空间实体的非空间信息。地理信息由空间信息和非空间信息组成，包含了位置数据、属性数据和空间关系信息。

空间数据库具有以下特点。

（1）数据量巨大。空间数据量是非常大的，通常称为海量数据。地理系统是一个复杂的综合体，需要用数据来描述各种地理要素的空间位置及环境特征，其数据量往往很大，导致空间数据库的数据量比一般的通用数据库要大很多。

（2）空间关系特征。每个空间对象都具有空间坐标，呈现一定的空间分布特征，而且地理要素的属性数据与空间对象相关联，两种数据之间具有不可分割的联系。因此，空间数据中记录的拓扑信息表达了多种空间关系，这种拓扑数据结构一方面方便了空间数据的查询和空间分析，另一方面也给空间数据的一致性和完整性维护增加了复杂性。

（3）非结构化特征。通用数据库数据记录一般是结构化的，而空间数据则不能满足这种结构化要求。若通过一条记录表达一个空间对象，它的数据项是变长的，同时一个对象可能包含另外的一个或多个对象，不满足关系数据模型的范式要求，具有非结构化特征。

（4）分类编码特征。空间数据编码是空间数据结构的实现，即将根据 GIS 的目的和任务所搜集的、经过审核了的地形图、专题地图和遥感影像等资料按特定的数据结构转换为适合于计算机存储和处理的数据的过程。一般而言，每一个空间对象都有一个分类编码，而这种分类编码往往属于国家标准或行业标准、地区标准。每两种空间对象隶属于一个基本的空间对象类型，通常一种空间对象对应一个属性数据表。GIS 数据量极大，常采用压缩数据的编码方式存储数据以减少数据冗余。

3.7.2　空间数据库的管理方法

空间数据库的管理方法主要有以下几种：文件管理、文件结合关系数据库管理、关系数据库管理、面向对象数据库管理、对象关系数据库管理。

1. 文件管理

文件管理指将空间数据和属性数据都存放于一个或者多个文件中，完全采用文件管理数据，其优点是灵活，软件厂商可以任意定义自己的文件格式，管理各种数据，这对存储需要加密的数据及非结构化的、不定长的几何体坐标的记录非常有用。文件管理的缺点就是需要由开发者实现属性数据的更新、查询、检索等操作，增加了属性数据管理的开发量，也不利于数据共享。目前，许多 GIS 软件采用文本格式文件进行数据存储，其目的是实现数据转入和转出，与其他应用系统交换数据。

2. 文件结合关系数据库管理

这是目前大多数 GIS 软件所采用的数据管理方案，采用这种管理方式可对空间数据和属性数据分别进行管理。数据库中涉及的数据包括图形矢量数据、空间属性数据和工程管理数据，由于空间数据是非结构化的、不定长的，可以利用文件对其进行存储，而属性数据可结合已有的关系数据库管理系统进行管理。空间几何体坐标数据和属性数据是分开存储管理的，增强了整个系统数据处理的灵活性。图形矢量数据以标准文件格式存储到特定目录下，图形中每个地物均有其对应的唯一标识（ID 号），系统以此为索引建立该地物的图形数据文件。空间属性数据与工程管理数据均采用存储各地物属性记录的关键字为图形文件中该地物的标志号，由此便实现了图形文件与属性文件的一一对应关系。

3. 关系数据库管理

采用这种管理方式，对不定长的空间几何体坐标数据以二进制数据块的形式在关系数据库中加以管理，将坐标数据集成到关系数据库管理系统中，形成空间数据库。关系数据库提供了一致的访问接口（如 SQL），以操作分布的海量数据，并且支持多用户并发访问、安全性控制和一致性检查，通用的访问接口也便于实现数据共享。但完全采用关系 GIS 数据管理，由于几何体坐标数据不定长，会造成存储效率低下。此外，现有的 SQL 并不支持空间数据检索，需要软件厂商自行开发空间数据访问接口，如果要支持空间数据共享，则要对 SQL 进行扩展。

根据关系数据库设计理论中关系模式规范化的要求，数据库关系模型的操作对象是组结构简单、逻辑严密的二维平面表，通常采用多个表来管理数据，每个表的结构遵循规范化的关系模式，用户使用起来方便、灵活，且可以避免冗余、更新异常等问题，系统对于各种查询的处理也较为简单、灵活。所以，关系模型的数据库要求用户在设计关系模式时要尽量规范化。

4. 面向对象数据库管理

面向对象的数据库通过增加抽象数据类型和继承特性，以及一些用来创建与操作类和对象的服务，实现对象的持续存储。面向对象思想源于面向对象程序设计方法，对象是现实世界的实体或概念在计算机逻辑中的抽象表示。

应用对象数据库管理 GIS 数据，可以扩充对象数据库中的数据类型以支持空间数据，包括点、线、多边形等几何体，并且允许定义对于这些几何体的基本操作，包括计算距离、检测空间关系。

对象数据库管理系统提供了对各种数据一致的访问接口及部分空间模型服务，不仅实现了数据共享，而且空间模型服务也可以共享，使 GIS 软件开发可以将重点放在数据表现及复杂的专业模型上，便于实现以数据为基础的空间分析计算。

5. 对象关系数据库管理

随着 GIS 的广泛应用和深入发展，IGIS 数据库的数据量快速扩充。传统 GIS 中空间数据与属性数据是分别存储的，利用关系型数据库来存储属性数据。随着应用向分布管理系统领域的转移，空间数据的文件管理模式在实现数据共享、网络通信、并发控制及数据的安全恢复机制等方面出现了难以解决的问题。选择使用关系型数据库还是选择面向对象技术，一直是 GIS 用户难以决定的问题。关系型数据库管理系统拥有完善成熟的数据管理功能，而面向对象技术则大大方便了模拟和管理 GIS 数据的复杂关系。如能将两种数据模型结合，则是最理想的 GIS 数据库系统。

到了 20 世纪 90 年代末期，对象关系数据模型出现了，它不借助任何插件来处理空间数据类型，能快速有效地处理所有数据。对象关系型数据库在一个数据库内同时储存、查找和管理空间数据和属性数据，在大量用户访问海量数据库的环境下，保持系统速度和维护数据的完整性。

从 20 世纪末开始，对象关系数据库逐渐发展并成熟。它继承了关系型数据库管理系统拥有的完善成熟的数据管理功能，同时具有面向对象技术的强大建模能力，非常适合模拟和管理 GIS 数据的复杂关系。但是，对象关系模型仅为空间数据管理提供了良好的基础，并不能方便、快捷地完成空间数据管理。因为在对象关系数据库中，各种空间数据类型仅仅是不同用户自定义的对象类型，各种空间数据操作常用的拓扑操作、几何操作还是各个自定义对象类型的方法，属性数据与空间数据的查询还不能完全统一。如果进一步集成空间数据的操作和管理功能，特别是增加空间数据类型、拓扑操作符及几何操作符到数据库系统内核并扩展 SQL 语句，那么它将是最理想的空间数据管理系统。

对象关系空间数据库是以对象关系型数据库为原型，添加空间数据类型及相关算符，并对原有算符、函数进行重载而构成的全新的空间数据库。对象关系空间数据库将空间数据和属性数据统一管理，同时作为数据库系统，对象关系空间数据库丰富了数据管理内容，除数值、字符数据、空间数据外，它还能利用面向对象的特征，支持各种多媒体数据、应用格式数据等，能够方便、快捷地完成属性数据管理、空间数据管理和多媒体数据管理。它能够很好地完成现实世界的建模、描述与展现的工作。

作为一种对象关系型数据库，这种数据库既非纯面向对象的数据库，也非纯关系型数据库，而是两者的组合，它能储存数据、数据间的关系及数据的操作集，它可以实现空间数据和属性数据的无缝集成与一体化存储管理，对各种 GIS 的快速开发、应用提供强有力的支持，同时也利于提升 GIS 的性能。

3.7.3　空间数据库引擎

SDE 是一种中间件技术，它在现有的关系型或对象关系型数据库上进行空间的扩展，可以将空间数据和属性数据集于商用的 RDBMS 中（如 Oracle、Sybase 等），并支持 OpenGIS 等标准。SDE 是位于 RDBMS 和客户端之间的空间服务器，与 RDBMS 集成于服务器端。SDE 管理空间数据并为访问这些数据的软件提供接口，为用户在任意应用中嵌入查询和分析这些数据的功能。客户端 API 用于处理客户端应用程序提出的请求，并把这个请求翻译成标准的 SQL 语言，然后通过服务器端的 API 建立与 RDBMS 的通信，RDBMS 统一管理图形和属性数据，将满足要求的结果由 SDE 返回给客户端，并利用从关系数据库环境中继承的强大的数据库管理功能，对空间数据和属性数据进行统一而有效的管理。从空间数据管理的角度来看，SDE 可以被看成一个连续的空间数据模型，借助这一模型，可以将空间数据加入 RDBMS 中。

ArcSDE 是 ArcGIS 与关系数据库之间的 ArcGIS 空间数据通道，它允许用户在多种数据管理系统中管理地理信息，并使所有的 ArcGIS 应用程序都能够使用这些数据。

ArcSDE 是多用户 ArcGIS 的一个关键部件，它为 DBMS 提供了一个开放的接口，以实现 ArcGIS 在多种数据库平台上管理地理信息。这些平台包括 Oracle、OracLe with Spatial/Locator、Microsoft SQL Server、IBM DB2 和 Informix。ArcSDE 使 ArcGIS 可以在 DBMS 中轻而易举地管理一个共享的、多用户的空间数据库。

ArcSDE 是目前使用最广泛、性能最稳定的 GIS 空间数据引擎之一，在海量空间数据管理、栅格目录管理、面向对象数据模型等方面居领先地位，它支持几乎所有的主流商业数据库管理软件，能够方便地实现数据备份与恢复并且可以在不同数据库之间转换。ArcSDE 的空间数据模型比较完善，能够以面向对象方式建立各种复杂的空间数据关系模型。ArcSDE 提供了开放的、高级的 C 和 Java 的 API，便于进行高级的开发应用和更灵活方便地实现空间信息的查询与处理。ArcSDE 中的所有空间数据都是作为 Shape 存储的，可以是一个点、一条线或是一个平面，表现为地图上的一个对象。

ArcSDE 是一个用于访问存储于关系数据库管理系统（RDBMS）中的海量多用户地理数据库的服务器软件产品，它是 ArcGIS 中所集成的一部分。

ArcSDE 支持对所有地理数据库类型（矢量、栅格、测量、地形、地理模型、数据库纲要、元数据等）全面的地理信息管理，地理数据以记录的形式存储，数据可以在整个网络上共享。使用 ArcSDE 可以实现数据管理的集中和分布，实现网络化的数据管理，可以根据各部门的数据需求分为一个或几个数据中心来集中或分布管理。它可在所有 RDBMS 中实现同一功能。采用数据库管理地理信息数据，地理信息和其他信息的数据管理方式一致，可以更大程度地实现 GIS 应用和其他系统应用的集成。

ArcSDE 是一个高级数据服务器，它提供了一个网关，用于存储、管理和访问来自任何 ArcGIS 软件的几个主要 RDBMS 中的空间数据。在 ArcSDE 建立的数据库中，ArcSDE 本身不存储数据，当连接 SQL 时，数据同样是以 SQL 表的形式来存储。ArcSDE 以层为单位来组织数据，主要由 3 个表组成：属性信息表、几何要素表和索引表。

基于 ArcSDE，GIS 软件（Arclnfo、ArcView、ArcIMS 等）可以直接处理 DBMS 中的空间数据。由于 ArcSDE 支持工业标准的 DBMS 平台（如 Oracle、SQL Server、DB2、Informix 等），同时引入了其独有的异步缓冲机制和协同操作机制，空间数据服务的响应效率空前提高；此外，ArcSDE 具有丰富的客户端可供用户选用，如 Arclnfo、ArcView、ArcIMS、ArcObjects 等，同时还提供了开放的 API 应用编程接口供用户或开发商开发自己的客户端应用或产品。基于 ArcSDE 技术，可实现关系型数据库 RDBMS 对空间数据的管理，ArcSDE 可以提供对空间、非空间数据进行高效率操作的数据库服务。由于 ArcSDE 采用的是 Client/Server（客户/服务器）体系结构，这种结构是专门为多用户并发操作而设计的，用户可同时并发地对同一数据进行操作。

由于数据库的强大数据处理能力，加上 ArcSDE 独特的空间索引机制，每个数据集可存储的数据量不再受到限制，ArcSDE 可以处理海量的地理数据。与传统的地理数据存储方式不一样的是，数据不用根据地理位置分割。管理用户和客户端只需要指定数据的类型，而不需要指定所在的位置。ArcSDE 的海量数据管理能力使数据的集中管理成为可能，降低了数据维护费用，大大推动了 GIS 的数据共享和应用。

ArcSDE 采用数据库技术实现对数据的备份，它的版本管理功能保证了系统可以随时恢复到定义过的数据版本上。ArcSDE 在网络上不采用文件系统共享数据，用户不能复制和删除数据集，只能通过连接来访问授权的数据。ArcSDE 提供了一系列命令对这种访问授权操作，方便了授权管理，从而保证了数据访问的合法性。

ArcSDE 是多种 DBMS 的通道，这也是 ArcSDE 的主要功能，它本身并非一个关系数据库或数据存储模型。它是一个能在多种 DBMS 平台上提供高级的、高性能的 GIS 数据管理的接口，开放的 DBMS 支持 ArcSDE 在多种 DBMS 中管理地理信息：Oracle、Oracle with Spatial/Locator、Microsoft SQL Server、Informix 和 IBM DB2；多用户 ArcSDE 为用户提供大型空间数据库支持，并且支持多用户编辑；连续、可伸缩的数据库 ArcSDE 可以支持海量的空间数据库和任意数量的用户，直至 DBMS 的上限；GIS 工作流和长事务处理 GIS 中的数据管理工作流，例如多用户编辑、历史数据管理、check-out/check-in 及松散耦合的数据复制等都依赖于长事务处理和版本管理。ArcSDE 为 DBMS 提供了这种支持，丰富的地理信息数据模型 ArcSDE 保证了存储子 DBMS 中的矢量和栅格几何数据的高度完整性。这些数据包括矢量和栅格几何图形、支持 (x, y, z) 和 (x, y, z, m) 的坐标、曲线、立体、多行栅格、拓扑、网络、注记、元数据、空间处理模型等；灵活地配置 ArcSDE 通道可让用户在客户端应用程序内或跨网络、跨计算机地对应用服务器进行多种、多层结构的配置方案。ArcSDE 支持多种操作系统，如 Windows、Unix、Linux 等。

ArcSDE 在多用户 GIS 中提供多种基本 GIS 功能，扮演了一个重要角色。ArcSDE 在 ArcGIS 和关系数据库间扮演着通道的角色，并可以有多种配置方式。

1）ArcSDE+SQL Server

随着 GIS 空间信息技术的迅速发展，组织和管理多元、异构的海量地学数据方面取得了很大突破，这为地理信息数据库的建设提供了技术保障。ArcSDE 本身具有海量数据存储、多用户并发访问、版本管理、长事务处理等强大优势，而 SQL Server 是成熟的关系数据库，属于多线程关系型数据库，硬件要求低。因此，基于 ArcSDE 和 SQL Server 的空间数据库建库技术是实现 GIS 和关系型数据库的完美结合，可以实现空间数据的存储、处理、利用、综合分析及更新。它支持分布式数据结构，系统的执行效率较高，且与 Windows 操作系统具有非常好的兼容性，相对其他大型商业数据库而言价格便宜。

ArcSDE 的安全机制完全依赖于 SQL Server，空间数据库用户（包括 SDE）需要 SQL Server 的用户密码才能够访问空间数据，ArcSDE 本身并不保存任何认证信息，也就是说必须得先连接 SQL Server 服务器才可以访问 SDE 的空间数据。在 SQL Server 中，SDE 用户的最小系统权限设置要求是创建表、视图、SP、函数。由此可见，SDE 用户属于 SQL Server 数据库中的普通权限用户，当然我们也可以在 SQL Server 中更改 SDE 用户的权限。

对于 SQL Server 来说，虽然 SDE 属于非管理员用户，但是在 ArcSDE 架构中，SDE 的地位比较特殊，是 ArcSDE 的管理员。只有 SDE 可以完成一些特定的工作，如启动 / 停止 ArcSDE 服务、终止某些用户连接、压缩多版本数据库等。SDE 用户虽然不是一个真正 SQL Server 管理员用户，但是在 ArcSDE 工作过程中，软件会进行一些特定的对象权限操作。因此，应该将 SDE 用户等同于 SQL Server 管理员用户，必须严格保护其密码。在 ArcSDE 空间数据库中，从权限管理级别上，可以把用户分成两大类：

（1）空间数据库管理员，只有并且只能是 SDE；

（2）空间数据库一般用户，包括创建、浏览空间数据的除 SDE 外的其他 SQL Server 用户。

2）ArcSDE + Oracle

Oracle Spatial 是 Oracle 8i 中内嵌的一种用来处理空间数据的工具，它具有完成存储、输出、修改和查询的功能。Oracle 公司的大型数据库产品 Oracle 8i 及 8i 以上的各版本包含面空间数据管理模块 Spatial。与同类产品相比较，Oracle Spatial 提供了成熟的空间数据支持，是一种全空间数据库，能够将 GIS 集成的空间数据和属性数据全部存入该数据库中。Oracle Spatial 支持两种表现空间元素的模型，分别为关系模型及对象-关系模型。

Oracle Spatial 采取对象-关系模型表现空间元素，这种模式使用包含一个类型为 MDSYS SDO_GEOMETRY 字段的数据库表。在表中用一行具有 SDO_GEOMETRY 字段的对象类型记录来存储一个空间数据实体。空间索引的创建和维护则由基本的 SQL 语句完成，从而使过去需要多行多列才能存储的空间实体信息，在 Spatial 中只需一行记录即可存储，方便了应用中数据处理和数据维护等操作。

这种对象-关系模型在管理空间数据方面具有诸多优点，主要是：

（1）安全性较高；

（2）支持多种几何类型，如点、直线、曲线、多边形等；

（3）创建和维护空间索引方便；

（4）索引由 Oracle 数据库服务器自动维护；

（5）存储单个空间实体的空间信息占用的数据库容量小，一个空间实体的空间信息存储为一行一列；

（6）具备强大的空间分析功能。

空间数据通过 ArcSDE 存储到关系型数据库 Oracle 中，ArcSDE 空间数据引擎可作为 Oracle 和 ArcGIS 或其他 GIS 软件的接口。在种类繁多的数据库环境中，ArcSDE 提供了地理信息的统一公共模型，用户可以在充分利用现有 RDBMS 的基础上，实现对 GIS 信息的整合。ArcSDE 不改变原有的数据库，在现有的数据表中加入图形数据项，其对空间数据的管理和存储也是通过 DBMS 的表实现的。

大型关系型数据库 Oracle 和空间数据引擎 ArcSDE 的结合是目前世界上最成熟、最稳定的空间数据管理技术，也是基础地理信息数据库建设的主流模式。空间数据管理技术以大型关系型数据库 Oracle 为核心，采用 ArcSDE 实现在数据库 Oracle 中对空间数据的集成管理。

3.8　空间数据库的设计

3.8.1　空间数据库的设计原则

随着 GIS 空间数据库技术的发展，空间数据库所能表达的空间对象日益复杂，数据库和用户功能日益集成化，从而对空间数据库的设计过程提出了更高的要求。许多早期的空间数据设计过程着重强调的是数据库的物理实现，注重于数据记录的存储和读取方法。设计人员往往只需要考虑系统各个单项独立功能的实现，从而也只需要考虑少数几个数据库文件的组织，然后选择适当的索引技术，就可以满足实现这个功能的要求。而现在，对空间数据库的设计已提出许多准则，其中包括以下几点。

（1）尽量减少空间数据存储的冗余量。提供稳定的空间数据结构，在用户的需要改变时，该数据结构能迅速做出相应的变化满足用户对空间数据及时访问的需要，并能高效地提供用户所需的空间数据查询结果。

（2）在数据元素间维持复杂的联系，以反映空间数据的复杂性。

（3）支持多种多样的决策需要，具有较强的应用适应性。

GIS 数据库设计往往是一件相当复杂的任务，为有效地完成这一任务特别需要一些合适的技术，同时还要求将这些设计技术正确组织起来，构成一个有序的设计过程。设计技术和设计过程是有区别的。设计技术是指数据库设计者所使用的设计工具，其中包括各种算法、文本化方法、用户组织的图形表示法、各种转化规则、数据库定义的方法及编程技术；而设计过程则确定了这些技术的使用顺序。例如，在一个规范的设计过程中，可能要求设计人员首先用图形表示用户数据，再使用转换规则生成数据库结构，下一步再用某些确定的算法优化这一结构，这些工作完成后，就可进行数据库的定义工作和程序开发工作。

3.8.2　空间数据库的设计过程

GIS 是人类认识客观世界、改造客观世界的有力工具。GIS 的开发和应用需要经历一个由现实世界到概念世界，再到计算机信息世界的转化过程。

概念世界的建立是指通过对错综复杂的现实世界的认识与抽象，即对各种不同专业领域的研究和系统分析，最终形成 GIS 的空间数据库系统和应用系统所需的概念化模型。进一步的逻辑模型设计，其任务就是把概念模型结构转换为计算机数据库系统所能够支持的数据模型。逻辑模型设计时最好应选择对某个概念模型结构支持得最好的数据模型，然后再选定能支持这种数据模型，且最合适的数据库管理系统。最后的存储模型则是指概念模型反映到计算机物理存储介质中的数据组织形式。

GIS 的概念模型，是人们从计算机环境的角度出发和思考，对现实世界中各种地理现象、它们彼此的联系及其发展过程的认识及抽象的产物，具体地说，主要包括对地理现象和过程等客体的特征描述、关系分析和过程模拟等内容。这些内容在 GIS 的软件工具、数据库系统和应用系统研究中往往被抽象、概括为数据结构的定义、数据模型的建立及专业应用模型的构建等主要理论与技术问题。它们共同构成 GIS 基础研究的主要内容。

GIS 的空间数据结构是对地理空间客体所具有的特性的一些最基本的描述。

地理空间是一个三维的空间，其空间特性表现为四个最基本的客体类型，即点、线、面和体等。这些客体类型的关系是十分复杂的。一方面，线可以视为由点组成，面可看作边界的线所包围形成，体又可以由面所包围形成。可见四类空间客体之间存在着内在的联系，只是在构成上属于不同的层次。另一方面，观察这些客体的坐标系统的维数、视角及比例尺的变化，可以发现客体之间的关系和内容可能按照一定的规律相互转化。例如，由三维坐标系统变为二维坐标系统后（比如通过地图投影，空间体可变成面，面可以部分地变成线，线可以部分地变成点），视角发生变化，某些客体也将发生变化。坐标系统的比例尺缩小时，部分的体、面、线客体均可能变为点客体。由此可见，空间点、线、面和体等客体及其之间结构上的关系，是 GIS 空间数据结构的基础。

同时，所有地理现象和地理过程中的各种空间客体并非孤立存在，而是具有各种复杂的联系。这些联系可以从空间客体的空间、时间和属性三个方面加以考察。

（1）客体间的空间联系大体上可以分解为空间位置、空间分布、空间形态、空间关系、空间相关、空间统计、空间趋势、空间对比和空间运动等联系形式。其中，空间位置描述的是空间客体的定位信息；空间分布描述空间客体的群体定位信息，且通常能够从空间概率、空间结构、空间聚类、离散度和空间延展等方面予以描述；空间形态反映空间客体的形状和结构；空间关系是基于位置和形态的实体关系；空间相关是空间客体基于属性数据上的关系；空间统计描述空间客体的数量、质量信息，又称为空间计量；空间趋势反映客体空间分布的总体变化规律；空间对比可以体现在数量、质量和形态三个方面；空间运动则反映空间客体随时间的迁移或变化。以上种种空间信息基本上反映了空间分析所能揭示的信息，彼此互有区别又有联系。

（2）客体之间的时间联系一般可以通过客体变化过程来反映。有些客体数据的变化周期很长，如地质地貌等数据随时间的变化，而有些空间数据则变化很快，需要及时更新，如土地利用数据等。客体时间信息的表达和处理构成了空间时态 GIS 及其数据库的基本内容。

（3）客体间的属性联系主要体现为属性多级分类体系中的从属关系、聚类关系和相关关系。从属关系主要反映各客体之间的上下级或包含关系；聚类关系反映客体之间的相似程度及并行关系；相关关系则反映不同类客体之间某种直接或间接的并发或共生关系。属性联系可以通过 GIS 属性数据库的设计加以实现。

3.8.3　空间数据库的需求分析和数据模型设计

1. 需求分析

需求分析是整个空间数据库设计与建立的基础，主要进行以下工作。

（1）调查用户需求：了解用户特点和要求，取得设计者与用户对需求的一致看法。

（2）需求数据的收集和分析：包括信息需求（信息内容、特征、需要存储的数据）、信息加工处理要求（如响应时间）、完整性与安全性要求等。

（3）编制用户需求说明书：包括需求分析的目标、任务、具体需求说明、系统功能与性能、运行环境等，是需求分析的最终成果。

需求分析是一项技术性很强的工作，应该由经验丰富的专业技术人员完成，同时用户的积极参与也是十分重要的。

2. 数据模型设计

对于地理空间客体及其联系的数学描述，可以用数据模型这个概念进行概括。建立空间数据库系统数据模型的目的，是揭示空间客体的本质特性，并对其进行抽象化，使之转化为计算机能够接受和处理的数据形式。在 GIS 研究中，空间数据模型就是对空间客体进行描述和表达的数学手段，使之能反映客体的某些结构特性和行为功能。按数据模型组织的空间数据使得数据库管理系统能够对空间数据进行统一的管理，帮助用户查询、检索、增删和修改数据，保障空间数据的独立性、完整性和安全性，以利于改善对空间数据资源的使用和管理。空间数据模型是衡量 GIS 功能强弱与优劣的主要因素之一。数据组织的好坏直接影响到空间数据库中数据查询、检索的方式、速度和效率。从这一意义上看，空间数据库的设计终可以归结为空间数据模型的设计。

数据库系统中通常采用的数据模型主要有层次模型、网状模型和关系模型，以及语义模型、面向对象的数据模型等。这些数据模型都可以用于空间数据的设计。

3.8.4 空间数据库的概念设计

概念设计对需求分析阶段所收集的信息和数据进行分析、整理，确定地理实体、属性及它们之间的关系，将各用户的局部视图合并成一个总的全局视图，形成独立于计算机的反映用户观点的概念模式。概念模式与具体的 DBMS 无关，结构稳定，能较好地反映用户的信息需求。

表示概念模型最有力的工具是 E-R 模型，即实体-联系模型，包括实体、联系和属性三个主要成分。用它来描述现实地理世界，不必考虑信息的存储结构、存取路径及存取效率等与计算机有关的问题，比一般的数据模型更接近于现实地理世界，具有直观、自然、语义丰富等特点，在地理数据库设计中得到了广泛的应用。

例如，在城市地理数据库系统设计中，我们将城市市区要素抽象为空间实体（路段、街道、街区、节点等实体）、空间实体属性（节点实体属性——立交桥、警亭及所联通街道的性质等；边线实体属性——属于哪一路段、街道、街区及其长度等；街道路段和街道实体属性——走向、路面质量、宽度、等级、车道数、结构等；街区实体属性——面积、用地类型等）、空间实体关系。

几年来，E-R 模型得到了扩充，增加了子类的概念，即增加了语义表达能力，能更好地模拟现实地理世界。

空间数据库概念化设计是从抽象和宏观的角度来设计数据库，即定义 GIS 数据全局性的规范，保证数据库内容完整、组织合理和便于应用。一般它应该包含数据库的数据组成、数据模型、数据内部组织等核心内容，并在此基础上形成一份称为数据库总体设计报告的书面文件。

1. 概念化设计工作内容

数据库的概念化设计需要完成以下工作。

（1）数据库的宏观地理定义。主要指空间数据的比例尺、地图投影和坐标系统等全局性要素的定义。

（2）数据库的地理特征设计。对地理特征的层次关系、各层几何表达形式和拓扑特征进行设计。

（3）属性数据表格及其关系设计。对与地理特征有关的属性数据表格按照第三范式要求进行设计，并规定空间数据和属性数据的组织模式。

（4）数据库总体设计报告的起草。将 GIS 数据库的概念化设计内容表达为正式的文件，作为后面详细设计参考。

（5）数据库概念化设计的评定。以 GIS 对数据库的要求为依据对设计报告进行论证，并修改设计报告。

2. GIS 数据模型模式

目前数据库主要有网状、层次、关系、对象等几种类型，在 GIS 中应用非常广泛的是关系型数据库（如 dBase III、FoxPro）和对象型数据库（如 Oracle8i，Access 2000）。GIS 数据从数据管理的角度可以分为两个主要的大类：一是以属性数据为主的文本数值型数据，它可以通过表格进行管理，这方面技术已经发展非常成熟，既可以通过 GIS 基础平台进行管理，也可以委托商业数据库进行管理；二是矢量格式和栅格格式的空间数据，照片、录像等类型数据也可以纳入这类数据中，其管理方法也经历了文件式、图库和空间数据库等几个发展阶段。

这两类数据存在必然的逻辑关系，如何将这两类数据组织起来就是 GIS 数据模型模式的主要内容。一个好的数据模型模式主要体现为系统实现、系统管理和系统性能的良好结合。

GIS 数据模型主要有以下三种模式。

（1）文件结构型数据模型模式。图形数据和属性数据通过一定格式的文件进行组织，图形要素与属性记录之间通过关联字段进行关联。采用文件式管理，系统结构简单，实现技术相对简单，所以早期 GIS 一般采用这种方式，如 ARC/INFO 软件通过 ARC 等图形文件管理空间数据和通过 INEO 属性表文件管理属性信息，是典型的文件结构型数据模型。这种方式存在天然的缺陷，尤其较为大型的 GIS 一般建立在 Intranet/Internet 上，采用文件进行数据管理，一方面 GIS 数据庞大，数据文件数千甚至上万个，数据管理效率和信息利用效率受到限制，更新也很困难；另一方面不利于多用户协同工作，以文件方式组织数据很难做到记录级和实体级数据操作冲突锁定，数据的安全性也主要依靠操作系统来保证，达不到确保数据合法使用的要求。

（2）混合结构数据模型模式。图形数据通过文件方式进行管理，而属性数据则通过大型商业数据库进行管理，这种方式克服了属性数据管理的效率、安全性与共享等问题，同时也便于与以文本数值型数据为主的 OA/MIS 实现集成管理。但是这种方式还是以文件形式进行空间数据管理，或者在文件形式进行了一定改进，通过图库进行管理，虽然提高了管理效率，但还是无法解决文件结构型数据模型的本质性缺陷。目前我国 GIS 基本上是采用这种模式，如深圳规划国土 GIS（SPULIS-GIS）空间数据通过 ARC/INFO 的 Library 模块进行管理，属性数据通过 Oracle7 进行管理。

（3）无缝数据库管理模型模式。空间数据与属性数据都通过大型商业数据库进行统一管理。空间数据库技术在 20 世纪 90 年代得到了长足进展，它通过长二字节型和面向对象技术，将图形要素作为数据库记录的字段保存起来，结合空间结构化查询等技术，将图形数据和属性数据实现无缝管理，使所有数据实现共享管理，非常适合基于网络的 GIS，目前主流 GIS 基础平台基本上可以实现上述功能，如 ESRI 的 SDE、MAP/INFO 的 SpatiaIWare、GeoMedia 的 DataPipe 技术，我国许多大型的 GIS 目前也正在经历由混合型数据模型向无缝数据库管理模型转变。

数据模型模式是 GIS 的基础，它决定了子系统集成的程度和水平，也对 GIS 的设计开发、管理、维护等工作具有深刻的影响。

3. 数据的分层管理

大多数 GIS 都将数据按逻辑类型分成不同的数据层进行组织。数据层是 GIS 中的一个重要概念。GIS 的数据可以按照空间数据的逻辑关系或专业属性分为各种逻辑数据层或专业数据层，原理上类似于图片的叠置。例如，地形图数据可分为地貌、水系、道路、植被、控制点、居民地等诸层分别存储，将各层叠加起来就合成了地形图数据。在进行空间分析、数据处理、图形显示时，往往只需要若干相应图层的数据。

数据层设计一般是按照数据的专业内容和类型进行的。数据的专业内容的类型通常是数据分层的主要依据，同时也要考虑数据之间的关系，如需考虑两类物体共享边界（道路与行政边界重合、河流与地块边界的重合）等，这些数据间的关系在数据分层设计时应体现出来。

不同类型的数据由于其应用功能相同，在分析和应用时往往会同时用到，因此在设计时应反映出这样的需求，即可将这些数据作为一层。例如，多边形的湖泊、水库，线状的河流、沟渠，点状的井、泉等在 GIS 的运用中往往同时用到，因此可作为一个数据层。

设计合理的层体系对于系统的开发和管理是非常重要的，特别是 GIS 针对非 GIS 专业的业务使用人员，分层是用户与数据进行交流的重要渠道和界面。数据分层主要考虑以下因素。

（1）数据具有同样的特性，或者说是数据有相同的属性信息。

（2）比例尺的一致性，如植被类型在不同年份的考察中可能有不同的结果，而且考查的尺度范围也不同，所以在这种情况下通常会以两种层来存储。

（3）数据具有相同的几何形式和拓扑性质，同一地物可能采用不同的几何形式来表达，其拓扑要求不一样，也需要采用不同的层来表达，如河流通常分为线性和面状的，分别用两个层表示。

（4）同层数据，如道路数据，用于网络路径分析用具有严格拓扑关系的道路中心线表示，而用于制图输出则用符号化线或面来表示，从而要用不同分层。

（5）不同部门的数据通常应该放入不同的层，这样便于维护。

（6）数据库中需要不同级别安全处理的数据也应该单独存储。

（7）数据库中的各类数据的更新可能使用各种不同的数据源，在分层中，使用不同数据源更新的数据也应分层进行存储，以便于更新。

（8）即使是同一类型的数据，有时其属性特征也不相同，所以也应该分层存储。

3.8.5 空间数据库的详细设计

所谓空间数据库详细设计指对系统需求分析报告和数据库总体设计方案进行细化，确定数据在系统数据库中的具体组织、结构、标准等属性。具体而言包括以下工作。

1. 数据源设计

数据是系统的重要组成部分，其数据的现势性是系统生命力的决定性因素。所以根据 GIS 的客观环境，确定系统合适的数据源是数据库详细设计的重要内容，它也是数据标准、质量控制等工作的基础。根据 GIS 数据源的数据性质，其数据主要有以下几种：地图、设计规划图、航空和卫星影像、GPS 数据、照片、现有电子数据、各种记录文件、数字化测量数据等。

根据数据源的来源范围数据可以分为两类：一是系统外录入数据，指数据是从系统外产生、采集的，通过入库模块输入到系统来，如电力管理 GIS 中的地理地图来自基础测绘部门的地形测量；二是系统内自生数据，这种数据指通过系统运行而产生的数据，如地籍管理信息系统的土地利用现状历史记录等。

针对不同数据源的特性，系统采用不同的对策，但具有以下共性。

（1）数据源多样化，提高系统内容的丰富性。

（2）系统主要空间数据比例尺、标准、格式等尽量一致。

（3）对于日常办公系统的数据来源，应首先经过其他数据处理系统和入库管理模块转化为标准数据后方可进入系统，确保系统的稳定性。

（4）对于基于网络多用户系统，系统公共基础数据应该通过统一的技术部门录入。

（5）在保证质量的前提下，选择数据生产到入库周期短的数据源。

2. 修订数据标准与数据字典

数据标准是数据组织、查询、管理等工作的基础，是保证数据质量的重要手段。合理的数据标准是系统功能和性能能否实现和实现难易程度的重要因素。一个合理的 GIS 数据标准应包括的内容：引用标准、分类和实体代码说明、数据存储信息说明、空间数据分层说明（指对空间数据而言）、属性数据结构说明、元数据说明。

系统分析阶段的数据分析强调对用户需求和数据现状的理解与描述，在数据格式、要素内部代码等方面需要在详细设计阶段明确，形成最终的数据字典，指导系统的开发。

3. 数据存储、读取、查询和管理结构的设计

数据是为系统功能实现和信息保存而服务的，其存储、读取、查询和管理的合理结构是实现上述目的的基础，其结构设计与数据模型和数据库管理系统密切相关，但都具有以下内容。

（1）用户/安全设计。无论采用 C/S（Client/Server）方式还是 W/B（Web/Browser）方式实现 GIS，都需要建立一个或若干个数据库服务器，用户也可以分为系统管理员、数据录入员、各类业务人员、外部浏览用户等不同层次，这些用户对各类数据拥有不同的权限，需要针对每种数据规定用户的不同权限。同时，GIS 很多与办公系统进行集成开发，从而引入了工作流的方法，其用户管理也需要与办公系统进行统一、动态管理。

（2）数据更新的质量控制。各层空间数据不仅各个体具有其属性，而且它们和整个数据库也具有一行公共属性，如比例尺、大地坐标系统、投影类型等。同时，图形的变更往往导致相应属性数据改变，所以在设计数据更新机制时，需要保证数据库和层的公共性质与个体属性统一起来，图形数据和属性数据统一起来，同时也要在更新数据时，对不相关的层进行锁定，避免用户进行不必要操作导致数据损坏。

（3）合理数据分级体系的设定。空间数据在对象区域内具有空间连续分布的特性，而用户在维护、管理和使用过程中可能只是操作很小的部分区域，为了提高系统的性能和操作的方便性，系统需要将对象区域分为更小的处理单元，不同的分级体系、级体系，对于数据的采集、组织和利用方式是有较大影响的。所以在设计分级体系需要考虑的主要因素是：各级单元比较稳定；同级单元具有明确的分界标准，单元内一个或多个地理特征相差不多；符合数据利用习惯；尽量使重要的地理特征不至于划分在不同的单元里；与数据使用频率、行政职能区域化分等具有密切关系。

（4）数据的恢复能力。数据恢复具有两层含义：一是多数商业数据库管所提供重新运行功能，该功能允许数据回到某一状态，而忽略某一时间之后的所有修改，这对于系统故障处理和数据安全具有重要意义；二是历史数据回溯，空间和属性数据的变更存在一个时间序列，系统可以根据需要将数据回溯到某个时刻，或者演示和分析数据的变化历史过程。

（5）数据库网络模型。数据库是为网络范围内不同用户服务的，其数据传输和共享模式目前在 GIS 中主要有多级服务器模式和分布式数据库模式两类。

多级服务器模式下，由于系统用户分布比较分散，需要建立一个城域网，各个子网都有自己的中心服务器，它们之中有一个主服务器集中所有分服务器中的数据，分服务

器定期向主服务器发送数据。这种方式适合具有特定范围内用户（如城市范围内一个单位系统）和数据双向交换频繁的 GIS。在基于 W/B 系统网络模式的分布式数据库模式下，网络中各个数据服务器地位是平等的。这种方式适合具有不特定用户、单向数据流为主和数据流通量小的 GIS。系统需要根据实际需要选择合理的模式。

3.9　基于 ArcGIS 的厦门空间地理基础信息数据库建设实例

当前世界各国信息化发展的一个重要方向是把与人类生存和发展有关的各种自然、社会、经济、人文、环境等要素信息化，按地理空间予以集成，构建数字城市、数字区域、数字国家乃至数字地球。2007 年，《国务院关于加强测绘工作的意见》指出并要求"构建数字中国地理空间框架，加强测绘公共服务，发展地理信息产业，努力建设服务型测绘"。顺应这个发展趋势，各城市兴起地理信息共享服务平台的热潮，其基本任务是提供基本的空间定位服务，通过集成和加载政府信息化综合信息及各行业专题空间或非空间信息，在统一的地理空间框架数据上发布各类信息服务，为各类信息实现网络化服务建立一个基础平台。空间地理基础信息数据库是城市地理空间框架数据的来源，建设空间地理基础信息数据库是城市测绘主管部门的核心和主要任务。

1. 城市空间地理基础信息数据库需求分析

空间地理基础信息数据是描述地表形态及其所附属的自然及人文特征和属性的地理数据，具有基础性、普遍适用性和使用频率高等特点。其主要内容应包括控制点、居民地、工业设施、管线垣栅、境界、交通、水系、地貌、植被和地名等基本要素信息。城市空间地理基础信息数据库为城市发展和信息化建设提供统一的空间定位基础，进而服务城市信息资源的整合和共享。

厦门空间基础地理信息数据库（以下简称"空间库"）作为国土资源和房产空间定位、空间分布、空间分析及日常空间相关业务的办理的基础数据来源，是厦门市国土资源与房产管理局的信息化工作的基石，也是厦门国土房产局作为测绘主管部门的主要任务之一。厦门空间基础地理信息数据库的更新来源于厦门国土房产局所属的测绘与基础地理信息中心的日常工作，具体来源于成片基础测绘成果、地形图修补测绘成果、日常竣工测量、地籍修测等。

厦门市空间地理基础信息数据库的需求可分为三个层次，如图 3-7 所示。

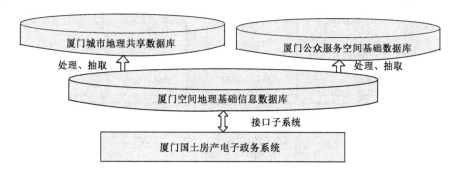

图 3-7　厦门市空间地理基础信息数据库的需求层次

第一个层次，面向厦门国土房产局内部空间数据应用，作为厦门国土房产电子政务的数据基础，紧密结合厦门国土房产的日常政务应用。

第二个层次，面向厦门各空间数据需求的政府部门（如民政局、规划局、建设局、市政园林局、环保局），满足其对空间地理信息基础数据及相关 GIS 的需求；侧重行业或专业 GIS 应用的需求。但这个层次，厦门市空间地理基础信息数据库并非直接满足，而是通过厦门市信息产业局牵头组织的"厦门城市地理共享数据库及其应用系统"实现。

第三个层次，面向社会公众服务，主要表现为三个方面，即公众 WebGIS 服务、位置服务、车辆监控导航。

2. 空间地理基础信息数据库内容

厦门市空间地理基础信息数据库是厦门国土房产局的空间数据核心库，需要满足其电子政务应用和日常测绘数据管理应用的需求，同时根据城市地理共享应用和公众的空间数据服务需求，对两者提供数据支持。

厦门市空间地理基础信息数据库的基本内容是测绘类基础地形数据，主要内容有数字线划图（DLG）、数字正射影像（DOM）、数字高程模型（DEM）、数字栅格地图（DRG），以及测绘类的支撑数据，包括接图表、测区、控制网等。此外，行政区划、建筑物、道路、水系、绿地等基础专题数据，可以通过测绘类数据加工生成。厦门空间地理基础信息数据库的内容构成如图 3-8 所示。

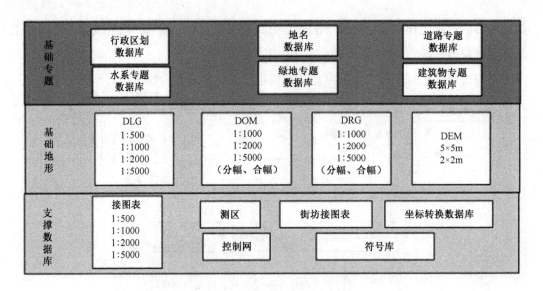

图 3-8 厦门空间地理基础信息数据库的内容构成

3. 空间地理基础信息数据库的逻辑组织

厦门市空间地理基础信息数据库应实现对多数据源、多比例尺、多分辨率、多时相的数据内容进行有效的整合，通过对空间地理基础数据及其对应元数据的管理和检索，达到方便存储管理和分发服务的目的。

（1）数据编码与规范化。厦门市空间地理基础信息数据库的组织设计中，在遵循相关的国家标准和技术规范的基础上，参考其他单位数据库建设的经验，结合现有数据的情况，制定数据编码的标准和规范。

（2）数据的分类与分层组织。厦门市空间地理基础数据的类型多，内容复杂，分类和分层组织有利于数据的管理与应用。在数据库设计中，首先根据空间地理基础数据的内容进行分类，建立空间数据集（FeatureDataset）；然后根据每类数据中的要素进行分层，建立要素类（FeatureClass），由此建立空间数据的分层与分类组织结构。

（3）基于 GeoDatabase 的数据库逻辑设计。根据厦门市空间地理基础数据库的逻辑结构和 GeoDatabase 的数据模型，厦门空间地理基础信息数据库的逻辑层次结构划为四级：总库→分库→逻辑层→物理层，如图 3-9 所示。

4. 空间地理基础信息数据库的物理设计

厦门空间地理基础信息数据库面向海量空间数据的管理与应用，选用了 Oracle 数据库和 ArcSDE 空间数据引擎作为空间数据管理的平台。

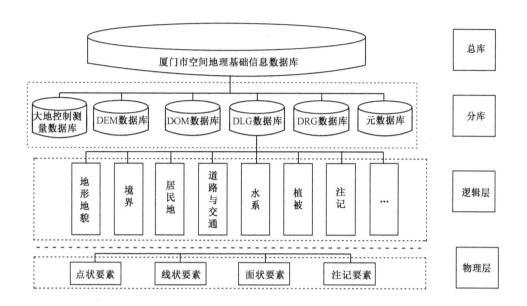

图 3-9　厦门市空间地理基础信息数据库逻辑层次结构

ArcSDE 是基于关系型数据库的空间数据管理中间件，实现了连续无缝的图形、属性、DEM、影像一体化的空间数据管理机制。ArcSDE 的主要特点有：①空间数据存储于关系型数据库中；②连续无缝的空间数据管理；③快速的空间数据存取；④多层体系结构；⑤方便多用户共享，减少数据冗余；⑥灵活的配置和应用开发机制，便于专题应用的实现。

ArcSDE 基于 GeoDatabase 数据模型，实现各种地理要素及其空间关系的存储与管理，提高了空间数据应用的效率，保证了数据的完整性和一致性。它包括矢量和栅格两种数据类型，可以按照要素集、要素类等组织成多个层次。矢量要素对应有要素集（FeatureDataset）和要素类（FeatureClass）；栅格要素对应有栅格集（RasterDataset）等。基于 ArcSDE 的空间地理基础信息数据组织模型如图 3-10 所示。

5. 空间地理基础信息数据库更新

厦门市空间地理基础信息数据库的生命力依赖于数据的现势性，这要求建立完善的数据更新机制和手段，需要技术因素和非技术因素的结合，需要数据更新机制不断获得现势数据，并对数据库进行更新维护。

厦门空间地理基础信息数据库阶段性更新可以依赖成片基础测绘的数据成果，其日常更新可以依赖竣工测量数据的归集处理，实现对基础地形数据库和基础专题数据库的日常更新，也可以通过地籍调查科在日常业务中汇集处理的地籍修测数据实现对基础地形数据库和基础专题数据库的日常更新，其总体流程如图 3-11 所示。

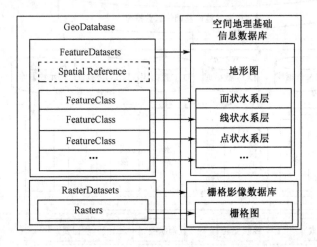

图 3-10　基于 ArcSDE 的空间地理基础信息数据组织模型

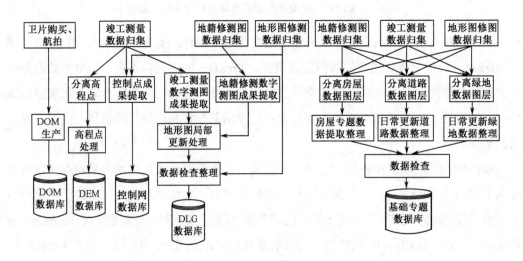

图 3-11　厦门市空间地理基础信息数据库数据更新

6. 结语

　　厦门空间地理基础信息数据库是一个多比例尺、多数据源、多时相、多分辨率、无缝的空间数据库，其建设立足于现状数据的管理，面向国土房产业务应用、支持城市地理信息共享平台、城市公众地理信息服务，涉及的数据形式多，内容复杂，是一个综合性的基础空间数据库。厦门空间地理基础信息数据库建设，可促进厦门城市基础信息资源的整合，增强地理信息资源的综合使用和保障能力，为全方位的城市管理和综合决策提供基础服务。

　　城市空间地理基础信息能够结合基础测绘、工程竣工测量等测绘业务有序开展、持续进行。所以，城市空间地理基础信息数据库的建设应由城市测绘主管部门负责，根据当前国家测绘局统一部署的数字城市地理空间框架的要求和城市地理信息共享平台的需求进行分阶段建设，才能有效配合城市测绘主管部门日常工作，为城市地理信息共享平台提供长效的数据更新支持。

第 *4* 章　GIS 开发架构

4.1　基于 C/S 模式的网络 GIS

在政府管理部门、企业单位内部局域网上，采用客户机/服务器（Client/Server，C/S）结构构建以地理信息的数据处理、共享交换为主要使用目的的网络 GIS，是目前网络 GIS 的一个主要应用方向。C/S 模式充分利用分布式计算技术，能够有效解决网络负载平衡的问题；局域网具有相对单一的网络拓扑结构，并且通常采用高效的网络数据传输协议（TCP/IP、NetBIOS 等）。C/S 模式与局域网的结合可以基本满足城市海量空间地理数据高效处理与快速共享传输的需求。

组件技术与地理数据的关系数据库存储是构建局域网和 C/S 模式下网络地理信息应用的两个关键技术。组件技术为网络 GIS 的灵活架构、快速集成及灵活的二次功能开发提供了保障；地理空间数据利用传统的关系数据库进行存储，彻底解决了空间数据物理分割存储的问题，实现了空间数据的无缝集成。同时空间数据和属性数据的统一存储管理，使得城市地理信息网络共享更加安全、快捷。

4.1.1　C/S 模式简介

C/S 模式一种分布式系统结构，它基于简单的请求/应答协议。在 C/S 模式下，服务器只集中管理数据，而计算任务分散在客户机上，客户机和服务器之间通过网络协议进行通信。客户机向服务器发出数据请求，服务器将数据传送给客户机进行计算，这种模式充分利用了客户机的性能，使计算能力大大提高；另外由于客户机和服务器之间的通信是通过网络协议进行的，是一种逻辑的联系，因此物理上在客户机和服务器两端是易于扩充的。基于 C/S 结构的网络 GIS 由客户机完成 GIS 分析、输出工作。GIS 数据和分析工具最初放在服务器上，运行时下载到客户机，操作灵活。

但是，C/S 应用软件模式都是基于"胖客户机"结构下两层结构应用软件的。客户端软件一般由应用程序及相应的数据库连接程序组成，服务器端软件一般是某种数据库系统。客户机端软件的主要功能是处理与用户的交互，按照某种应用逻辑实现与数据库系统的交互；服务器端软件的主要功能是发送请求给数据库系统，然后数据库系统进行数据库操作，最终将结果传送给客户端软件。客户端软件与服务器端软件之间的通信主要通过 SQL 语句完成。两层 C/S 结构应用软件的开发工作主要集中在客户端，客户端软件不但要完成用户交互和数据显示，还要完成对应用逻辑的处理，即用户界面与应用逻辑位于同一个平台上。

4.1.2　C/S 网络组件平台及商用解决方案

如前所述，组件技术的发展为网络 GIS 的开发开辟了新的里程。组件式软件技术已经成为当今软件技术的潮流之一。为了适应这种技术潮流，GIS 软件像其他软件一样，已经或正在发生着革命性的变化，即由过去厂家提供全部系统或者具有二次开发功能的软件，过渡到提供组件由用户自己再开发。无疑，Com GIS 技术将给整个 GIS 技术体系和应用模式带来巨大影响。GIS 技术在软件模式上经历了功能模块、包式软件、核心式软件，从而发展到 Com GIS 和 WebGIS 的过程。传统 GIS 虽然在功能上已经比较成熟，但是这些系统多是基于十多年前的软件技术开发的，属于独立封闭的系统。同时，GIS 软件变得日益庞大，使用户难以掌握，且费用昂贵，这都阻碍了 GIS 的普及和应用。组件式 GIS 的出现为传统 GIS 面临的多种问题提供了全新的解决思路。组件式软件是新一代 GIS 的重要基础，同样在基于 C/S 模式开发的应用系统中，组件技术也应当是其关键技术之一。目前组件式软件技术已经成为软件技术发展的潮流之一，原来的巨型 GIS 正迅速分解为基本的 GIS 组件。各个 GIS 组件之间，GIS 组件与其他组件之间通过标准的通信接口实现交互。在设计 GIS 应用系统时，各个 GIS 组件及其他组件如同一堆各式各样的"积木"分别实现不同的功能（包括 GIS 功能和非 GIS 功能），程序开发人员根据应用需求把实现各种功能的"积木"搭建起来，就可以构成系统。

目前，国外主流的 GIS 组件产品主要有全球最大的 GIS 厂商 ESRI 推出的 MapObjects、

ArcObjects、ArcEngine，桌面 GIS 厂商 MapInfo 公司推出的 MapX，Intergraph 公司的 Geomedia 等，国内有北京超图地理信息技术有限公司的 SuperMapObjects5、武汉中地信息工程有限公司的 MapGIS 组件、武汉吉奥信息工程技术有限公司的 GeoMap 等。

4.2 基于 B/S 模式的网络 GIS

随着分布式技术的不断发展和浏览器技术的不断成熟，B/S 结构采用 Internet/Intranet 技术，适用于广域网环境，支持更多的客户，可根据访问量动态配置 Web 服务器、应用服务器，以保证系统性能，客户端只需标准的浏览器，系统扩展维护简单，代码可重用性好。用户界面完全通过浏览器实现，浏览器可实现原来需要复杂专用软件才能实现的强大功能，节约了开发成本。基于 B/S 结构构造 GIS 应用有两种模式：一种是大部分事务逻辑在前端实现，成为基于客户机模式的网络 GIS，此模式主要利用了结合浏览器的多种 Script 语言（VBScript、JavaScript 等）、ActiveX 技术和 Plug-in 插件等；另一种是大部分事物逻辑依赖服务器实现，采用通用网关接口 CGI 或其他通道脚本在 Web 服务器与 GIS 服务器之间进行通信，成为基于服务器模式的网络地理信息系统，B/S 结构的网络 GIS 占据了相当的优势。

当今 Internet 的应用越来越广泛，原来基于局域网的企业开始采用 Internet 技术构筑和改建自己的企业网，即 Intranet。于是，一种新兴的体系结构 B/S 应运而生，并获得飞速发展，成为众多厂家争相采用的新型体系结构。本质上 B/S 与 C/S 结构属于同一体系结构，B/S 是在 C/S 体系基础上扩充而成的，其中用户界面重心由 Windows 转为 Browsers，网络通信规程被统一为 TCP/IP，分布式计算机结构由单一的两个层次扩展到由客户、应用服务器和数据库服务器组成的三个层次，并由于浏览器及 Web 服务器的加入进一步扩展为 N 个层次。在 B/S 的系统中，用户可以通过浏览器向分布在网络上的许多服务器发出请求。B/S 结构极大地简化了客户机的工作，客户机上只需安装、配置少量的客户端软件即可，服务器将担负更多的工作，对数据库的访问和应用程序的执行将在服务器上完成。

这种结构不仅把客户机从沉重的负担和不断对其提高的性能要求中解放出来，也把技术维护人员从繁重的维护升级工作中解脱出来。由于客户机把事务处理逻辑部分分给了功能服务器，客户机一下子"苗条"了许多，不再负责处理复杂计算和数据访问等关键事务，只负责显示部分，所以维护人员不再为程序的维护工作奔波于各个客户机之间，而把主要精力放在功能服务器上程序的更新工作。这种三层结构，层与层之间相互独立，任何一层的改变不影响其他层的功能，从根本上改变了传统二层 C/S 体系结构的缺陷，是应用系统体系结构中一次深刻的变革。

在 B/S 三层体系结构下，表示层、功能层、数据层被分割成三个相对独立的单元。

（1）第一层，表示层：Web 浏览器。在表示层中包含系统的显示逻辑，位于客户端。它的任务是由 Web 浏览器向网络上的某一 Web 服务器提出服务请求，Web 服务器对用户身份进行验证后用 HTTP 协议把所需的主页传送给客户端，客户机接收传来的主页文件，并把它显示在 Web 浏览器上。

（2）第二层，功能层：具有应用程序扩展功能的 Web 服务器。在功能层中包含系统的事务处理逻辑，位于 Web 服务器端。它的任务是接受用户的请求，首先需要执行相应的扩展应用程序与数据库进行连接，通过 SQL 等方式向数据库服务器提出数据申请，而后等数据库服务器将数据处理的结果提交给 Web 服务器，再由 Web 服务器传送回客户端。

（3）第三层，数据层：数据库服务器。在数据层中包含系统的数据处理逻辑，位于数据库服务器端。它的任务是接收 Web 服务器对数据库操纵的请求，实现对数据库查询、修改、更新等功能，把运行结果提交给 Web 服务器。

4.3　GIS 标准化

自 20 世纪 60 年代以来，随着 GIS 技术在国际上的迅速发展，信息系统的标准化问题也受到国际社会的高度重视。

美国早在 20 世纪 60 年代就制订了联邦信息处理标准（FIPS）计划，并由美国国家标准和技术研究院（NIST）直接负责。在这一计划中，首先制定的标准是地理编码标准，被广泛称为 FIPS 编码。20 世纪 80 年代初，美国国家标准局（NBS）与地质测量局（USGS）签订了协调备忘录，把 USGS 作为联邦政府研究和制定地理数据标准的领导机构。1993 年美国国家标准协会（ANSI）成立了"GIS 技术委员会（X3LI）"。1994

年，美国总统克林顿签署了"地理数据采集和使用的协调——国家空间数据基础设施"的行政命令。"国家空间数据基础设施"的标准化工作目前主要侧重于数据标准化问题。美国一些专家已提出了 GIS 的标准范围应该包括数据、数据管理、硬件、软件、媒体通信和数据表达等内容。

加拿大是国际上信息规范化和标准化研究卓有成效的国家之一。早在 1978 年，加拿大测绘学会（CCSM）就授权加拿大能源矿产资源部测绘局（SMB-DEMR）成立适当机构，研究制定数字制图数据交换标准，并为此成立了三个委员会。

瑞典的地理信息标准化工作，在早期主要是根据实际需要，由地方政府联合会发起的，旨在开展地图数据交换格式的研究，其中包括了大比例尺应用中所有的制图数据编码。1989 年，瑞典土地信息技术研究与发展委员会（ULI）提出了由其牵头的国家 STANLI 项目计划。1990 年，瑞典标准化机构（SIS）的下属机构 SIS-STG 直接负责 STANLI 的 GIS 标准化计划。

法国标准化协会（AFNOR）在 20 世纪 90 年代初向欧洲标准化委员会（CEN）提出了"地理信息范围内标准化"的建议，并获批准，为此在 CEN 内成立了地理信息委员会（CEN/TC287），该委员会下设四个工作组，其研究内容包括通用术语和词汇表、数据分类和特征码、通用概念数据模型、通用坐标系、定位方法、数据描述、查询和更新、欧洲空间数据转换格式（ETF）等。

一些国际组织，如北大西洋公约国组织（NATO），建立了数字地理信息工作组（DGIWG），并完成了主要用于军事目的的 DIGEST 空间数据交换标准；国际海洋组织（IMO）和国际水文组织（IHO）制定了 DX-9Q 空间数据交换标准；国际制图协会（ICA）成立了数字制图交换标准委员会。

GIS 标准化的直接作用是保障 GIS 技术及其应用的规范化发展，指导 GIS 相关的实践活动，拓展 GIS 的应用领域，从而实现 GIS 的社会及经济价值。

GIS 的标准体系是 GIS 技术走向实用化和社会化的保证，对于促进地理信息共享、实现标准体系化具有巨大的推动作用。

GIS 的标准化将从 4.3.1 节和 4.3.2 节所述的两个大的方面影响着 GIS 的发展及其应用。

4.3.1 促进空间数据的使用及交换

GIS 直接处理的对象就是反映地理信息的空间数据，空间数据生成及其操作的复杂性，是造成在 GIS 研究及其应用实践中遇到的许多具有共性问题的重要原因。进行 GIS

标准化研究最直接的目的就是解决在 GIS 研究及其应用中所遇到的这些问题。

1. 数据质量

数据质量的影响来自两方面：一方面是生产部门数字化作业人员水平参差不齐，各种航摄及解析仪器、数字化设备的精度不同，导致最终对 GIS 数据的精度进行控制难度增大；另一方面是没有经过严格校正的属性数据存在误差，从而导致人们使用数据的错误。对数据质量实施控制的途径是制定一系列规程，例如地图数字化操作规范、遥感图像解译规范等标准化文件，作为日常工作的规章制度，指导和规范工作人员的工作，以最大限度保障数据产品的质量。

2. 数据库设计

在 GIS 实践中，数据库设计是至关重要的一个问题，它直接关系到数据库应用上的方便性和数据共享。一般来说，数据库设计包括三方面的内容：数据模型设计、数据库结构和功能设计，以及数据建库的工艺流程设计。在这三个方面中，可能会出现一些问题，此时就需要针对数据库的设计问题建立相应的标准，如数据语义标准、数据库功能结构标准、数据库设计工艺流程标准。

（1）数据档案。数据档案的整理及规范化中代表性的工作就是对 GIS 元数据的研究及其标准的制定工作。明确的元数据定义及对元数据方便地访问，是安全地使用和交换数据的最基本要求。一个系统中如果不存在元数据说明，很难想象它能被除系统开发者外的第二个人正确地应用。因此，除了空间信息和属性信息以外，元数据信息也被作为地理信息的一个重要组成部分。

（2）数据格式。在 GIS 发展初期，GIS 的数据格式被当作一种商业秘密，因此对 GIS 数据的交换使用几乎是不可能的。为了解决这一问题，通用数据交换格式的概念被提了出来，并且有关空间数据交换标准的研究发展很快。在 GIS 软件开发中，输入功能及输出功能的实现必须满足多种标准的数据格式。

（3）数据的可视化。空间数据的可视化表达，是 GIS 区别于一般商业化管理信息系统的重要标志。地图学在几百年来的发展过程中，为数据的可视化表达提供了大量的技术储备。在 GIS 技术发展早期，空间数据的显示基本上直接采用了传统地图学的方法及其标准，但是由于 GIS 面向空间分析功能的要求，空间数据的 GIS 可视化表达与地图的表达方法具有很大的区别。传统的制图标准并不适合空间数据的可视化要求，例如利用已有的地图符号无法表达三维 GIS 数据。解决 GIS 数据可视化表达的一般策略是：与标准的地图符号体系相类似，制定一套标准的在 GIS 中用于显示地理数据的符号系统。GIS 标准符号库不但应包括图形符号、文字符号，还应当包括图片符号、声音符号等。

（4）数据产品的测评。对于一个产业来讲，其产品的测评是一件非常重要的工作。同样，在 GIS 数据产品的质量、等级、性能等方面进行测试与评估，对于 GIS 项目工程的有效管理、地理信息市场的发展具有重大意义。

4.3.2　促进地理信息共享

地理信息的共享，是指地理信息的社会化应用，即地理信息开发部门、地理信息用户和地理信息经销部门之间以一种规范、稳定、合理的关系共同使用地理信息及相关服务的机制。

地理信息共享深受信息相关技术的发展（包括遥感技术、GPS 技术、GIS 技术、网络技术）、相关的标准化研究及其所制定的各种法规保障制度的制约。现代地理信息共享，以数字化形式为主，并已步入了模拟产品、数据产品和网络传输等多种方式并存的数字化时代。因此，数据共享几乎成了信息共享的代名词。在数据共享方式上，专家们的观点是：未来的数据共享将以分布式的网络传输方式为主。例如，我国有关部门提出以两点一线、树状网络、平行四边形网络、扇状平行四边形网络四种设计方案作为地理信息数据共享的网络基础。

从信息共享的内容上来看，地理信息的共享并不只是空间数据之间的共享，它还是其他社会、经济信息的空间框架和载体，是国家及全球信息资源中的重要组成部分。因此，除空间数据之间的互操作性和无误差的传输性作为共享内容之一外，空间数据与非空间数据的集成也是地理信息共享的重要内容。后一种数据共享方式具有更大的社会意义，因为它为某些社会、经济信息的利用提供了一种新的方法。

地理信息共享有 3 个基本要求：要正确地向用户提供信息；用户要无歧义、无错误地接收并正确使用信息；要保障数据供需双方的权利不受侵害。在这 3 个要求中，数据共享技术的作用是最基本的，它将在保障信息共享的安全性（包括语义正确性、版权保护及数据库安全性等方面）和方便灵活地使用数据方面发挥重要作用。数据共享技术涉及 4 个方面，它们是：面向地理系统过程语义的数据共享概念模型的建立、地理数据的技术标准、数据安全技术、数据的互操作性。

4.4 GIS 标准体系

4.4.1 制定标准体系的目的和意义

为了实现全国各等级城市或城市内部各部门的信息资源共享，保证 GIS 整体的协调性和兼容性，发挥系统的整体和集成效应，有必要制定完整配套的反映标准项目类别和结构的标准体系表，以实现在全国范围内标准系列和标准制定上的统一规划、统一组织和部署，并使规划和部署更加科学合理。GIS 标准体系表是应用系统科学的理论和方法，运用标准化工作原理，说明 GIS 标准化总体结构，反映全国 GIS 行业范围内整套标准体系的内容、相互关系并按一定形式排列和表示的图表。这项工作具有很大的实用性和战略意义，具体表现在以下几个方面。

（1）描绘出标准化工作的整体框架。通过标准体系表，可以全面地了解本行业的全部应有标准，明确标准体系结构的全貌，为确定今后的工作重点和目标奠定基础。

（2）指导标准制定、计划修订。由于标准体系表反映 GIS 标准体系的整体状况，能够找到它与国际、国内现状的差距及短缺程度和本体系中目前的空白，因此可以抓住今后标准化工作的主攻方向，安排好轻重缓急，避免计划的盲目性和重复劳动，节省人力、物力、财力，加快标准的制定、修订速度。

（3）系统地了解国际、国内标准，给采用国际先进标准提供准确、全面的信息。在编制标准体系表时，通过对相应行业范围内的国际标准的研究和分析，可以了解到国际标准目前的状况、内容、特点、水平和发展趋向等，也可以了解到我国标准与国际标准间的差距。标准体系表为进一步全面采用国际先进标准提供了可能性。

（4）有助于生产和科研工作。在 GIS 建立的许多环节上都有一系列标准需要研究、开发和实施，但生产、科研机构不一定对有关的标准都很清楚。标准体系表不但列出了现有标准，而且包括今后要发展的标准及相应的国际标准，这对于利用国际先进标准，适应未来发展的需要极为有利。

总之，GIS 标准体系表是进行 GIS 标准规划、制定和修订的重要依据，是包括现有、应有和未来发展的所有 GIS 标准的蓝图和结构框架，是管理部门合理安排标准制定先后顺序和层次的重要依据。通过体系表，可以清楚和完整地看出当前标准的齐全程度和今后应制定的标准项目及其轻重与主次关系。简言之，标准体系表是 GIS 标准化工作按计划、分步骤、有条不紊协调发展的重要保证。

4.4.2　GIS 标准体系的编制原则和方法

GIS 标准体系表是反映 GIS 行业范围内整套标准体系结构和相互关系的图表。通过这一图表，可以清楚地看出标准的所属层次和结构，以及当前标准的齐全程度和今后应制定的标准项目。为了充分体现上述内容，并在实践中能够为计划的编制提供科学依据，起到客观指导和管理作用，编制 GIS 标准体系表必须遵循以下原则。

（1）科学性。标准体系表中，层次的划分和信息分类标准项目的拟定不能以行政系统的划分为依据，而必须以 GIS 技术及其所涉及的社会经济活动性质和城市综合体总体为主要思路和科学依据。在行业间或门类间项目存在交叉的情况下，应服从整体需要，科学地组织和划分。

（2）系统性。标准体系表在内容、层次上要充分体现系统性，按 GIS 工程的总体要求，恰当地将标准项目安排在不同的层次上，做到层次主次分明、合理，标准之间体现出衔接配套关系，反映出纵向顺序排列的层次结构。

（3）全面性。对 GIS 行业所涉及的各种技术、管理工作和各类型数据的标准对象，都应制定相应的标准，并列入标准体系中。这些标准之间应协调一致、互相配套，构成一个完整、全面的体系结构。

（4）兼容性。列入标准体系表中的标准项目，应优先选用我国的国家标准（GB）和行业标准，同时应充分体现等同或等效采用国际标准和国外先进标准的精神，尽量使我国 GIS 标准与国际标准接轨，为实现行业、地域、全国和全球的信息资源共享和系统兼容奠定基础。

（5）可扩性。在编制标准体系表、确定标准项目时，既要考虑到目前的需要和技术水平，也要对未来的科学技术发展有所预见，所以标准体系表应具有可扩性，以适应现代科学技术发展的要求和需要。

在制定标准体系表的具体方法上，必须区分 GIS 和国家其他部门信息系统在标准方面的共性特征和 GIS 的个性特征，以此作为标准体系层次划分的依据。同时也应注意层次的相互衔接和层次划分深浅的一致，但不排除一些类别的进一步细化，以充分体现标准项目的结构特征和隶属关系。

4.4.3 GIS 标准的主要内容

网络技术的发展，要求不同的机构甚至是同一机构使用可以相互"通话"的数据、软件、硬件，这样便需要一个信息共用团体。它可能是整个国家或整个地球，在某种程度上、某种范围内使用共同的标准。这种标准主要包括以下 4 个方面。

（1）硬件设备的标准。包括硬件网络设备的物理连接、线路接口、存储介质、数据通信的方式和网络管理的方式等，例如国际化标准组织制定的 X500 和 Z39.50 标准。

（2）软件方面的标准。包括操作系统、数据库的查询语言、程序设计语言、显示和制图等的设备、图形用户界面等，例如美国开放 GIS 模型标准。

（3）数据和格式的标准。包括空间数据的模型、数据库的构建、数据质量和可靠性、地理特征的分类系统、数据的结构方案和地图方法、数据的转换格式等，例如美国空间数据转换标准和元数据标准等。

（4）数据集标准。包括国际数据集、电子地形系列、电子普查数据系列和其他各类数据集，例如美国人口普查局的 TIGER 文件等。

在制定地理数据的标准或规范时，都要涉及这 4 类相互关联的问题，或者说要同时协调处理这 4 类问题。

4.5　国外 GIS 标准化组织

跨入 21 世纪，由于经济全球化的进程不断加快，国际标准的地位和作用也越来越重要。WTO、ISO、EU 等国际组织和美国、日本等发达国家纷纷加强了标准研究，制定出标准化发展战略和相关政策。WTO/TBT 协议中规定了世界各国和国际标准化机构必须遵循的原则和义务。国际标准化机构在制定国际标准过程中，要确保制定过程的透明度（文件公开）、开放性（参加自由）、公平性和意见一致（尊重多种意见）；要确保国际标准的市场适应性。EU 标准化战略强调要进一步扩大欧洲标准体系的参加国，要统一在国际标准化组织中进行标准化提案，要在国际标准化活动中确立欧洲的地位，加强欧洲产业在世界市场上的竞争力。美国和日本等发达国家也均把确保标准的市场适应性、国际标准化战略、标准化政策和研究开发政策的协调、实施，作为标准化战略的重点。各国在研究制定标准化发展战略的同时，将科技开发与标准化政策统一协调。EU 也把国际标准化战略作为重点，要在国际标准化组织中统一进行标准化提案，要在国际标准化中确立欧洲的地位，所以 EU 在国际标准化舞台上具有优势。发达国家建立和完善标准体系受到广大企业的广泛重视。在日本，相关人员发表了许多有关标准体系表的专著和论文；在德国，B. Hartlieb、H. Neitsche 和 W. Urban 3 人于 1983 年共同发表了"标准中的体系关系"，对德国标准化协会中约 1500 个方法标准的关系进行了分析，指出了相互存在冲突和矛盾的近 200 个标准，发现了缺项标准，给出了一个合理的方法体系结构图表。美国《军用通信设备通用技术要求》的实质是提出了一整套军用通信设备的标准。

国际上地理信息产业的标准和规范发展十分迅速，各国对地理信息产业的标准和规范空前重视，在地理信息标准化的研究和标准的制定方面的合作十分密切。国际标准化组织地理信息技术委员会（ISO/TC 211）和以开放地理空间信息联盟（OGC）为代表的国际论坛性地理信息标准化组织及 CEN/TC 287 等区域性地理信息标准化组织，在其成员的积极参与下建立了完整的地理信息标准化体系，研究和制定出了一系列国际通用或合作组织通用的标准和规范。

国际地理信息标准化工作大体可分为两部分：一是以已经发布实施的信息技术（IT）标准为基础，直接引用或者经过修编采用；二是研制地理空间数据标准，包括数据定义、数据描述、数据处理等方面的标准。同其他标准一样，地理信息标准分为 5 个层次，即国际标准、地区标准、国家标准、地方标准、其他标准。

国家标准是国家最高层次的标准。这类标准往往由许多政府部门、学术团体和公司企业等方面的专家共同研制，经国家主管部门批准，发布实施。

地区标准则是跨越国家范围的、应用于某一区域若干国家的地理空间信息标准。根据 1994 年 8 月在我国北京召开的亚太地区国家部长级会议的决定，联合国亚太经社委员会亚太地区 GIS 标准化指导专家组建立了 GIS 基础设施常设委员会，并组织亚太地区国家编写"亚太地区 GIS 标准化指南"，以帮助协调这一地区国家地理空间信息的标准化。

其他和地理信息领域相关的国际性和区域性标准组织还有国际水道测量组织（IHO），其制定了 DX90（S-57）标准系列，详细规定了数字水道测量数据生成的一系列标准。国际制图协会（ICA）下设的 4 个技术委员会——空间数据转换委员会、元数据委员会、空间数据质量委员会和空间数据质量评价方法委员会，也参与了地理信息标准化的研究，此外还参与到 ISO/TS 211 标准的制定中，其中空间数据标准委员会利用其国际间联系广泛的优势，积极收集和研究各国的测绘和地理信息标准。北约军方地理信息和测绘标准化组织（DIGEST）也制定了一系列相关的地理信息标准。近几年由于 GSDI、RSDI 或 NSDI 的实施和信息共享需求而引发成立的一些国际、洲际组织，活动也很活跃。

下面对 ISO/TC 211、OGC、CEN/TC 287 及美国的一些具有代表性和权威性的标准和组织进行分析和介绍，方便读者了解国际地理信息标准发展的趋势、动态和特点。

4.5.1 ISO/TC 211

随着国际地理信息产业的蓬勃发展,为促进全球地理信息资源的开发、利用和共享,国际标准化组织 1994 年 3 月召开的技术局会议决定成立地理信息技术委员会（ISO/TC 211），秘书处设在挪威。

ISO/TC 211 的工作范围为数字地理信息领域标准化。其主要任务是针对直接或间接与地球上位置相关的目标或现象信息，制定一套结构化的定义，描述和管理地理信息的系列标准（系列编号为 ISO 19100），这些标准说明管理地理信息的方法、工具和服务，包括数据的定义、描述、获取、处理、分析、访问、表示，并以数字/电子形式表现在不同用户、不同系统和不同地方之间转换这类数据的方法、工艺和服务，从而推动 GIS 间的互操作，包括分布式计算环境的互操作。该项工作与相应的信息技术及有关数据标准相联系，并为使用地理数据进行各种开发提供标准框架。

该标准化组织对地理信息标准化的基本思路是：确定论域，建立概念模式，最终达到可操作。ISO/TC 211 标准化的基本方法是：用现成的数字信息技术标准与地理方面的应用进行集成，建立地理信息参考模型和结构化参考模型，对地理数据集和地理信息服务从底层内容上实现标准化。此外，还可利用标准化这一手段来满足具体标准化实现的需求。ISO/TC 211 的标准化活动主要围绕两个中心点展开：一个是地理数据集的标准化，另一个是地理信息服务的标准化。为此，ISO/TC 211 已确立了 43 项国际标准制定项目，这些标准将规定用于地理信息管理的方法、工具及服务，包括数据的定义、描述、获取、分析、访问、提供，以及在不同的用户、系统和地点间的数字/电子形式数据的传送。

1. ISO/TC 211 的工作和历史

北大西洋公约组织（North Atlantic Treaty Organization，NATO）的地理信息科学工作组（DGIWG）和美国、加拿大国家标准的成果是 ISO/TC 211 成立的直接驱动力。国际海道测量组织（IHO）和 CEN/TC 287（地理数据文件，GDF）、北美及加入此技术委员会的世界上其他地区如亚洲、澳洲和南非等国家都为 ISO/TC 211 的工作提供了经验。CEN/TC 287 有一套确定的工作程序，为 ISO/TC 211 基础标准提供了发展计划。DGIWG 最初提议成立地理信息标准化组织，但由于由国家提议的程序较为容易实现，所以在 1994 年由加拿大国家代表提出了成立 ISO/TC 211 的建议。

CEN 最初的工作和 DGIWG 的工作都比目前的 ISO/TC 211 标准更接近于应用标准等级。随着时间的推移，ISO 研制了较多的抽象标准，为了便于应用这些抽象标准，制定了专用标准和应用规范。ISO/TC 211 的建立推动了全球地理信息标准化工作。

2. ISO 19100 标准系列的结构体系

ISO 19100 地理信息系列标准的重点是为数据管理和数据交换定义地理信息的基本语义和结构，为数据处理定义地理信息服务的组件及其行为。ISO/TC 211 从结构化系列标准角度考虑，将应用于空间数据基础设施的地理信息标准划分为 4 个组成部分：存取与服务技术、数据内容、组织管理与教育培训。ISO 19100 系列标准构成彼此联系密切的结构体系，这个体系随着地理信息技术发展和标准工作进展而逐渐充实、完善。

ISO 19100 系列标准由最初的 20 个标准增加到目前的 40 个标准。这些标准之间相互联系、相互引用，组成了具有一定结构和功能的有机整体。例如，框架和参考模型组制定的模型、方法、语言、过程、术语等综合性、基础性标准，为制定其他各项标准提出了要求。又如，由于 ISO 19100 地理信息系列标准是通用的、基础性的，必须对其进行裁剪才能用于特定的应用领域，ISO 19109《地理信息应用模式规则》定义了标准的不同部分如何用于特定的应用领域的模式，运用这些通用的处理规则，可以在不同的应用领域内或相互之间交换数据和系统。处理的核心是将通用要素模型（General Feature Model）用于 ISO 19100 系列标准，特别是元数据和要素编目，详细的要素编目需要根据每一个应用领域制定，元数据的内容也要针对每一个应用领域确定。使用一个应用模式可以详细说明互操作和共享数据的物理应用。

此外，ISO 19100 地理信息系列标准不仅以结构化方式存在，而且以结构化方式发生作用，这是同标准作用对象的系统属性相吻合的。"地理信息学科"最初是由一门实用技术"地理信息系统"技术融合其他技术发展而来的，多学科融合、交叉和综合是其典型特征。地理信息标准的作用方式也具有这样的特点。例如，元数据标准以规范的方式和规定的内容描述地理信息数据，有了这个标准，就可以了解数据的标识、内容、质量、状况及其他有关特征，用于数据集的描述、管理及信息查询。

从标准的应用角度看，ISO/TC 211 制定的标准可以分成三种类型：指导型、组件型和规则型。指导型标准描述了把地理信息标准连接在一起的元素和过程，但该类标准不能单独实现，只有通过其他标准才能感受其影响。组件型标准描述特定的地理信息元素，取自于此类标准中的地理信息元素可以在一个专用标准内使用。规则型标准规定了构造组件的标准化规则，此类标准不能直接实现，它们阐述的规则需要经过实例化创建出标准化组件来实现。

3. ISO/TC 211 标准化活动的技术特点

ISO/TC 211 标准化思路采用先建参考模型，再研究、制定标准的思路进行。

（1）尽可能采用现有的信息技术标准化手段来开展地理信息应用于服务领域的标准化活动，使现成的数字信息技术与地理方面的应用达到有机集成。

（2）强调互操作性、信息和计算。从地理信息数据集底层开始标准化，从而保证地理信息标准化的实现与特定的产品、软件或 GIS 无关。所制定标准属于理论上的基础标准，一般不涉及生产性标准，因此它很难直接用于生产。

（3）地理信息标准不针对个别特定应用，不涉及具体作业标准，而是从整体上来确定。用宏观标准来构架，注重于客观的理论性描述，当某个特定应用需要实现标准化时，应运用专业标准来实现。

4.5.2　OGC

开放地理空间信息联盟（OGC）是一个非营利性国际组织，成立于 1994 年。OGC属于论坛性国际标准化组织，以美国为中心，目前有 259 个来自不同国家和地区的成员。OGC 的目标是通过信息基础设施，把分布式计算、对象技术、中间件技术等用于地理信息处理，使地理空间数据和地理处理资源集成到主流的计算技术中。OGC 所涉及问题非常具有挑战性，在地理信息与地理信息处理领域中的著名专家参与了 OGC 的互操作计划（Interoperability Program，IP）。该项计划的目标是提供一套综合的开放接口规范，以使软件开发商可以根据这些规范来编写互操作组件，从而满足互操作需求。它所制定的规范已被各国采用，OGC 与其他地理数据处理标准组织有密切的协作关系，ISO/TC 211也是其管理委员会成员。

1. OGC 宗旨

OGC 致力于一种基于新技术的商业方式来实现能互操作的地理信息数据的处理方法，利用通用的接口模板提供分布式访问（共享）地理数据和地理信息处理资源的软件框架。OGC 的使命是实施地理数据处理技术与最新的以开放系统、分布处理组件结构为基础的信息技术同步，推动地球科学数据处理领域和相关领域的开放式系统标准及技术的开发和利用。

2. OGC 制定的标准

目前 OGC 制定的标准已逐渐成为广泛认可的主流标准。美国联邦地理数据委员会（FGDC）在 1994 年就计划引用 OGC 的标准实现国家空间数据基础设施工程，并于 1997 年正式开展地理信息数据处理互操作技术合作，实现网上地理信息数据和传播功能。OGC 几年的努力已逐渐成熟，它提出的地理数据互操作技术被普遍接受并开始付诸实践。最近 OGC 又推出了一个参考模型来反映其标准体系、相互关系和引用关系。OGC 目前在因特网上公布的标准约有 30 项，分基本规范和执行规范。其中基本规范是提供 OPENGIS 的基本构架或参考模型方面的规范。OGC 基本规范关系如图 4-1 所示。

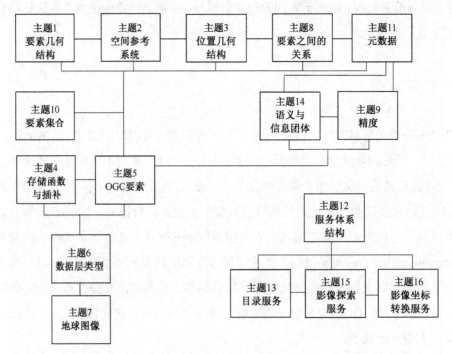

图 4-1　OGC 基本规范关系

3. OGC 的更名

2004 年，OGC（Open GIS Consortium）正式更名为 Open Geospatial Consortium。OGC 自 1994 年成立以来，已由最初的 20 个成员发展为拥有 250 多个成员的、具有很大国际影响的国际知名组织。OGC 具有了很高的知名度，得到了广泛的认同。那么，OGC 为什么选择这样一个时间更改为这样的一个名字呢？剖析 OGC 更名背后的深层次原因有助于了解和把握当前国际上 GIS 的发展方向和趋势。OGC 更名的直接原因是适应 OGC 工作范围变化的需要。

OGC 指导委员会建议 OGC 更名为 Open Geospatial Consortium。名字的变更并不是要传输 GIS 中不重要的信息。OGC 认识到更多其他的收集和使用空间相关内容的应用领域并不使用 GIS，甚至可能没有听说过这个名词。空间内容和服务在传统的 GIS 范围外有着重要的地位和价值。空间内容和服务是很多价值链和企业工作流中非常重要的组成部分，这个观点正得到越来越多的人认可。OGC 开发的不仅仅是 GIS 内容互操作的标准，正如 OGC 的远景所描述的，OGC 信仰"一个任何人都能从任何网络、应用或平台获取地理空间信息和服务而受益的世界"。

4.5.3　CEN/TC 287

CEN/TC 287 为欧洲标准化委员会/地理信息技术委员会，成立于 1992 年，其秘书处设在法国标准化研究所。其标准化任务基于以下决议：数字地理信息领域的标准化包括一整套结构化规范，它包括能详细地说明、定义、描述和转化现实世界的理论和方法，使现实世界任何位置的信息都可被理解和使用。

CEN/TC 287 的工作目标是，通过信息技术为现实世界中与空间位置有关的信息使用提供便利。其标准化工作将对信息技术领域的发展产生交互影响，并使现实世界中的空间位置用坐标、文字和编码来表达。CEN/TC 287 目前开展的工作项目有 10 余个，有一些标准和预备标准形成。表 4-1 列出了地理信息的 8 个欧洲预备标准和两个 CEN 报告。被认为是抽象标准的这些项目后来被 ISO/TC 211（地理信息科学）发展。许多 CEN 文件被作为 ISO 标准草案，并且许多 CEN 的专家也转入 ISO/TC 211 继续他们的工作。

表 4-1　CEN/TC 287 预备标准和其他可以使用的标准

ENV 12009:1997	地理信息-参考模型
ENV 12160:1997	地理信息-数据描述-空间模型
ENV 12656:1998	地理信息-数据描述-质量
ENV 12657:1998	地理信息-数据描述-元数据
ENV 12658:1998	地理信息-数据描述-转换
ENV 12661:1998	地理信息-参考系统-地理标识符
ENV 12762:1998	地理信息-参考系统-位置指向
prENV 13376	地理信息-应用模型规则
CR 13425	地理信息-综述
CR 13436	地理信息-词汇

注：ENV=欧洲预备标准，prENV=欧洲预备标准草案，CR=CEN 报告。

CEN/TC 287 最初做了 8 个欧洲预备标准。最初，CEN/TC 287 的工作包含了一系列大约 20 个标准。1994 年面对 ISO/TC 211 的建立，为了避免重复性的工作，CEN/TC 287 停止了工作。CEN/TC 287 的结束并不代表 CEN 技术委员会的结束。自从欧共体成立以来，其他领域的欧洲标准越来越重要，并且其标准化具有优先权。DG 是一个中心管理机构，它直接隶属欧共体政府和欧洲委员会。CEN 制定的标准在欧洲有很大的权威性，作为欧洲标准其要求所有成员国作为本国的国家标准使用，且要把对立的国家标准撤销。尽管欧洲地理信息先于 ISO/TC 211，但由于目前 ISO/TC 211 发展很快，欧洲地理信息标准化人员都已转入 ISO/TC 211。这主要是为自己国家赢得更大利益，因为德国人曾经做过的一个调查和统计认为，如果自己国家的标准被国际标准采纳，会对本国该产业带来更大的利益。因此，欧洲国家积极参与到 ISO/TC 211，与各国同行在该组织中联合研究和竞争，为自己国家谋求更大利益。

4.5.4　FGDC

美国联邦地理数据委员会（FGDC）的任务之一是美国国家地理空间数据标准的研究与制定，以便使数据生产商与数据用户之间实现数据共享，从而支持国家空间数据基础设施建设。多年来联邦地理数据委员会根据行政管理和预算局（OMB）A-16 号通告和 12906 号行政命令，其各分委员会和工作组在与州、地方、私营企业、非营利组织、学术界及国际团体的不断协商和合作基础上研究出了关于内容、精度和地理空间数据的转换等标准，为支持美国国家空间数据基础设施（NSDI）的实施制定出了一批实用的国家地理空间数据标准。

根据美国联邦地理数据委员会网站提供的最近一次更新资料显示，FGDC 已签署批准的地理空间数据标准有 20 项，已完成公开复审的标准有 6 项，等待提交公开复审的标准有 1 项，草案研究阶段中的标准有 5 项，提案研究阶段中的标准有 6 项。表 4-2 给出了地理空间数据一站式服务地理信息框架-数据内容标准（公开评议版）；表 4-3 给出了已完成的美国联邦地理数据委员会（FGDC）地理信息标准；表 4-4 给出了美国联邦地理数据委员会（FGDC）地理信息标准草案；表 4-5 给出了美国联邦地理数据委员会（FGDC）地理信息标准建议。

表 4-2　地理空间数据一站式服务地理信息框架-数据内容标准（公开评议版）

序号	标准英文名称	标准中文名称	发布日期	当前版本
1	Geographic Information Framework-Base Standard	地理信息框架-基础标准	10/8/03	1.0
2	Geographic Information Framework-Cadastral	地理信息框架-地籍	9/23/03	1.0
3	Geographic Information Framework-Digital Ortho Imagery	地理信息框架-数字正射影像	9/30/03	1.0
4	Geographic Information Framework-Elevation	地理信息框架-高程	5/9/03	1.0
5	Geographic Information Framework-Geodetic Control	地理信息框架-大地控制	9/23/03	1.0
6	Geographic Information Framework-Government Units	地理信息框架-行政单元	9/26/03	1.0
7	Geographic Information Framework-Hydrography	地理信息框架-水道	4/3/03	1.0
8	Geographic Information Framework-Transportation	地理信息框架-交通	9/24/03	1.0
8.1	Air	航空	9/30/03	1.0
8.2	Railroad	铁路	9/25/03	1.0
8.3	Road	公路	9/24/03	1.0
8.4	Transit	过境运输	9/24/03	1.0
8.5	Waterway	水路	9/26/03	1.0

表 4-3 已完成的美国联邦地理数据委员会地理信息标准

序号	标准英文名称	标准中文名称	标准号
1	Content Standard for Digital Geospatial Metadata（version 2.0）	数字地理空间元数据内容标准（2.0 版）	FGDC-STD-001-1998
2	Content Standard for Digital Geospatial Metadata , Part l: Biological Data Profile	数字地理空间元数据内容标准，第 1 部分：生物学数据专用标准	FGDC-STD-001.1-1999
3	Metadata Profrie for Shoreline Data	岸线数据元数据专用标准	FGDC-STD-001.2-2001
4	Spatial Data Transfer Standard （SDTS）（修订版）	空间数据转换标准	FGDC-STD-002
5	Spatial Data Transfer Standard （SDTS），Part 5 : Raster Profile and Extensions	空间数据转换标准，第 5 部分：栅格数据专用标准与扩展	FGDC-STD-002.5
6	Spatial Data Transfer Standard （SDTS），Part 6: Point Profile	空间数据转换标准，第 6 部分：点数据专用标准	FGDC-STD-002.6
7	SDTS Part 7: Computer-Aided Design and Drafting（CADD）Profile	空间数据转换标准，第 7 部分：计算机辅助设计与制图专用标准	FGDC-STD-002.7 -2000
8	Cadastral Data Content Standard	地籍数据内容标准	FGDC-STD-003
9	Classification of Wetlands and Deepwater Habitats of the United States	美国湿地与深水栖息地分类	FGDC-STD-004
10	Vegetation Classification Standard	植被分类标准	FGDC-STD-005
11	Soil Geographic Data Standard	土壤地理数据标准	FGDC-STD-006
12	Geospatial Positioning Accuracy Standard, Part 1 : Reporting Methodology	地理空间数据定位精度标准，第 1 部分：报告方法	FGDC-STD-007.1-1998
13	Geospatial Positioning Accuracy Standard, Part 2: Geodetic Control Networks	地理空间数据定位精度标准，第 2 部分：大地测量控制网	FGDC-STD-007.2-1998
14	Geospatial Positioning Accuracy Standard,Part 3: National Standard for Spatial Data Accuracy	地理空间数据定位精度标准，第 3 部分：空间数据精度国家标准（USGS 已提交修订建议）	FGDC-STD-007.3-1998
15	Geospatial Positioning Accuracy Standard, Part 4: Architecture , Engineering Construction and Facilities Management	地理空间数据定位精度标准，第 4 部分：体系结构、工程建设与设施管理	FGDC-STD-007.4-2002

序号	标准英文名称	标准中文名称	标准号
16	Content Standard for Digital Orthophoto	数字正射影像内容标准	FGDC-STD-008-1999
17	Content Standard for Remote Sensing Swath Data	遥感条带数据内容标准	FGDC-STD-009-1999
18	Utilities Data Content Standard	公共设施数据内容标准	FGDC-STD-010-2000
19	U.S. National Grid	美国国家格网	FGDC-STD-011-2001
20	Content Standard for Digital Geospatial Metadata: Extensions for Remote Sensing Metadata	数字地理空间元数据内容标准：遥感元数据扩展	FGDC-STD-012-2002

表 4-4　美国联邦地理数据委员会地理信息标准草案

序号	英文名称	中文名称	标准号
1	Earth Cover Classification System	地球覆盖分类系统	
2	Encoding Standard for Geospatial Metadata	地理空间元数据编码标准	
3	Governmental Unit Boundary Data Content Standard	行政单元边界数据内容标准	
4	Biological Nomenclature and Taxonomy Data Standard	生物学术语与分类数据标准	

表 4-5　美国联邦地理数据委员会地理信息标准建议

序号	英文名称	中文名称	标准号
1	FGDC Profile(s) of ISO 19115,Geographic Information Metadata	ISO 19115 地理信息—元数据 FGDC 专用标准（系列）	已终止
2	Federal Standards for Delineation of Hydrologic Unit Boundaries	水文地质单元边界描述联邦标准	
3	National Hydrography Framework Geospatial Data Content Standard	国家水文地理框架地理空间数据内容标准	
4	National Standards for the Floristic Levels of Vegetation Classification in the United States : Associations and Alliances	美国植被分类（种级）国家标准：群丛与群落	
5	Revisions to the National Standards for the Physiognomic	美国植被（相级）分类国家标准：联邦地理数据委员会植被分类标准修订	FGDC-STD-005-1997
6	Riparian Mapping Standard	河岸制图标准	

4.5.5 ANSI

表 4-6 给出了 ANSI 信息技术与标准委员会已完成公开评议的标准；表 4-7 给出了 ANSI 信息技术与标准委员会所制定的正在草稿阶段的标准，表 4-8 给出了 ANSI 信息技术与标准委员会正在建议阶段的标准。

表 4-6　ANSI 信息技术与标准委员会标准进展（已完成公开评议）

序号	标准英文名称	标准中文名称
1	Address Content Standard	地址内容标准
2	Content Standard for Framework Land Elevation Data	国土高程数据框架内容标准
3	Digital Cartographic Standard for Geologic Map Symbolization	地质图符号化数字制图标准
4	Facility ID Data Standard	设施标识符数据标准
5	Geospatial Positioning Accuracy Standard, Part 5: Standard for Hydrographic Surveys and Nautical Charts	地理空间数据定位标准，第 5 部分：水道测量与海图标准
6	Hydrographic Data Content Standard for Coastal and Inland Waterways	内河与海上水道数据内容标准
7	NSDI Framework Transportation Identification Standard	国家空间数据基础设施框架-运输标识标准

表 4-7　ANSI 信息技术与标准委员会标准进展（草稿阶段）

序号	标准英文名称	标准中文名称
1	Earth Cover Classification System	地表覆盖分类系统
2	Encoding Standard for Geospatial Metadata	地理空间元数据编码标准
3	Geologic Data Model	地质数据模型
4	Governmental Unit Boundary Data Content Standard	行政单元边界数据内容标准
5	Biological Nomenclature and Taxonomy Data Standard	生物学术语与分类数据标准

表 4-8　ANSI 信息技术与标准委员会标准进展（标准建议阶段）

序号	标准英文名称	标准中文名称
1	FGDC Profile(s) of ISO 19115, Geographic information- Metadata-suspended Work underway By NCITS Ll to develop a national metadata standard	ISO 19115 地理信息-元数据标准 FGDC 专用标准（暂停）由美国信息技术与标准委员会继续开发国家元数据标准
2	Federal Standards for Delineation of Hydrologic Unit Boundaries	力单元边界描述联邦标准
3	National Hydrography Framework Geospatial Data Content Standard	国家水文地理框架地理空间数据内容标准

续表

序号	标准英文名称	标准中文名称
4	National Standards for the Floristic Levels of Vegetation Classification in the United States: Associations and Alliances	美国植被植物种类分类国家标准：社团与联盟
5	Revisions to the National Standards for the Physiognomic Levels of Vegetation Classification in the United States: Federal Geographic Data Committee Vegetation Classification Standards	美国植被相分类国家标准：联邦地理数据委员会植被分类标准修订
6	Riparian Mapping Standard	河岸制图标准

4.6 国内 GIS 标准化

我国标准化工作经历了从单一标准到体系标准、系列标准，从一个研究领域发展为多个领域，从基础标准向高新技术领域开拓的过程，逐步建立了科学的基础理论系统，为国家信息化工程建设提供了一个较完整的标准体系。

高新技术的标准化是高新技术实施产业化的重要环节，地理信息技术属于高新技术领域中的信息技术范畴，标准化作为推动地理信息产业化及社会信息化发展的重要手段，在确定技术体系，促进技术融合，稳定和推广技术成果，加强行业管理与协调，提高产品质量，实现信息交换与共享，防止技术壁垒等方面发挥着重要作用，地理信息标准化日渐成为人们关注的焦点。

4.6.1 国内 GIS 标准化现状

地理信息科学是一门多学科交叉、融合的学科。地理信息标准化与国家标准化有着同样的发展历程。我国自 1983 年开始对地理信息标准化进行了系统研究，次年发表了《资源与环境信息系统国家规范和标准研究报告》。这是我国第一部有关地理信息标准化的论著，对后来地理信息系统及其标准化工作产生了重要影响。20 年多年来，我国地理信息标准化工作制定和发布实施了若干急需的标准，建立了相应的学术组织，培养了一批从事地理信息标准研制的中、高级人才。"九五"之前，我国在地理信息标准方面做了一些基础探索。"九五"以后，地理信息标准化重点转到地理信息共享急需的标准，包括建立国家空间数据基础设施（NSDI）、数字区域（包括数字中国、数字省区、数字行业、数字城市、数字社区等）急需的有关标准。进入"十五"，与地理信息相关的各行业都十分重视标准化工作，国家已将卫星定位导航应用作为重点项目列入"十五"规划，科技部结合智能交通系统开展了"交通地理信息及定位技术平台"研究，国家发改委专门建立了全球卫星定位系统产业化项目，863 网络空间信息标准与共享应用服务关键技术等科技项目沉淀下一批国家和行业标准，推动了地理信息标准化工作。

我国于 1997 年成立了全国地理信息标准化技术委员会（CSBTS/TC 230），负责我国地理信息国家标准的立项建议、组织协调、研究制定、审查上报，秘书处设在国家基础地理信息中心。至今，全国地理信息标准化技术委员会已先后组团参加 ISO/TC 211 第 3 次至第 21 次全体会议和工作组会议，并推荐专家参加 43 个标准项目的制定工作。

目前我国已经发布了许多基础的行业分类代码标准，如行政区划代码、县以下行政区划代码编制规则、国家干线公路名称和编码、公路等级代码、国土基础信息数据分类与代码、中国植物分类与代码、城市地理信息系统标准化指南、全国山脉山峰名称代码等。《基础地理信息数据分类与代码》标准已经用于国家测绘局国家基础地理信息系统的全国 1:400 万、1:100 万、1:25 万数据库和正在建立的 1:5 万、1:1 万数据库。重新修订的《基础地理信息要素数据字典》《国家基本比例尺地图图式》标准在指导和整合已建成的基础地理信息数据库方面发挥着重要作用。这些数据库是国家、省区国民经济各部门信息化的空间定位框架，已经有数百个国民经济建设部门、国防部门、科研院所、高等院校、公司企业使用了该数据，为地理信息共享奠定了坚实的基础，产生了良好的社会经济效益。为保证以往地理信息的持续采集与更新，也便于地理信息交换与共享，需要在更高层次上，研究制定所有地理信息的总体分类体系框架及其编码方案，保证在数据交换的过程中和交换后的应用分析中，能够容易地区分和识别各种不同种类的信息，而不会产生矛盾和混淆；为了保证数据质量问题，使共享信息能有效应用，需要制定地理信息数据质量控制标准；为了规范 GIS 的开发，并为开发使用地理数据的部门提供标准保证，还将研制地理信息一致性测试标准。

4.6.2　国内 GIS 标准化体系

20 世纪 80 年代初以来，我国就开始了地理信息标准化工作，走的是一条自主发展的道路，即充分吸取国外先进经验和教训，从我国的实际出发，结合 GIS 技术发展的需要，制定和发布实施了若干急需的标准，建立了相应的学术组织，培养了一批从事地理信息标准研制的中、高级人才，取得了一定的进展。测绘标准体系如图 4-2 所示。

　　我们制定的标准着眼于实际应用，以满足当前的需求为目
的，其特点是"遇到了什么问题就解决什么问题，能在本部门、
本系统使用是第一需要"。在解决了一个个的局部标准化问题
后，再去做整体标准化工作。思路模式为"从局部到整体，从
特殊到一般"。国内标准的针对性较强，在处理单纯对象时效
果显著，但在处理复杂对象或解决整体标准化问题时则难于归
纳和统一，致使已有的标准化工作基础难以利用，许多标准化
工作不得不重新开始（李小林，2003）。涉及标准框架方面的

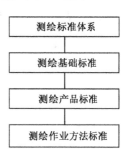

图 4-2　测绘标准体系

项目成果有：在"八五"期间，国家测绘局测绘标准化所编制了《测绘标准体系表》
（ISBN-7-5030-0931-4）；"九五"期间编制了《地理信息标准体系》（C95-07-01-01）；2000
年 10 月，国家空间数据协调委员会组织，由中国测绘科学研究院负责完成了《国家基地
理信息共享标准体系》；由国家计委国土地区司、国土开发与地区经济研究所和中国测绘
科学研究院共同完成了"国土资源环境和区域经济信息系统指标及标准体系框架研究"工
作，该工作的成果之一是"国土资源、环境与地区经济信息系统标准体系框架"，如图 4-3

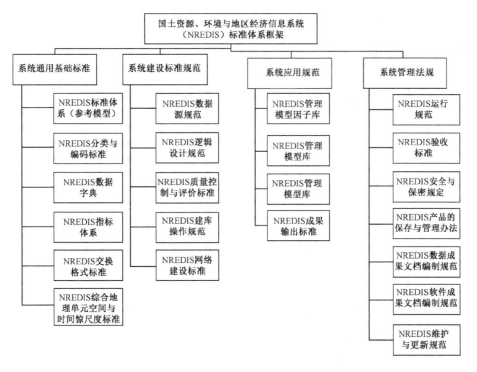

图 4-3　国土资源、环境与地区经济信息系统标准体系框架

所示。在该框架中标准体系的第一层分为四类，它们分别是系统通用基础标准、系统建设标准规范、系统应用规范、系统管理法规。2000 年，中国测绘学会承担完成了《测绘质量体系模式研究》等项目。国土资源标准体系表、军用数字化测绘技术标准体系表、海洋测绘标准体系表分别如图 4-4～图 4-6 所示。

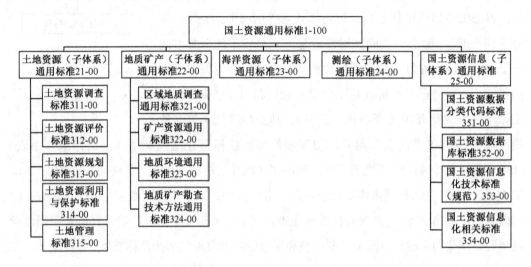

图 4-4　国土资源标准体系表

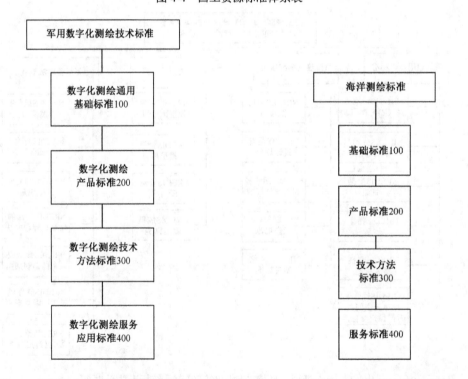

图 4-5　军用数字化测绘技术标准体系表　　　　图 4-6　海洋测绘标准体系表

与我国地理信息技术发展和地理信息产业形成的需要相比，与国际 GIS 标准化工作相比，我国地理信息标准化工作还存在着相当的差距，如缺乏理论研究，标准的结构化不强，没有适合需要的标准体系表和关系模型，标准立项缺乏协调，标准内容涵盖面尚不够广，标准本身质量参差不齐，没有一致性测试机制，参与制定标准的人员结构不尽合理，人员知识亟待更新等。

第二篇

技术篇

第 5 章　ArcGIS Engine 基础

5.1　ArcGIS Engine 概述

ArcGIS 是美国环境系统研究所（Environmental Systems Research Institute，ESRI）推出的一条为不同需求层次用户提供的全面的、可伸缩的 GIS 产品线和解决方案。ESRI 是 GIS 领域的拓荒者和领导者，而 ArcGIS 也代表了当前 GIS 行业最高的技术水平。

ArcGIS Engine 是 ESRI 在 ArcGIS9 版本才开始推出的新产品，它是一套完备的嵌入式 GIS 组件库和工具库，使用 ArcGIS Engine 开发的 GIS 应用程序可以脱离 ArcGIS Desktop 而运行。ArcGIS Engine 面向的用户并不是最终使用者，而是 GIS 项目程序开发人员。对开发人员而言，ArcGIS Engine 不再是一个终端应用，不再包括 ArcGIS 桌面的用户界面，它只是一个用于开发新应用程序的二次开发功能组件包。

在 ArcGIS Engine 产品出现之前，使用 ArcGIS 开发自定义 GIS 功能有 3 种方法：在 ArcGIS Desktop 软件的 VBA 环境中编写代码；使用支持 COM 技术的编程语言，通过 ArcObjects 开放的特定接口编写能够嵌入 ArcGIS Desktop 的 DLL 文件；使用 ArcObjects 包含的可视化控件 MapControl 和 PageLayoutControl 开发具有独立界面的 GIS 应用程序。这 3 种开发方式都要求客户端必须安装一定级别的 ArcGIS Desktop 产品，因此产品的部署成本非常高。

由于 GIS 行业的特殊性，最终用户一般都希望使用与自己业务逻辑相适应的自定义界面 GIS 而不是商业软件成品，因此 GIS 行业从一开始对于定制业务的需求就非常迫切。ArcGIS Engine 之前普遍使用的二次开发组件包括 ESRI 的 MapObjects 和 MapInfo 公司的 MapX 等产品，它们也可以让程序员使用不同的程序语言和开发环境，建构具有独立界面的 GIS 程序。

MapObjects 本身只是一个 ActiveX 控件，与 ESRI ArcGIS 的核心库 ArcObjects 不存在任何联系，因此 ArcGIS 中的许多高级 GIS 功能无法在 MapObjects 中实现。为了改变这种情况，ESRI 将 ArcObjects 中的一部分组件重新包装后命名为 ArcGIS Engine 并发布，这个产品取代 MapObjects 进入嵌入式 GIS 开发领域。同时，MapObjects 在 3.2 版后已经退出了市场，ESRI 不会再为这个产品开发下一个版本。

ArcGIS 产品框架是一个可伸缩的 GIS 平台，可以运行在桌面端、服务器端和移动设备上。它包含了一套建设完整 GIS 的应用软件，这些软件可以互相独立或集成配合使用，为不同需求的用户提供完善的解决之道。

5.2　ArcGIS Engine 组件库

ArcGIS Engine 是一套庞大的 COM 组件集合，为有效管理 ArcGIS 中数目众多的 COM 对象，ESRI 将它们放在不同的组件库中，在.NET 开发环境下，它们被组织在了不同的命名空间内。

组件库是对一个或多个 COM 组件中所有的组件类、接口、方法和类型的描述，这种描述是属于二进制级别的。所有这些组件库的组件都位于<ArcGIS 安装目录>\com 文件夹中，但其真正实现却是在<ArcGIS 安装目录>\bin 文件夹的众多 DLL 文件中。

命名空间将功能相同或相似的 COM 对象在逻辑上松散组织起来。在 ArcGIS Engine 中，众多的组件被放在不同的命名空间内。若要进行地理数据操作，需要引入 GeoDatabase 等相关的命名空间，若要涉及对几何形体对象的处理，则需要引入 Geometry 等命名空间。通过这种方式，软件开发人员在寻找具体的 COM 对象时将更具有目标性。

1. System 类库

System 类库是 ArcGIS 体系结构中最底层的类库。System 类库包含给构成 ArcGIS 的其他类库提供服务的组件。System 类库中定义了大量开发者可以实现的接口。AoInitializer 对象就是在 System 类库中定义的，所有的开发者必须使用这个对象来初始化 ArcGIS Engine 和解除 ArcGIS Engine 的初始化。开发者不能扩展这个类库，但可以通过实现这个类库中包含的接口来扩展 ArcGIS 系统。

2. SystemUI 类库

SystemUI 类库包含用户界面组件接口定义,这些用户界面组件可以在 ArcGIS Engine 中进行扩展,包含 ICommand、ITool 和 IToolControl 接口。开发者用这些接口来扩展 UI 组件,ArcGIS Engine 开发人员自己的组件将使用这些 UI 组件,且一般是在高层次的类库中实现。这个类库中包含的对象是一些使用工具对象,开发人员可以通过使用这些对象简化用户界面的开发。开发者不能扩展这个类库,但可以通过实现这个类库中包含的接口来扩展 ArcGIS 系统。

3. Geometry 类库

Geometry 类库处理存储在要素类中的要素几何图形和形状或其他图形元素。大多数用户会遇到的基本几何图形对象为 Point、MultiPoint、Polyline 和 Polygon。除这些顶级实体外,就是作为多义线和多边形的组成部分的几何图形。组成几何图形的子要素是 Segment、Path 和 Ring。Polyline 和 Polygon 由一系列相连接的、构成列 Path 的片段组成。一个片段由两个不同的点,即起始点和结束点,以及一个定义这两点之间弯曲度的元素类型组成。片段的类型有 CircularArc、Line、EllipticArc 和 BezierCurve。所有几何图形对象都可以有与其顶点相关联的 Z、M 和 IDs。所有的基本几何图形对象都支持诸如 Buffer,Clip 等几何操作。几何子要素不可以由开发者扩展。GIS 中的实体指的是现实世界中的要素;现实世界中要素的位置由一个带有空间参考的几何图形来定义。空间参考对象,包括投影坐标和地理坐标系统,都包含在 Geometry 类库中。开发者可以通过添加新的空间参考和投影来扩展空间参考系统。

4. Display 类库

Display 类库包含用于显示 GIS 数据的对象。除负责实际输出图像的主要显示对象外,这个类库还包含表示符号和颜色的对象,它们用来控制绘制实体的属性。Display 类库还包含在与显示交互时提供给用户可视化反馈的对象。开发者与 Display 最常用的交互方式就是类似于 Map 对象或 PageLayout 对象提供的视图。Display 类库的所有部分都能进行扩展,通常扩展的对象包括符号、颜色和显示反馈。

5. Server 类库

Server 类库包含允许用户连接并操作 ArcGIS Server 的对象。开发人员用 GISServer-Connection 对象来访问 ArcGIS Server。通过 GISServerConnection 可以访问 ServerObject Manager 对象。用这个对象，开发人员可以操作 ServerContext 对象，以处理运行于服务器上的 ArcObjects。开发人员还可以用 GISClient 类库与 ArcGIS Server 进行交互。

6. Output 类库

Output 类库用于创建图形，以增强型元文件和栅格图像格式（JPG、BMP 等）输出到诸如打印机和绘图仪等设备。开发人员用这个类库中的对象及 ArcGIS 系统的其他部分创建图形输出，通常是 Display 和 Carto 类库中的对象。开发者可以为自定义设备和输出格式扩展 Ouput 类库。

7. GeoDatabase 类库

GeoDatabase 类库为地理数据库提供了编程 API。地理数据库是建立在标准工业关系型和对象关系数据库技术之上的地理数据库。GeoDatabase 类库中的对象为 ArcGIS 支持的所有数据源提供了一个统一编程模型。GeoDatabase 类库定义了许多由 ArcObjects 架构中更高级的数据源提供者实现的接口。开发者可以扩展地理数据库，以支持特定类型的数据对象（要素、类等）；此外，GeoDatabase 类库还有用 PlugInDataSource 对象添加的自定义矢量数据源。地理数据库支持的本地数据类型不能扩展。

8. GISClient 类库

GISClient 类库允许开发者使用 Web 服务，这些 Web 服务可以由 ArcIMS 和 ArcGIS Server 提供。GISClient 类库中包含用于连接 GIS 服务器以使用 Web 服务的对象。该类库支持 ArcIMS 的图像和要素服务。GISClient 类库提供以无态方式直接或通过 Web 服务目录操作 ArcGIS Server 对象的通用编程模型。在 ArcGIS Server 上运行的 ArcObjects 组件不能通过 GISClient 接口来访问。要直接获得访问在服务器上运行的 ArcObjects，开发人员应使用 Server 类库中的功能。

9. DataSourcesFile 类库

DataSourcesFile 类库包含用于基于文件数据源的 GeoDatabase API 实现。这些基于文件的数据源包括 shapefile、coverage、TIN、CAD、SDC、StreetMap 和 VPF。开发者不

能扩展 DataSourcesFile 类库。

10. DataSourcesGDB 类库

DataSourcesGDB 类库包含用于数据库数据源的 GeoDatabase API 实现。这些数据源包括 Microsoft Access 和 ArcSDE 支持的关系型数据库管理系统 IBM、DB2、Informix、Microsoft SQL Server 和 Oracle。开发者不能扩展 DataSourcesGDB 类库。

11. DataSourcesOleDB 类库

DataSourcesOleDB 类库包含用于 Microsoft OLEDB 数据源的 GeometryDatabase API 实现。此类库只能用在 Microsoft Windows 操作系统上。这些数据源包括支持数据提供者和文本文件工作空间的所有 OLEDB。开发者不能扩展 DataSourcesOleDB 类库。

12. DataSourcesRaster 类库

DataSourcesRaster 类库包含用于栅格数据源的 GeoDatabase API 实现。这些数据源包括 ArcSDE 支持的关系型数据库管理系统 IBM、DB2、Informix、Microsoft SQL Server 和 Oracle，以及其支持的 RDO 栅格文件格式。当需要支持新的栅格格式时，开发者不扩展这个类库，而是扩展 RDO。开发者不能扩展 DataSourcesRaster 类库。

13. GeoDatabaseDistributed 类库

GeoDatabaseDistributed 类库通过提供地理数据库数据导入和导出工具，可以支持对企业级地理数据库的分布式访问。开发者不能扩展 GeoDatabaseDistributed 类库。

14. Carto 类库

Carto 类库支持地图的创建和显示，这些地图可以在一幅地图或由许多地图及其地图元素组成的页面中包含数据。PageLayout 对象是驻留一幅或多幅地图及其地图元素的容器。地图元素包括指北针、图例、比例尺等。Map 对象包括地图上所有图层都有的属性——空间参考、地图比例尺、操作地图图层的方法等。可以将许多不同类型的图层加载到地图中。不同的数据源通常由相应的图层负责数据在地图上的显示，矢量要素由 FeatureLayer 对象处理，栅格数据由 RasterLayer 对象处理，TIN 数据由 TINLayer 对象处理。必要的话，图层可以处理与之相关数据的所有绘图操作，但通常图层都是一个相关的 Renderer 对象。Renderer 对象的属性控制着数据在地图中的显示方式。Renderers

通常用 Display 类库中的符号来进行实际绘制，而 Renderer 只是将特定符号与待绘实体的属性相匹配。Map 对象和 PageLayout 对象可以包含元素。元素用其几何图形定义其在地图或页面上的位置，用行为控制元素的显示，包括用于基本形状、文字标注和复杂标注等的元素。Carto 类库还支持地图注释和动态标注。

尽管开发者可以在其应用程序中直接使用 Map 和 PageLayout 对象，但通常来说，开发者更经常使用更高级的对象，如 MapControl、PageLayoutControl 和 ArcGIS 应用程序。这些高级对象简化了一些任务，尽管它们也提供对更低级别的 Map 和 PageLayout 对象的访问，允许开发者更好地控制对象。

Map 和 PageLayout 对象并不是 Carto 类库中提供地图和页面绘制的仅有对象。MxdServer 和 MapServer 对象都支持地图和页面的绘制，但不是绘制到窗口中，而是绘制到文件中。

开发者可以用 MapDocument 对象保存地图和地图文档（.mxd）中页面布局的状态，以便在 ArcMap 或 ArcGIS 控件中使用。

Carto 类库通常可以在许多方面进行扩展。自定义 Renderer、Layer 等都很普遍。自定义 Layer 通常是向地图应用程序中加载自定义数据最简单的方法。

15. Location 类库

Location 类库包含支持地理编码和操作路径事件的对象。地理编码功能可以通过细粒度对象来完全控制访问，或通过 GeocodeServer 对象提供的简化 API 来访问。开发者可以创建自己的地理编码对象。线性参考功能提供对象用于向线性要素添加事件，用各种绘制方法来绘制这些事件。开发者可以扩展线性参考功能。

16. NetworkAnalysis 类库

NetworkAnalysis 类库提供用于在地理数据库中加载网络数据的对象并提供对象用于分析加载到地理数据库中的网络。开发者可以扩展 NetworkAnalysis 类库以便自定义网络追踪。这个类库目的在于操作供气管线、电力供应线网等公共网络。

17. Controls 类库

开发者用 Controls 类库来构建或扩展具有 ArcGIS 功能的应用程序。ArcGIS Controls 通过封装 ArcObjects 并提供粗粒度的 API 简化了开发过程。尽管这些控件封装了细粒度的 ArcObjects，但是并不限制对这些细粒度的 ArcObjects 的访问。MapControl 和

PageLayoutControl 分别封装了 Carto 类库的 Map 和 PageLayout 对象。ReaderControl 同时封装了 Map 和 PageLayout 对象，且在操作控件时提供了简化的 API。如果授权了地图发布程序，开发者可以访问 Map 和 PageLayout 的控件类似的方式访问内部对象。Controls 类库还包含实现一个目录表的 TOCControl 及驻留操作合适控件的命令和工具的 ToolbarControl。开发者通过创建自己的用于操作控件的命令和工具来扩展 Controls 类库，为此 Controls 类库提供 HookHelper 对象。这个对象使得创建一个操作任何控件及操作诸如 ArcMap 这样的 ArcGIS 应用程序的命令变得非常简单。

18. GeoAnalyst 类库

GeoAnalyst 类库包含支持核心空间分析功能的对象。这些功能用在 SpatialAnalyst 和 3DAnalyst 两个类库中。开发者可以通过创建新类型的栅格操作来扩展 GeoAnalyst 类库。为使用这个类库中的对象，需要 ArcGIS Spatial Analyst 或 3D Analyst 扩展模块许可，或者 ArcGIS Engine 运行时空间分析或 3D 分析选项许可。

19. 3DAnalyst 类库

3DAnalyst 类库包含操作 3D 场景的对象，其方式与 Carto 类库包含 2D 地图对象类似。Scene 对象是 3DAnalyst 类库中主要对象之一，因为该对象与 Map 对象一样，是数据的容器。Camera 和 Target 对象规定在考虑要素位置与观察者关系时场景如何浏览。一个场景由一个和多个图层组成，这些图层规定了场景中包含的数据及这些数据如何显示。开发者很少扩展 3DAnalyst 类库。为使用这个类库中的对象，需要 ArcGIS 3D Analyst 扩展模块许可或 ArcGIS Engine 运行时 3D 分析选项许可。

20. GlobeCore 类库

GlobeCore 类库包含操作 Globe 数据的对象，其方式与 Carto 类库包含操作 2D 地图的对象类似。Globe 对象是 GlobeCore 类库中主要对象之一，因为该对象与 Map 对象一样，是数据的容器。GlobeCamera 对象规定在考虑 Globe 位置与观察者关系时 Globe 如何浏览。一个 Globe 可以有一个和多个图层，这些图层规定了 Globe 中包含的数据及这些数据如何显示。

GlobeCore 类库中有一个开发控件及与其一起使用的命令和工具。该开发控件可以与 Controls 类库中的对象协同使用。开发者很少扩展 GlobeCore 类库。为使用这个类库中的对象，需要 ArcGIS 3D Analyst 扩展模块许可或 ArcGIS Engine 运行时 3D 分析选项许可。

21. SpatialAnalyst 类库

SpatialAnalyst 类库包含在栅格数据和矢量数据上执行空间分析的对象。开发者通常使用这个类库中的对象，而不扩展这个类库。为使用这个类库中的对象，需要 ArcGIS 空间分析扩展模块许可或 ArcGIS Engine 运行时空间分析选项许可。

此外还有 ADF、Utility、ArcWEB、DataSourcesNetCDF、GeoDatabaseExtentions、Animation、Maplex、Geoprocessing、NetworkAnalyst（不同于 NetworkAnalysis）、Schematic、TrackingAnalyst 类库等。

5.3　阅读对象模型图

5.3.1　ArcGIS Engine 中的类与对象

ArcGIS Engine 提供大量的对象，这些对象之间存在各种各样的关系，如继承、组合、关联等。对象模型图（Object Model Diagram，OMD）是以统一建模语言 UML 为基础，用来表现对象之间关系的类图，它是了解和熟悉 ArcGIS Engine 体系架构的基础。熟练掌握 OMD 可以帮助开发人员快速了解类之间的相互关系、类的接口转换，选择正确的接口，获取所需的属性、方法等；熟练阅读 OMD 不但能够基于 ArcGIS Engine 的 GIS 软件在开发过程中获得非常大的帮助，也是熟练掌握 ARCGIS Engine 开发技能的必备要求。

ArcGIS Engine 包含 3 种类型的类：AbstractClass 类、CoClass 类、Class 类，在 UML 中采用不同的样式填充。

1. AbstractClass 类

AbstractClass 类即抽象类。该类不能被实例化，也就是说不能用 new 关键字去生成一个该类的对象。根据面向对象思想的概念，不同的类可以继承自同一个抽象类，但是内部的实现可能是不一样的。例如：

```
IGeometry point=new Point();

IGeometry polygon=new Polygon();
```

```
IEnvelop envelope=point.Envelope;

envelope=polygon.Envelope;
```

上面的例子中，Point 类都继承于 Geometry 抽象类，都实现了 Geometry 抽象类的 Envelope 属性，但其中内部细节的实现是不同的，每次得到的 envelope 变量也是不同的。

2. CoClass 类

CoClass 类即可创建类。该类可以通过 new 关键字直接实例化对象，它的实例对象不依赖其他对象的存在而存在，其生存周期也不由其他的对象管理。如"QueryFilter 是一个组件类，可以用 new 关键字创建一个 pQueryFilter 对象"。例如：

```
IQueryFilter pQueryFilter=new QueryFilterClass();
```

3. Class 类

Class 类即可实例化类。该类不能直接使用 new 关键字创建对象，但是可以借助其他对象类来创建该类的实例，如 Workspace 类可以通过 WorkspaceFactory 类的 OpenFromFile 方法来创建，代码如下：

```
IWorkspaceFactory pWSFactory=new ShapfileWorkspaceFactoryClass();

IWorkspace pWorkspace=pWSFactory.OpenFromFile(filepath,0);
```

5.3.2　类与类的关系

ArcGIS Engine 可以供开发人员使用的对象有几千个，这些对象分别位于各个不同的类库中。这些对象之间存在着各种各样的关系，如继承、实例化等。ArcGIS 提供了用来描述这些对象之间关系的对象模型图，这些对象模型图以 UML 的形式来展现，以 PDF 文档的形式随着 ArcGIS Engine 开发包安装在本地目录下面（例如：C：\Program File\ArcGIS\DeveloperKit\Diagrams），每一个类库对应于一个 PDF 文档，我们可以通过阅读这些 UML 模型来了解这些对象之间的关系，如图 5-1 所示是 UML 模型图的图例。

类之间的关系有 4 种：继承关系、组合关系、关联关系、依赖关系。

（1）继承关系：继承是面向对象编程的重点之一，只能通过派生子类的方法来实现。子类继承父类的全部非私有属性和方法。类之间的继承可以看成类功能的扩展，即子类在继承父类属性和方法的基础上，还可增加自己特有的属性和方法。

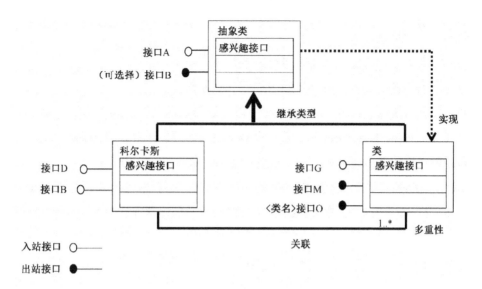

图 5-1　UML 模型图的图例

（2）组合关系：组合关系是指其中一个类对象的组成部分，由组成对象控制被组成对象的整个生命周期。

（3）关联关系：关联关系是指一个类对象是另一个对象的组成部分，它是一种松散的关系，关联关系是具有方向的，若只存在一个方向，则为单向关联。

（4）依赖关系：依赖关系表示一个对象具有生产另一个对象的方法。

ArcObjects 的类都实现了一个或多个接口，这些接口分两种类型，一种是入接口，另一种是出接口，分别用空心和实心圆来表示。入接口封闭了若干属性和方法；出接口主要是封闭的事件，即对象支持触发的事件。

5.4　ArcGIS Engine 组成部分

ArcGIS Engine 由一个软件开发工具包和一个运行时组成。

ArcGIS Engine 从功能层次上可分为以下 5 个部分。

（1）基本服务：由核心 ArcObjects 构成，几乎所有的 GIS 程序都需要，如要素几何体（feature geometry）和显示（display）。

（2）数据存取：ArcGIS Engine 可以对许多栅格和矢量格式进行存取，包括强大的地理数据库（Geodatabase）。

（3）地图表达：创建和显示带有符号和标注的地图。

（4）开发组件：用于快速开发应用程序的界面控件。

（5）运行时选项：ArcGIS Engine 运行时可以与标准功能或其他高级功能一起部署。

ArcGIS Engine Developer Kit 是一个基于组件的开发产品，主要面向开发人员，提供了和开发环境的集成、开发帮助、类库对象模型图、代码示例等。

ArcGIS Engine Developer Kit 建立的所有应用程序在运行时都需要相应级别的 ArcGIS Engine 运行时。ArcGIS Engine 运行时有多种版本级别，从标准版本一直到企业版本。

标准 Engine 运行时提供所有 ArcGIS 应用程序的核心功能。这个级别的 ArcGIS Engine 运行时可以操作几种不同的栅格和矢量格式进行地图表达和创建并通过执行各种空间或属性查询查找要素。这个级别的 ArcGIS Engine 运行时还可以进行基本数据创建、编辑 Shapefile 和简单的个人地理数据库（Personal Geodatabase）及 GIS 分析。

ArcGIS Engine 运行时 Enterprise GeoDatabase 编辑增加了创建和更新多用户企业 Geodatabase 的功能。ArcGIS Engine 的其他扩展模块包括空间分析扩展模块、3D 分析扩展模块、网络分析、StreetMap 扩展模块等。

5.5　ArcGIS Engine 系统基本功能的设计开发

GIS 应具有的基本功能主要有：弹出式菜单的设计，工具条功能的实现，图层的加载，鹰眼功能的实现，地图基本操作（如放大、缩小、漫游、全图显示等），地图文档的保存，具体实现方法将在下面进行介绍。

5.5.1　图层的加载

MapControl 控件可以使用 AddLayerFromFile 方法添加一个图层文件（如：*.mxd）；使用 AddshapeFile 添加一个 Shape 文件；使用 AddLayer 快速添加一个图层；使用 DeleteLayer 快速删除一个图层；使用 MoverLayerTo 改变一个图层的索引等。示例代码如下：

```csharp
private void butt_add_Click(object sender, EventArgs e)//*.mxd
{
OpenFileDialog opd1g = new OpenFileDialog();//创建对象
opd1g.Title=("打开");
opd1g.Filter = "Map Document(*.mxd)|*.mxd";
if (opd1g.ShowDialog() == DialogResult.OK)//打开一个文件时，选中要打开的文件后，判断单
```
击的是"打开"按钮，还是"取消"按钮，如果是"打开"则执行下面的命令
```csharp
{
this.axMapControl1.LoadMxFile(opd1g.FileName);
}
}


private void butt2_add_Click(object sender, EventArgs e)//打开栅格文件
    {
    OpenFileDialog opd1g = new OpenFileDialog();
    opd1g.Title = "打开";
    opd1g.Filter = "map documents(*.dwg)|*.dwg";
    opd1g.ShowDialog();
    FileInfo fileInfo = new FileInfo(opd1g.FileName);
    string path = opd1g.FileName.Substring(0, opd1g.FileName.Length - fileInfo.Name.Length);
    this.axMapControl1.AddShapeFile(path, fileInfo.Name);
    this.axMapControl1.AddLayer();
    }
private void btn_AddShp_Click(object sender, EventArgs e)//打开*.shp 文件
{
OpenFileDialog opd1g= new OpenFileDialog();
opd1g.Title = "打开";
opd1g.Filter = "map documents(*.shp)|*.shp";
opd1g.ShowDialog();
    FileInfo fileInfo = new FileInfo(opd1g.FileName);
string path = opd1g.FileName.Substring(0, opd1g.FileName.Length - fileInfo.Name.Length);
    this.axMapControl1.AddShapeFile(path,fileInfo.Name);
```

```
                }
        private void btn_pan_Click(object sender, EventArgs e)//漫游

        {

        this.axMapControl1.Pan();


        }


        private void btn_RemoveLyr_Click(object sender, EventArgs e)//删除所有图层

        {

        for (int i = axMapControl1.LayerCount - 1; i >= 0;i-- )

        this.axMapControl1.DeleteLayer(i);

        }
```

5.5.2　鹰眼功能的实现

鹰眼又叫缩略图、导航图，是一个快速浏览全图的工具，可以查看地图框中所显示的地图在整个图中的位置，并可以快速定位到指定区域。鹰眼中有红色矩形移动工具，用户通过鼠标移动导航图中的移动工具，就可以实现在地图窗口中的迅速定位。

鹰眼也是一个 MapControl 或 axPageLayoutControl 控件，与视图区主地图一样，两者加载的地图数据集和范围均相同，此外两者的坐标投影系统也应该完全一致，这样在主视图中拖动地图时，用户可以看到在鹰眼视图中有一个红色的矩形框在实时变化，以追踪主视图的显示范围。

鹰眼功能的实现步骤如下。

（1）建立两个 Form 对象，将两个 axMapControl 控件分别放在这两个窗口对象中。

（2）小窗口作为鹰眼窗口，大窗口作为主地图窗口，两个空间加载的地图范围、坐标均一致。

（3）在鹰眼窗口中画一个矩形（Rectangle 为矩形对象），显示的范围始终是当前窗口的地图范围。

```
        private void axMapControl2_OnMapReplaced(object sender, IMapControlEvents2_OnMap
    ReplacedEvent e)

            {
```

```
    IMap pMap = this.axMapControl2.Map;

for (int i = 0; i <= pMap.LayerCount - 1; i++)

{

this.axMapControl1.Map.AddLayer(pMap.get_Layer(i));

}

this.axMapControl1.Extent = this.axMapControl2.FullExtent;

this.axMapControl1.Refresh();

}


    private void axMapControl2_OnExtentUpdated(object sender, IMapControlEvents2_OnExtent

UpdatedEvent e)

    {


    IEnvelope pEnvelope = e.newEnvelope as IEnvelope;

    IGraphicsContainer pGraphicsContainer = this.axMapControl1.Map as IGraphicsContainer;

    IActiveView pActiveView = pGraphicsContainer as IActiveView;

    pGraphicsContainer.DeleteAllElements();


    IRectangleElement pRectangleElement = new RectangleElementClass();

    IElement pElement = pRectangleElement as IElement;

    pElement.Geometry = pEnvelope;


    IRgbColor pColor = new RgbColorClass();


    pColor.RGB = 255;

    pColor.Transparency = 30;


    ILineSymbol pLineSymbol = new SimpleLineSymbolClass();

    pLineSymbol.Width = 1;

    pLineSymbol.Color = pColor;


    pColor = new RgbColorClass();
```

```
        pColor.RGB = 255;

        pColor.Transparency = 0;


        IFillSymbol pFillSymbol = new SimpleFillSymbolClass();

        pFillSymbol.Color = pColor;

        pFillSymbol.Outline = pLineSymbol;

        IFillShapeElement pFillShapeElement = pElement as IFillShapeElement;

        pFillShapeElement.Symbol = pFillSymbol;


        pElement = pFillShapeElement as IElement;

        pGraphicsContainer.AddElement(pElement, 0);

        pActiveView.PartialRefresh(ESRIViewDrawPhase.ESRIViewGraphics, null, null);

        }


        private void axMapControl2_OnMouseDown(object sender, IMapControlEvents2_OnMouse
DownEvent e)

        {

        if (this.axMapControl1.Map.LayerCount != 0)

        {

        // 单击移动矩形框

        if (e.button == 1)

        {

        IPoint pPoint = new PointClass();

        pPoint.PutCoords(e.mapX, e.mapY);

        IEnvelope pEnvelope = this.axMapControl2.Extent;

        pEnvelope.CenterAt(pPoint);

        this.axMapControl2.Extent = pEnvelope;

        this.axMapControl2.ActiveView.PartialRefresh(ESRIViewDrawPhase.ESRIViewGeography,
null, null);

        }

        // 右击绘制矩形框

        else if (e.button == 2)
```

```
    {

    IEnvelope pEnvelop = this.axMapControl2.TrackRectangle();

    this.axMapControl2.Extent = pEnvelop;

    this.axMapControl2.ActiveView.PartialRefresh(ESRIViewDrawPhase.ESRIViewGeography,
null, null);

    }

    }

    }
```

5.5.3　放大与缩小功能的实现

利用 MapControl 控件可以很方便地进行地图的基本操作，如放大、缩小、全幅显示等。
以下示例代码对放大和缩小功能的实现方法进行说明。

```
    private void btn_out_Click(object sender, EventArgs e)//中心放大

    {

    IEnvelope env = this.axMapControl1.Extent;

    env.Expand(0.7, 0.7, true);

    this.axMapControl1.Extent = env;

    }

    private void btn_in_Click(object sender, EventArgs e)//中心缩小

    {

    IEnvelope env = this.axMapControl1.Extent;

    env.Expand(1.5, 1.5, true);

    this.axMapControl1.Extent = env;

    }

    private void btn_RegBig_Click(object sender, EventArgs e)//拉框放大

    {

    this.axMapControl1.Extent = axMapControl1.TrackRectangle ();

    }

    private void btn_RegSmal_Click(object sender, EventArgs e)//拉框缩小

    {

    IEnvelope env = this.axMapControl1.TrackRectangle();
```

```
        env = this.axMapControl1.Extent;

        env.Expand(1.5, 1.5, true);

        this.axMapControl1.Extent = env;


    }
```

5.5.4　工具条的功能设计

ArcGIS Engine 提供了几套使用 ArcGIS 控件的控件命令，以便执行某种特定动作。开发人员可以通过创建他们自己的特定命令来扩展这套控件命令。所有的命令对象都实现了 ICommand 接口，ToolbarControl 在适当的时候要使用该接口来调用方法和访问属性。可以用两种方法将命令添加到 ToolbarControl 中，第一种方法是指定唯一识别命令的一个 UID 对象（GUID），第二种方法是给 AddItem 方法提供某个现有命令对象的一个例程。

采用 AddItem 方法在工具条上添加命令项的示例代码如下：

```
AxToolbarControl1.AddItem("ESRIControls.ControlsOpenDocCommand")

AxToolbarControl1.AddItem("ESRIControls.ControlsSaveAsDocCommand")

AxToolbarControl1.AddItem("ESRIControls.ControlsPageZoomInTool")

AxToolbarControl1.AddItem("ESRIControls.ControlsPageZoomOutTool")

AxToolbarControl1.AddItem("ESRIControls.ControlsPageZoomWholePageCommand")

AxToolbarControl1.AddItem("ESRIControls.ControlsMapZoomInTool")

AxToolbarControl1.AddItem("ESRIControls.ControlsMapZoomOutTool")

AxToolbarControl1.AddItem("ESRIControls.ControlsMapPanTool")

AxToolbarControl1.AddItem("ESRIControls.ControlsMapFullExtentCommand")

AxToolbarControl1.AddItem("ESRIControls.ControlsMapIdentifyTool")
```

5.5.5　弹出式菜单的设计

添加右键功能，使得右击弹出菜单。在创建弹出式菜单时，可以先添加并定义 contextMenuStrip 控件。此示例代码分为两部分，一部分内容为主窗体代码，另一部分为通过右击菜单功能弹出矢量图层属性窗口内容。

首先是主窗体代码：

```
public partial class Form1 : Form
{
public Form1()
{
InitializeComponent();
}
ILayer layer = new FeatureLayerClass();

private void axTOCControl1_OnMouseDown(object sender, ESRI.ArcGIS.Controls.ITOCControl
Events_OnMouseDownEvent e)
{
this.axTOCControl1.ContextMenuStrip = null;
IBasicMap map = new MapClass();

object other = null;
object index = null;
ESRITOCControlItem item = ESRITOCControlItem.ESRITOCControlItemNone;
this.axTOCControl1.HitTest(e.x, e.y, ref item, ref map, ref layer, ref other, ref index);
if (item == ESRI.ArcGIS.Controls.ESRITOCControlItem.ESRITOCControlItemLayer && e.button == 2)
{
System.Drawing.Point pt = new System.Drawing.Point();
pt.X = e.x;
pt.Y = e.y;
pt = this.axTOCControl1.PointToScreen(pt);
this.contextMenuStrip1.Show(pt);
}

}

private void ProTab_MenuStrip_Click(object sender, EventArgs e)
{
```

```
Form2 tbfrm = new Form2(this.layer);

tbfrm.Show();

}

}
```

然后右击菜单弹出窗体，显示图层属性表窗体代码：

```csharp
public partial class Form2 : Form

{

private ILayer layer;

public Form2(ILayer lyr)

{

InitializeComponent();

this.layer = lyr;

this.Text = "\"" + layer.Name + "\"属性表";

}


private void Form2_Load(object sender, EventArgs e)

{

try

{

ITable lyrtable = (ITable)layer;

DataTable table = new DataTable();

IField field;


for (int i = 0; i < lyrtable.Fields.FieldCount; i++)

{

field = lyrtable.Fields.get_Field(i);

table.Columns.Add(field.Name);

}

object[] values = new object[lyrtable.Fields.FieldCount];


IQueryFilter queryFilter = new QueryFilterClass();
```

```
ICursor cursor = lyrtable.Search(queryFilter, true);

IRow row;
while ((row = cursor.NextRow()) != null)
{
for (int j = 0; j < lyrtable.Fields.FieldCount; j++)
{
object ob = row.get_Value(j);
values[j] = ob;
}
table.Rows.Add(values);
}
this.dataGridView1.DataSource = table;
}
catch (Exception e1)
{
MessageBox.Show("无法显示属性表！");
this.Close();
}


}
}
```

5.5.6　地图文档的保存

　　MapContronl 和 PageLayoutControl 都可以读取地图文档，并实现地图的编辑功能，还可以对修改后的地图文档(*.mxd)进行保存。这两个控件都实现了 IMxContents 接口，使地图文档（MapDocument）对象可以将 MapControl 和 PageLayoutControl 的内容写到一个新的地图文档中。

　　IMapDocument 接口定义了操作和管理文档对象的方法和属性。MapDocument 类能够封装地图文档文件，如 mxd/mxt 和 pmf 等，它也可以封装一个图层文件（*.lyr）。使用这个可以获取和更新一个文档的内容，设置文档文件的属性及读写和保存一个文档文件（*.mxd）。

```
private    void btn_Save_Click(object sender, EventArgs e)//保存*.mxd 文件
{
SaveFileDialog sfd = new SaveFileDialog();
sfd.Title = "另存为";
sfd.Filter = "Map Document(*.mxd)|*.mxd";
string path = "";
if (sfd.ShowDialog() == DialogResult.OK)
{
path = sfd.FileName;
IMapDocument mdx = new MapDocumentClass();
mdx.Open(this.axMapControl1.DocumentFilename, string.Empty);
mdx.SaveAs(sfd.FileName, true, true);
}

}
```

第 6 章　Web 开发基础

6.1　HTML 基础

6.1.1　万维网的基本概念

在介绍 HTML 之前，先简单介绍万维网的发展历程和网页的最基本机制。

1. 万维网的诞生

20 世纪 40 年代，人们梦想能拥有一个世界性的信息库。在这个信息库中，信息不仅能被全球的人们存取，而且能轻松地链接到其他地方的信息，使用户可以方便快捷地获得重要的信息。20 世纪 90 年代，万维网诞生在瑞士的欧洲粒子物理实验室（CERN）。最初开发设计的目的是为 CERN 的物理学家们提供一种共享信息的工具。经过多年的发展，万维网已经可以让全世界的人一起协同工作了。目前正在使用的最流行的系统就是 WWW（3W，W3，Triple W）。WWW 是英文 World Wide Web 的简称，中文名字叫万维网，它允许用户在一台计算机上通过 Internet 存取另一台计算机上的信息。从技术角度上说，WWW 是一种软件，是 Internet 上那些支持 WWW 协议和超文本传输协议（Hypertext Transport Protocol，HTTP）的客户机与服务器的集合。通过它可以存取世界各地的超媒体文件，包括文字、图形、声音、动画、资料库及各式各样的内容。

2. 万维网的结构

万维网的结构非常简单，主要分为两个部分，一为服务器端（Server，或称远端），也就是网页的提供者；二为客户端（Client，或称近端），也就是网页的接收者。

在 WWW 中，所谓的服务器端就是存放网页供用户浏览的网站，而客户端则是通过网络浏览网页的计算机与用户的总称。实际上执行于计算机上供用户操作、观看网页的应用程序为浏览器（Browser），目前常见的有 Internet Explorer、Google Chrome（谷歌浏览器）、Mozilla Firefox（火狐浏览器）等。

3. 工作原理

当你想打开万维网上一个网页，或者其他网络资源的时候，通常首先要在浏览器上键入想访问网页的统一资源定位符（Uniform Resource Locator，URL），或者通过超链接方式链接到那个网页或网络资源。这之后的工作首先是 URL 的服务器名部分被分布于全球的域名系统互联网数据库解析，并根据解析结果决定进入哪一个 IP 地址（IPaddress）。接下来的步骤是为所要访问的网页，向在那个 IP 地址工作的服务器发送一个 HTTP 请求。在通常情况下，HTML 文本、图片和构成该网页的一切其他文件很快会被逐一请求并发送回用户。网络浏览器接下来的工作是把 HTML、CSS 和其他接收到的文件所描述的内容，加上图像、链接和其他必需的资源，显示给用户。这些就构成了你所看到的"网页"。

6.1.2　HTML 的基础概念

1. Hello World

很多关于编程语言的书籍，都是从一个用来显示"Hello，World!"消息的简单程序开始的。在这里我们同样展示 HTML 网页的"Hello，World!"。

```
<html>
<head>
<title>我的第一个 HTML 页面</title>
</head>
<body>
<p> HTML 是目前网络上应用最为广泛的语言，也是构成网页文档的主要语言。</p>
<p>HTML 文件中的文字、字体、字号、段落、图片、表格及超链接，甚至是文件名称都是
以不同意义的标签来描述的，以此来定义文件的结构与文件间的逻辑关联。</p>
</body>
</html>
```

将上面的 HTML 代码输入到一个新的字处理页面中，并在硬盘上保存为 myfirst.html。然后启动浏览器，打开此文件，屏幕上应该显示以下的页面，如图 6-1 所示。

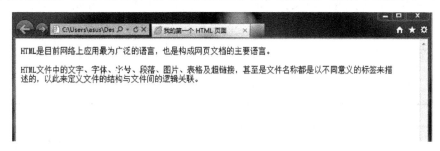

图 6-1　"我的第一个 HTML 页面"演示

一般来说，完整的 HTML 文档必须包含三个部分：一个由<html>元素定义的文档版本信息，一个由<head>定义各项声明的文档头部和一个由<body>定义的文档主体部分。<head>作为各种声明信息的包含元素出现在文档的顶端，并且要先于<body>出现，而<body>用来显示文档主体内容。

从上面的简单示例代码可以看出，HTML 代码分为三部分，其中各部分含义如下。

<html>—</html>：告诉浏览器 HTML 文件开始和结束的位置，其中包括<head>和<body>等标记。HTML 文档中所有的内容都应该在这两个标记之间，一个 HTML 文档总是以<html>开始，以</html>结束。

<head>—</head>：HTML 文件的头部标记，在其中可以放置页面的标题和文件信息等内容，通常将这两个标签之间的内容统称为 HTML 的头部。

<body>—</body>：用来指明文档的主体区域，网页所要显示的内容都放在这个标记内，其结束标记</body>指明主体区域的结束。

2. HTML 的标签

HTML 是嵌入式语言，可以把语言的指示符或标签插入文档中，在读者调入这个文档时，就可以在浏览器中显示出来。浏览器利用这些标签中的信息，就可以判断如何显示及如何处理文档中的不同内容。

例如，范例文档中标签<p>告诉浏览器，它后面的文本是一个段落。

标签中的第一个单词是它的正式名称，而这个名称往往描述的是该标签的功能。任何标签中的其他词语都是标签的属性，有时这些属性还可用等号来赋值，它们进一步定义或修改了标签的行为。

3. 开始标签和结束标签

大多数标签都定义并影响文档中的一个独立部分。这个部分开始于标签及其属性在源文档中第一次出现的地方，一直到相应的结束标签处结束。结束标签是指以斜线（/）开头的标签。例如，与斜体开始标签\<p\>对应的结束标签是\</p\>，如表 6-1 所示。

表 6-1　标签

开始标签	元素内容	结束标签
\<p\>	This is a paragraph	\</p\>
\<a href="default.htm" \>	This is a link	\</a\>

结束标签永远没有属性。在 HTML 中，大多数（但不是所有的）标签都有其结束标签。为了使 HTML 创作变得更容易一些，浏览器软件通常会从周围很明显的上下文中推断出哪个是结束标签，所以在 HTML 源文档中可以不必包括某些结束标签。

4. HTML 元素

HTML 文档是由 HTML 元素定义的。HTML 元素指的是从开始标签到结束标签的所有代码。

HTML 元素语法规则主要有：HTML 元素以开始标签起始，HTML 元素以结束标签终止，元素的内容是开始标签与结束标签之间的内容，某些 HTML 元素具有空内容，空元素在开始标签中进行关闭（以开始标签的结束而结束），大多数 HTML 元素可拥有属性。

5. 注释

和计算机编程语言的源代码一样，一个充满了嵌入式标签的原始文档可能很快就会无法阅读。我们强烈建议读者利用注释来使自己保持清醒的思路。

虽然注释也是文档的一部分，但是任何注释的内容，即包含在特殊的开始标签和结束标签之间的部分，都不会在浏览器中被显示出来。从我们的简单示例中可以看到，源文件中有注释部分，但在浏览器中并不会显示。

6. 文本

如果不是标签也不是注释，那就一定是文本了。HTML 文档中的大部分内容都是文本，也就是在浏览器中显示给读者的那部分。一些特殊的标签给出了文本的结构，如标题、列表和表格等，另一些标签则对内容的格式和显示向浏览器提出建议。

7. 多媒体

我们在 Web 浏览器显示的文档中看到、听到的图像或其他多媒体元素不是 HTML 文档的一部分。构成浏览器显示的数字图像、电影、声音和其他多媒体数据，是与 HTML 文档分开保存在不同的文档中的。通过特殊的标签便可以把对这些多媒体元素的引用包括在文档中。浏览器可以利用这些引用来加载这些元素，并把它们与文本集成在一起。

8. 文本的外观

你无法预知某个用户在显示文本时使用的是哪种不同的字体，也无法预知字体的大小等。因此，现在最新的浏览器都支持标准的级联样式表和其他桌面出版系统之类的特性，这样便可以控制文档的布局和外观。

9. 文本的结构

浏览器从文本主体中把文本读出来，并把它们依次"流"到计算机屏幕上，但对于文本中的回车和换行符根本不予理会。浏览器尽可能地填满显示窗口中每一行，从最左面开始刷新，直到最右边停止，再从下一行开始。如果改不了窗口的大小，那么这些显示会根据新的空间重新排列一遍，这充分显示了 HTML 内在的灵活性。

当然，如果文本太长，HTML 提供了控制文档基本结构的隐式方法和显示方法。最基本和最常见的方法就是使用部分（<div>）、段落（<p>）和换行（
）标签。所有这些标签都可以把文本流断开，在新的一行中显示。不同之处在于，<div>和<p>标签分别定义了文档和文本的基本区域，我们可以对这些区域中的内容在浏览器窗口中进行特殊排列，并对其他与块相关的特性应用文本样式，或者改变与块有关的特性。

10. 编写 HTML 文件

HTML 文件的编写方法有多种，可以利用记事本编写，还可以利用 Dreamweaver 等专业网页制作工具来编写 HTML 代码。由于用 HTML 语言编写的文件是 ASCII 文本文件，因此可以使用任意一个文本编辑器打开并编写 HTML 文件，如 Windows 系统中自带的"记事本"。

下面简单介绍几种编写 HTML 的工具。

（1）记事本：既然网页文件本质是一种文本文件，那么网页文件可以用 Windows 自带的记事本程序创建和编辑。其优点是方便快捷；缺点是无任何语法提示，无行号提示，格式混乱等，初学者使用困难。

（2）EditPlus：一个非常优秀的代码编辑器，可以很方便地创建和编辑网页文件。其优点也是方便快捷，有语法高亮、行号提示，HTML 代码插入快捷；缺点是无语法自动提示，无所见即所得的网页设计视图。EditPlus 非常适合对代码熟练的工作者，但仍然不适合初学者。

（3）Dreamweaver：著名的网页三剑客之一，是传统的网页制作主流工具。其优点是有可见即可得的设计视图，能通过鼠标拖放直接创建并编辑网页文件，自动生成 HTML 代码；其代码视图有非常完善的语法自动提示、自动完成、关键词高亮等功能。可以说 Dreamweaver 是一个非常全面的网页制作工具，其功能强大，然而运行速度偏慢。

以上工具各具有其优点，考虑到读者须掌握 HTML 代码编写，所以在前期，笔者建议读者用记事本来学习制作网页。网上有很多在线教程对于初学者学习 HTML 非常有帮助。

6.1.3 HTML 的基本标签

1. HTML 标题

在 HTML 文档中，标题很重要。标题是通过<h1>、<h6>等标签进行定义的。<h1> 定义最大的标题，<h6> 定义最小的标题。在使用 HTML heading 标签时，请确保将其只用于标题，不要仅仅是为了产生粗体或大号的文本而使用标题。搜索引擎使用标题为网页的结构和内容编制索引。因为用户可以通过标题来快速浏览网页，所以用标题来呈现文档结构是很重要的。应该将 <h1> 用作主标题（最重要的），其次是<h2>（次重要的），再次是<h3>，以此类推。一个标题效果演示的实例如图 6-2 所示。

图 6-2 标题效果演示

2. HTML 水平线

<hr /> 标签在 HTML 页面中用于创建水平线。hr 元素可用于分隔内容。水平线演示的实例如图 6-3 所示。

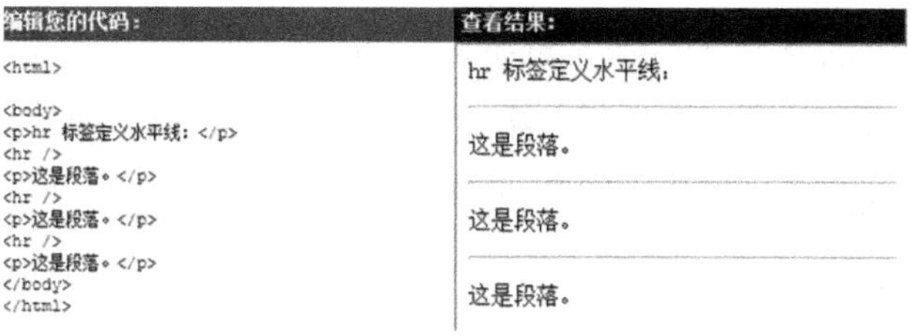

图 6-3　水平线演示

3. HTML 段落标签

HTML 文档可以通过<p>标签分割为若干段落。段落标签演示的实例如图6-4所示。

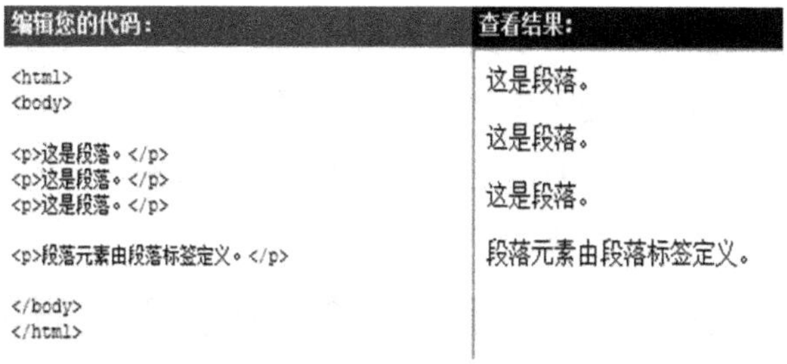

图 6-4　段落标签演示

4. HTML 链接

HTML 使用超级链接与网络上的另一个文档相连。几乎可以在所有的网页中找到链接。单击链接可以从一张页面跳转到另一张页面。超链接可以是一个字、一个词，或者一组词，也可以是一幅图像，可以单击这些内容来跳转到新的文档或者当前文档中的某个部分。当把鼠标指针移动到网页中的某个链接上时，箭头会变为一只小手。我们通过使用 <a> 标签在 HTML 中创建链接。有两种使用 <a> 标签的方式：

（1）通过使用 href 属性——创建指向另一个文档的链接；

（2）通过使用 name 属性——创建文档内的书签。

链接的 HTML 代码很简单。它类似这样：

```
<a href="url">Link text</a>
```

ref 属性规定链接的目标。开始标签和结束标签之间的文字被作为超级链接来显示。

```
<a href="http://www.baidu.com">Visit Baidu</a>
```

上面这行代码显示为：Visit Baidu，单击这个超链接会把用户带到 Baidu 的首页。

5. 图像标签

在 HTML 中，图像由 <img> 标签定义。<img> 是空标签，意思是说，它只包含属性，并且没有闭合标签。要在页面上显示图像，需要使用源属性（source，src）。源属性的值是图像的 URL 地址。定义图像的语法是：

```
<img src="url" />
```

URL 指存储图像的位置。

6. 替换文本属性

Alt 属性用来为图像定义一串预备的可替换的文本。替换文本属性的值是用户定义的。

```
<img src="boat.gif" alt="Big Boat">
```

在浏览器无法载入图像时，替换文本属性告诉读者它们失去的信息。此时，浏览器将显示这个替代性的文本而不是图像。为页面上的图像都加上替换文本属性是个好习惯，这样有助于更好地显示信息，并且对于那些使用纯文本浏览器的人来说是非常有用的。插入图像演示的实例如图 6-5 所示。

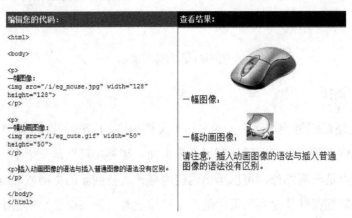

图 6-5　插入图像

7. 表格

表格由 <table> 标签来定义。每个表格均有若干行（由 <tr> 标签定义），每行被分割为若干单元格（由 <td> 标签定义）。字母 td 指表格数据，即数据单元格的内容。数据单元格可以包含文本、图片、列表、段落、表单、水平线、表格等。

```
<table border="1">
<tr>
<td>row 1, cell 1</td>
<td>row 1, cell 2</td>
</tr>
<tr>
<td>row 2, cell 1</td>
<td>row 2, cell 2</td>
</tr>
</table>
```

上述代码在浏览器中的显示如图 6-6 所示。

| row 1, cell 1 | row 1, cell 2 |
| row 2, cell 1 | row 2, cell 2 |

图 6-6　使用<tr>控制行数，<rd>控制列数绘制表格

8. 表格的表头

表格的表头使用 <th> 标签进行定义。大多数浏览器会把表头显示为粗体居中的文本。

```
<table border="1">
<tr>
<th>Heading</th>
<th>Another Heading</th>
</tr>
<tr>
<td>row 1, cell 1</td>
<td>row 1, cell 2</td>
</tr>
<tr>
<td>row 2, cell 1</td>
<td>row 2, cell 2</td>
```

```
</tr>
</table>
```

上述代码在浏览器中的显示如图 6-7 所示。

Heading	Another Heading
row 1, cell 1	row 1, cell 2
row 2, cell 1	row 2, cell 2

图 6-7　为表格添加表头

表格标签还有其他一些属性，如表 6-2 所示。

表 6-2　表格标签与描述

表 格 标 签	描　　述
<table>	定义表格
<caption>	定义表格标题
<th>	定义表格的表头
<tr>	定义表格的行
<td>	定义表格单元
<thead>	定义表格的页眉
<tbody>	定义表格的主体
<tfoot>	定义表格的页脚
<col>	定义用于表格列的属性
<colgroup>	定义表格列的组

表格加标题及边框加粗的示例如图 6-8 所示。

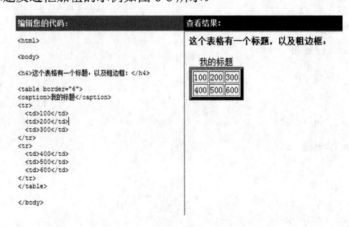

图 6-8　表格加标题及边框加粗

9. 表单

表单是一个包含表单元素的区域。表单元素是允许用户在表单中（比如文本域、下拉列表、单选框、复选框等）输入信息的元素。表单使用表单标签（<form>）定义。

```
<form>
...
   input 元素
...
</form>
```

多数情况下被用到的表单标签是输入标签(<input>)。输入类型是由类型属性(type)定义的。大多数经常被用到的输入类型如下。

1）文本域（Text Fields）

当用户要在表单中键入字母、数字等内容时，就会用到文本域。

```
<form>
First name:
<input type="text" name="firstname" />
<br />
Last name:
<input type="text" name="lastname" />
</form>
```

浏览器显示如图 6-9 所示。

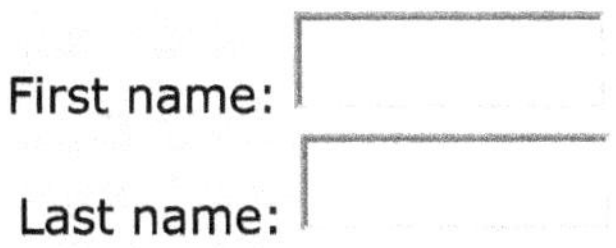

First name:

Last name:

图 6-9　Text Fields 应用

2）单选按钮（Radio Buttons）

当用户从若干给定的选项中选取其一时，就会用到单选按钮。

```
<form>
<input type="radio" name="sex" value="male" /> Male
<br />
<input type="radio" name="sex" value="female" /> Female
</form>
```

3）复选框（Checkboxes）

当用户需要从若干给定的选项中选一个或若干个选项时，就会用到复选框。

```
<form>
<input type="checkbox" name="bike" />
I have a bike
<br />
<input type="checkbox" name="car" />
I have a car
</form>
```

浏览器显示如图 6-10 所示。

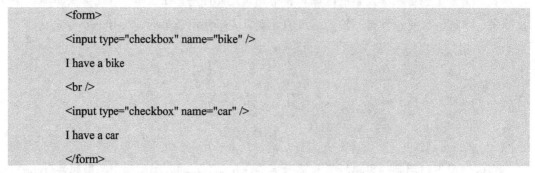

图 6-10　Checkboxes 应用

表单标签还有一些属性，如表 6-3 所示。

表 6-3　表单标签与描述

表 单 标 签	描　　述
<form>	定义供用户输入的表单
<input>	定义输入域
<textarea>	定义文本域（一个多行的输入控件）
<label>	定义一个控制的标签
<fieldset>	定义域
<legend>	定义域的标题
<select>	定义一个选择列表
<optgroup>	定义选项组
<option>	定义下拉列表中的选项
<button>	定义一个按钮
<isindex>	已废弃，由<input>代替

10. HTML 布局

大多数网站会把内容安排到多个列中（就像杂志或报纸那样）。可以使用 <div> 或者 <table> 元素来创建多列。CSS 用于对元素进行定位，或者为页面创建背景和色彩丰富的外观。

　　\<div\> 元素是用于分组 HTML 元素的块级元素，是可用于组合其他 HTML 元素的容器。

　　\<div\> 元素没有特定的含义。除此之外，由于它属于块级元素，浏览器会在其前后显示折行。

　　如果与 CSS 一同使用，\<div\>元素可用于对大的内容块设置样式属性。

　　\<div\> 元素的另一个常见的用途是文档布局。它取代了使用表格定义布局的老式方法。

　　下面的例子使用了 5 个\<div\>元素来创建多列布局。

```
<!DOCTYPE html>
<html>
<head>
<style type="text/css">
div#container{width:500px}
div#header {background-color:#99bbbb;}
div#menu {background-color:#ffff99; height:200px; width:100px; float:left;}
div#content {background-color:#EEEEEE; height:200px; width:400px; float:left;}
div#footer {background-color:#99bbbb; clear:both; text-align:center;}
h1 {margin-bottom:0;}
h2 {margin-bottom:0; font-size:14px;}
ul {margin:0;}
li {list-style:none;}
</style>
</head>
<body>
<div id="container">
<div id="header">
<h1>Main Title of WEB Page</h1>
</div>
<div id="menu">
<h2>Menu</h2>
<ul>
<li>HTML</li>
<li>CSS</li>
```

```
<li>JavaScript</li>
</ul>
</div>
<div id="content">Content goes here</div>
<div id="footer">Copyright W3School.com.cn</div>
</div>
</body>
</html>
```

上面的 HTML 代码会产生如图 6-11 所示的结果。

图 6-11　<div>布局效果

6.2　Web 服务器简介

Web 服务器是指驻留于互联网上某种类型计算机的程序。当 Web 浏览器（客户端）连到服务器上并请求文件时，服务器将处理该请求并将文件反馈到该浏览器上，附带的信息会告诉浏览器如何查看该文件（文件类型）。服务器使用 HTTP（超文本传输协议）与客户机浏览器进行信息交流，这就是人们常把它们称为 HTTP 服务器的原因。

在 UNIX 和 Linux 平台下使用最广泛的免费 HTTP 服务器是 Apache 服务器，而 Windows 平台使用 IIS 的 Web 服务器。选择使用 Web 服务器应考虑的本身特性因素有性能、安全性、日志和统计、虚拟主机、代理服务器、缓冲服务和集成应用程序等，下面介绍这两种常用的 Web 服务器。

6.2.1　IIS

IIS 是 Internet Information Server 的缩写，中文名称为互联网信息服务。它是一种

Web 服务，主要包括 WWW 服务器、FTP 服务器等。它使得在 Local Area Network（局域网）或 Internet（互联网）上发布信息成了一件很容易的事。利用 IIS 可以在电脑主机上建立最常用的 HTTP 网页服务器、FTP 文件传输服务器和 SMTP 邮件服务器，实现最基本的页面浏览、文件传输和电子邮件功能。综上所述，电脑主机安装了 IIS 后可以配置为网页服务器、文件传输服务器和邮件服务器。

IIS 虽然是 Windows 7 的组件之一，但需要自己手动安装。安装步骤如下所述。

（1）单击"开始"按钮，然后单击"控制面板"。

（2）在"控制面板"中，单击"程序"按钮，然后单击"打开/关闭 Windows 功能"。

（3）在"Windows 功能"对话框中，单击"Internet Information Services"以安装默认的功能，然后选择以下附加功能：ASP、请求筛选、ISAPI 扩展，如图 6-12 所示。

（4）单击"确定"按钮以关闭"Windows 功能"对话框。

（5）若要验证是否成功安装了 IIS，可在 Web 浏览器中键入以下内容：http://localhost。若安装成功应看到默认的 IIS"欢迎"页，如图 6-13 所示。

图 6-12　安装 IIS　　　　　　　　　　图 6-13　IIS 安装成功

6.2.2　Apache

Apache HTTP Server（简称 Apache）是 Apache 软件基金会的一个开放源码的网页服务器，可以在大多数计算机操作系统中运行，由于其多平台和安全性被广泛使用，是最流行的 Web 服务器端软件之一。它快速、可靠，并且可通过简单的 API 扩展，能将 Perl/Python 等解释器编译到服务器中。

Apache 具有跨平台的特点，下面介绍其在 Windows 平台下的安装过程。

（1）下载 Apache Http Server，可登录 www.apache.org 官网下载。

（2）打开安装程序 httpd-2.2.19-win32-x86-no_ssl.msi。

（3）单击 Next 按钮，并接受 Licence，如图 6-14 和图 6-15 所示。

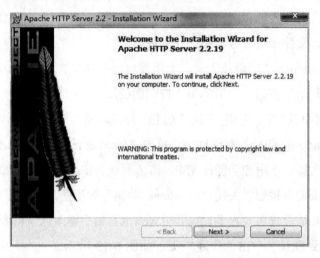

图 6-14　单击 Next 按钮

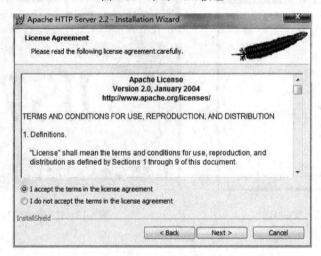

图 6-15　证书许可

（4）填写服务器信息，如图 6-16 所示，其中网络域名（Network Domain）和服务器名（Server Name）都填 localhost，留个邮箱；根据需要选择 HTTP 服务的安装方式，上方是默认 80 端口，可能会和 Windows 7 自带的 IIS 服务端口冲突，下方是 8080 端口。

（5）选择典型安装及安装路径，如图 6-17 所示。

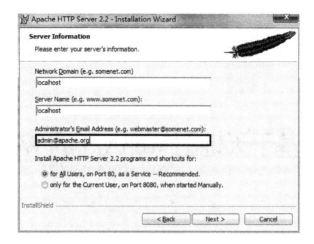

图 6-16　填写服务信息

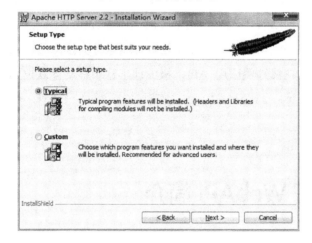

图 6-17　选择安装类型

（6）安装完成，启动并测试 Apache Http Server，安装成功界面如图 6-18 所示。

It works!

图 6-18　安装成功

第 *7* 章　基于天地图 WebAPI 的 WebGIS 开发

谷歌公司在 2005 年和 2006 年分别推出了谷歌地图和谷歌 EARTH，开创了在线地图和在线遥感数据应用的新时代，为五彩缤纷的移动地图应用提供了在线地图 API 的支持。我国从国家层面推出的天地图及一些商业在线地图服务商推出的产品如百度地图、搜狗地图等也提供相应的在线地图应用 API，极大地丰富了移动互联位置服务产品的推陈出新和应用推广。

7.1　天地图 WebAPI 简介

7.1.1　天地图

"天地图"是国家测绘地理信息局建设的地理信息综合服务网站，目的在于促进地理信息资源共享和高效利用，提高测绘地理信息公共服务能力和水平，改进测绘地理信息成果的服务方式，更好地满足国家信息化建设的需要，为社会公众的工作和生活提供方便。2012 年 2 月，资源三号测绘卫星为天地图提供了第一幅国外影像数据。

7.1.2　天地图 WebAPI

天地图 WebAPI 是一套基于 JavaScript 语言编写的应用程序接口，为开发者提供了快速调用天地图在线地理信息服务的通道，包括快速创建地图、调用地图、POI 搜索和在地图上添加覆盖物等，开发者可以利用天地图 WebAPI 轻松将天地图丰富的地图功能嵌入各类应用系统或网站中，并且可以基于天地图的数据和功能服务资源开展各类增值服务及应用。

天地图 WebAPIV2.1.2 具有如下特点：①地图载入速度更快，显示更流畅；②地图服务更加稳定，使用更便捷；③调用了最新版的地图风格，视觉效果更优；④兼容各大主流浏览器，兼容能力更强；⑤提供了基于经纬度和球面墨卡托两种投影方式的地图浏览、切换。

7.2　搭建天地图 WebAPI 开发环境

天地图 WebAPI 是天地图提供的一个基于 JavaScript 技术的 API，因此本身对开发环境要求并不高，只需要编辑器和调试器。最简单的编辑器是记事本、Myeclipse 等，调试器用 IE 和火狐等浏览器中的错误显示工具即可。

获取地图 API，在使用之前需要通过<script>标签将 API 引用到页面中：

```
<script scr="http://api.tianditu.com/js/map.js" type="text/javascript"></script>
```

7.3　天地图 WebAPI 中的"Hello World"

从一个简单的示例开始学习天地图的地图 API。以下程序代码显示了以新疆维吾尔自治区乌鲁木齐市为中心的一个地图。

```
<!DOCTYPE html>
<html>
<head>
<meta charset="UTF-8"/>
<title>HELLO WORLD</title>
<script type="text/javascript" src="http://api.tianditu.com/js/maps.js"></script>
```

```
<script>
    var map,zoom = 12;
    function onLoad()
    {
        //初始化地图对象
        map=new TMap("mapDiv");
        //设置显示地图的中心点和级别
        map.centerAndZoom(new TLngLat(87.68333,43.76667),zoom);
    }
</script>
</head>
<body onLoad="onLoad()">
    <div id="mapDiv" style="width: 100%; height: 100%; position: absolute;"></div>
</body>
</html>
```

7.3.1 将应用声明为 HTML5

建议在自己的网络应用内声明一个真实的 DOCTYPE。在本书的示例中，我们使用简单的 HTML5 DOCTYPE 将应用声明为 HTML5，如下所示：

```
<!DOCTYPE html>
```

当前大多数浏览器会以"标准模式"呈现使用此 DOCTYPE 声明的内容，这意味着应用应具有更强的跨浏览器适应能力。DOCTYPE 还设计为可适度降级。无法理解该声明的浏览器会将其忽略，并使用"兼容模式"来显示其内容。

请注意，某些在兼容模式下工作的 CSS 在标准模式中是无效的。具体地说，所有以百分比表示的大小必须继承自父块元素，而如果这些父元素中的某个父元素没有指定大小，则系统会将其大小假定为 0×0 像素。因此，我们加入了以下 <style> 声明。

```
<style type="text/css">
html { height: 100% }
body { height: 100%; margin: 0; padding: 0 }
#map_canvas { height: 100% }
</style>
```

该 CSS 声明用于表示地图容器 <div>（名为 map_canvas）应占据 HTML 主体的整个高度。请注意，我们还必须明确声明 <body> 和 <html> 所占的百分比。

7.3.2　引入天地图的地图 JavaScript API 文件

```
<script src=" http://api.tianditu.com/js/maps.js"   type="text/javascript"></script>
```

http://api.tianditu.com/js/maps.js 网址指向 JavaScript 文件所在的位置，该文件会引用天地图 WebAPI 所需的全部符号和定义。网页必须包含指向该网址的 script 标签。

此标头中的 <meta> 标签 charset 属性规定在外部脚本文件中使用的字符编码。

7.3.3　地图 DOM 元素

文件对象模型（Document Object Model，DOM）是 W3C 组织推荐的处理可扩展置标语言的标准编程接口。简言之，DOM 可以以一种独立于平台和语言的方式访问和修改一个文档的内容和结构。

```
<div id="mapDiv" style="width: 100%; height: 100%; position: absolute;"></div>
```

要在网页上显示地图，我们必须为其留出一个位置。通常，我们的做法是创建一个名为<div>的元素，然后在浏览器的文件对象模型中获取此元素的引用。

在上述示例中，我们定义了名为"mapDiv"的 <div> 并使用样式属性设置其大小。请注意，该尺寸已设置为"100％"，这将会展开地图，使之符合移动设备的屏幕尺寸。实际中可能需要根据浏览器的屏幕尺寸和填充区域调整这些值。请注意，地图总是会根据其中所包含元素的大小决定其本身的尺寸，因此必须始终在 <div> 上显式设置一个适用的尺寸。

7.3.4　创建地图实例

```
var map=new TMap("mapDiv");
```

TMap 类表示地图，通过 new 操作符可以创建一个地图实例。其参数可以是元素 id 也可以是元素对象。注意在调用此构造函数时应确保容器元素已经添加到地图。

7.3.5 确定经纬度坐标

```
var lnglat = new TLngLat(87.68333,43.76667)
```

这里我们使用 T 命名空间下的 Point 类来创建一个坐标点。TLngLat 类描述了一个地理坐标点，其中 87.68333 表示经度，43.76667 表示纬度。

地图显示时的初始分辨率可以通过 zoom 属性进行设置，其中缩放 0 相当于地球地图可缩小的最低级别，并且缩放级别越高，地图放大的分辨率就越高。

7.3.6 地图初始化

```
map.centerAndZoom(lnglat,12);
```

在创建地图实例后，我们需要对其进行初始化，map.centerAndZoom 方法要求设置中心点坐标和地图级别。地图必须经过初始化才可以执行其他操作。

7.4 天地图 WebAPI 中的常用概念

在对天地图 WebAPI 有了一个简单的认识以后，本节将介绍天地图 Web API 中的一些常用概念，包括控件、叠加层和图层等。在通晓前面几节的基础上，对本节所述的几个概念进行一些了解，即可开始进行基于天地图 WebAPI 的 WebGIS 开发。当然，若要对这些概念天地图 WebAPI 有更深层的了解，感兴趣的读者可以参考天地图提供的开发文档和其他资料。

7.4.1 控件

通过天地图 WebAPI 显示的地图包含用户界面元素，以便用户与地图进行交互。这些元素称为"控件"。可以在天地图 WebAPI 应用中添加这些控件的多种组合，或者也可以不进行任何操作，让天地图 WebAPI 处理所有控件行为。

MapsAPI 带有一部分可在地图中使用的内置控件。

（1）缩放控件，显示滑块（针对大地图）或"+/-"小按钮（针对小地图），用于控制地图的缩放等级。在非触摸的设备上，该控件默认显示在地图的左上角，而在触摸设备上则显示在左下角。

（2）平移控件，显示用于平移地图的按钮。在非触摸的设备上，该控件默认显示在地图的左上角。使用平移控件还可以对图像进行 45°旋转（如果可用）。

（3）比例控件，用于显示地图比例元素。默认情况下，系统不会启用此控件。

（4）MapType 控件，可让用户在不同的地图类型（例如 ROADMAP 和 SATELLITE）之间进行切换。该控件默认显示在地图的右上角。

（5）街景视图控件，包含一个街景小人图标，将该图标拖动到地图上即可启用街景视图。该控件默认显示在地图的左上角。

（6）旋转控件，包含一个较小的圆形图标，可旋转包含斜面图像的地图。该控件默认显示在地图的左上角。

（7）总览图控件，会显示一个简略的总览图，用于在更广阔区域内反映当前的地图视口。该控件默认以折叠状态显示在地图的右下角。

这些地图控件无法被直接访问或修改，但可修改地图的 MapOptions 字段，这些字段会影响控件的可见性和显示效果。可以在初始化地图后调整控件的显示效果（使用相应的 MapOptions），也可以通过调用 setOptions() 来更改地图的选项，以对地图进行动态修改。

7.4.2　叠加层

叠加层是地图上与纬度/经度坐标绑定的对象，会随拖动或缩放地图而移动。叠加层表示的是"添加"到地图中标明点、线、区域或对象集合的对象。

MapsAPI 包含以下几种叠加层。

（1）地图上的单个位置是使用标记显示的。标记有时可显示自定义的图标图片，这种情况下标记通常被称为"图标"。标记和图标是 Marker 类型的对象。

（2）地图上的线是使用折线（表示一系列按顺序排列的位置）显示的。线是 Polyline 类型的对象。

（3）地图上的不规则形状区域是使用多边形（类似于折线）显示的。与折线相同的是，多边形也是由一系列按顺序排列的位置构成的；不同的是，多边形定义的是封闭区域。

地图图层可使用叠加层地图类型显示。可以通过创建自定义地图类型来创建自己的图块集，自定义地图类型可取代基本地图图块集，或作为叠加层显示在现有基本地图图块集之上。

信息窗口也是特殊类型的叠加层，用于在指定地图位置上方的弹出式气泡框内显示内容（通常是文字或图片）。

还可以实现自己的自定义叠加层。这些自定义叠加层可实现 OverlayView 接口。

7.4.3 图层

图层是地图上的对象，包含一个或多个单独项，但可作为一个整体进行操作。图层通常反映了添加到地图上用于指定公共关联的对象集合。MapsAPI 会通过以下方法管理图层内对象的显示形式：将图层的组成项呈现在一个对象（通常为一个图块叠加层）中并根据地图视口的变化情况进行显示。图层还可以改变地图自身的展示图层，以符合图层样式的方式稍稍改变基本图块。请注意，系统将大部分图层设计为禁止通过其单个对象进行访问，而仅可将其作为一个整体来操作。

要在地图上添加图层，只需调用 setMap() 并向其传递要在其中显示图层的地图对象即可。类似地，要隐藏图层，只需调用 setMap() 并传递 null 即可。

7.4.4 库

天地图 WebAPI 的 JavaScript 代码通过表单的引导程序网址进行加载。引导程序会请求加载所有的 JavaScript 主对象和符号，以便在 MapsAPI 中使用。某些独立的库中也会提供一些 MapsAPI 地图项，不过这些库只会在专门提出请求时才加载。将补充组件分解为库，可以提高主 API 的加载（和解析）速度；只有在需要使用库时才会造成加载和解析库的额外负担。简而言之，可以通过加载库扩展地图的功能。

7.5 天地图 WebAPI 中的事件类

浏览器中的 JavaScript 是由事件驱动的，这表示 JavaScript 会通过生成事件来响应交互，并期望程序监听感兴趣的事件。和 DOM 编程里的事件模型一样，天地图 WebAPI 也提供了类似的事件机制，分为 TEvent 和 TEventListener ，其中 TEvent 类用于注册事件处理程序和触发自定义事件，TEventListener 类是不透明的，它不包含方法和构造函数。天地图 WebAPI 实例从 TEvent.addListener() 或 TEvent.bind() 返回并最终传递回TEvent.removeListener()。

可以看出，最主要的是 TEvent 类的使用，以下对此类进行详细介绍，如表 7-1 和表 7-2 所示。

表 7-1　静态方法

静态方法	返 回 值	说　　明
TEvent.addListener(source:Object, event:String, handler:Function)	TEventListener	为源对象（source）的自定义事件（event）注册事件处理程序（handler），返回一个可用于最终注销处理程序的句柄；事件处理程序的 this 指向源对象（source）
TEvent.removeListener(handle:TEventListener)	none	删除使用 addListener() 注册的事件处理程序
TEvent.clearListeners(source:Object ‖ Node, event:String)	none	删除使用 addListener() 在指定对象（source）上为指定事件（event）注册的所有事件处理程序
TEvent.trigger(source:Object, event:String, args:Array)	none	在源对象（source）上触发自定义事件（event），可选参数作为自定义事件调用函数的参数传递
TEvent.bind(source:Object, event:String,object:Object, method:Function)	TEventListener	将指定对象（object）的方法（method）调用注册为源对象（source）自定义事件（event）的事件处理程序，返回一个可用于最终注销处理程序的句柄
TEvent.getCallback(object:Object, method:Function)	Function	返回调用指定对象（object）上的方法（method）的闭包
TEvent.deposeNode(object:Object)	none	删除指定节点及其子节点上注册的所有事件处理程序，用来清除节点，防止内存溢出
TEvent.cancelBubble(event:String)	none	终止事件处理程序的执行以取消事件冒泡，并返回事件处理结果 false
TEvent.returnTrue(event:String)	none	终止事件处理程序的执行以取消事件冒泡，并返回事件处理结果 true

表 7-2　事件

事　　件	说　　明
clearlisteners(event:String)	当调用对象上的 clearListeners() 方法时，会在该对象上触发此事件

7.6 常用代码实例

7.6.1 地图基本操作

利用天地图 WebAPI 进行地图展示和操作，在本例中，对地图进行放大和缩小。

```
<input type="button" id="button" onClick="map.zoomIn()" value="放大地图" />
<input type="button" id="button" onClick="map.zoomOut()" value="缩小地图" />
允许鼠标滚轮缩放地图
map.enableHandleMouseScroll();
```

7.6.2 添加标记

天地图 WebAPI 中构造 maker 作为地图标记。在本例中，添加一个 marker 标记。

```
//创建标注对象
 var marker = new TMarker(new TLngLat(116.411794,39.9068));
//向地图上添加标注
  map.addOverLay(marker);
```

7.6.3 控件选项

地图中有些控件是可以配置的，通过配置就可以更改它们的行为或外观。本例中设置了一个下拉控件来选择缩放平移控件样式，并指定缩放平移控件使用小型迷你缩放布局。

```
 var config = {
type:"TMAP_NAVIGATION_CONTROL_LARGE",    //缩放平移的显示类型
anchor:"TMAP_ANCHOR_TOP_LEFT",   //缩放平移控件显示的位置
offset:[0,0],    //缩放平移控件的偏移值
showZoomInfo:true//是否显示级别提示信息，true 表示显示，false 表示隐藏
```

```
};
    //创建缩放平移控件对象
    control=new TNavigationControl(config);
    //添加缩放平移控件
    map.addControl(control);
}
function addNavControl()
{
    map.removeControl(control);
    //获得缩放平移控件的样式
    var selectNavCss = document.getElementById("selectnavcss");

    var index = selectNavCss.selectedIndex;

    var controlCss = selectNavCss.options[index].value;
    //获得缩放平移控件的位置
    var selectNavPosition = document.getElementById("selectnavposition");

    var index = selectNavPosition.selectedIndex;

    var controlPosition = selectNavPosition.options[index].value;
    //添加缩放平移控件
    var config = {
    type:controlCss//缩放平移控件的显示类型
    anchor:controlPosition //缩放平移控件显示的位置
};
control = new TNavigationControl(config);
map.addControl(control);
    }
```

第 8 章　基于百度地图 API 的 WebGIS 开发（JavaScript）

8.1　百度地图 API 简介

8.1.1　概述

百度地图 API 是为开发者免费提供的一套基于百度地图服务的应用接口，包括 JavaScript API、Web 服务 API、Android SDK、iOS SDK、定位 SDK、车联网 API、LBS 云等多种开发工具与服务，提供基本地图展现、搜索、定位、逆/地理编码、路线规划、LBS 云存储与检索等功能，适用于 PC 端、移动端、服务器等多种设备和多操作系统下的地图应用开发。

8.1.2　早期发展历程

2010 年 4 月 23 日，百度地图正式宣布开放地图 API，且为广大开发者免费提供。

2011 年 3 月 28 日，百度地图根据团购网站对位置信息的展示需求，上线团购插件。

2011 年 4 月 1 日，百度地图举办 API 应用开发大赛。

2011 年 4 月 27 日，百度地图发布移动版 Android SDK，满足移动开发者对地图应用的开发。

2011 年 8 月 19 日，百度地图发布移动版 iOS SDK，满足移动开发者对地图应用的开发。

2011 年 8 月 29 日，百度地图发布 Android ＆ Symbian 定位 SDK，满足开发者对定位信息请求的需求。

2012 年 2 月，百度地图地图名片上线，让用户可以不用开发，直接复制代码就可在自己的网站中嵌入百度地图及公交换乘搜索。

2012 年 6 月 10 日，百度地图发布车联网 API，为车联网行业提供量身定制的 API 服务支持。

2012 年 7 月，百度地图发布定位 APK 产品。

2012 年 8 月 31 日，百度地图发布 LBS 云（包括百度地图 API），成为"百度世界大会 2012"为开发者提供的"七大武器"之一。

2012 年 10 月 25 日，百度地图 URI API 发布，用户无须自己开发，就可以直接调用百度地图现有成果，满足自己网页或应用对地图所需，同时还能与他人快速分享地图信息。

8.1.3　产品介绍

百度地图 JavaScript API 是一套由 JavaScript 语言编写的应用程序接口，它能够帮助开发者在网站中构建功能丰富、交互性强的地图应用程序。百度地图 API 不仅包含构建地图的基本功能接口，还提供了诸如本地搜索、路线规划等数据服务，适用于 PC 端或移动设备端基于浏览器的开发。JS 版本还为用户开放了开源库，简化开发过程。

百度地图 Web 服务 API 包括 Place API、Geocoding API、Direction API，能够快速响应用户的请求，返回 xml&Json 数据。根据百度地图 API 目前政策，若用户使用该套 API，需要先申请 key。

百度移动版地图 SDK，分为 Android 版与 Symbian 版，为移动设备地图应用开发提供基本地图、本地搜索、路线规划、定位等服务。若用户使用该套 SDK，也需要先申请 key。

百度地图定位 SDK，与百度移动版地图 SDK 相比，是以更小的体积提供给开发者，帮助开发者完成位置信息获取与应用开发的工具。百度地图目前提供 Android 和 Symbian 版本，且开发者不需要申请 key 就可使用。百度地图车联网 API，是百度地图于 2012 年 6 月推出的，为车联网行业定制的一套 API，提供地图显示、地址解析、位置描述、本地搜索、周边搜索、驾车路径规划、信息发送、天气、交通事件等多种服务。

百度地图 LBS 云，是百度地图 2012 年 8 月底新推出的，也是"百度世界大会 2012"

为开发者提供的"七大武器"之一，即百度地图针对 LBS 开发者全新推出的服务，借助百度云服务与云计算，通过地图 API，实现用户的海量位置数据云存储，同时也可实现快速云检索。LBS·云将位置数据存储、空间检索、地图展现等任务一站式托管在百度云端，为开发者降低开发成本，有利于开发者提高开发效率。

百度地图 URL API，用户可在自己的应用或者网页中，直接调用网页版百度地图或者移动设备端（百度地图客户端或网页版），实现地图位置展示、公交换乘、周边信息展示等功能，还能通过一个 URL 串快速分享给他人。URL API 支持 PC 端、移动设备端（Android、iOS）。

百度地图宣称百度地图 API 免费对外开放，提供给进行 PC 端、移动设备端、服务端的地图应用开发者。百度地图 API 有官方网站，使用者最好具有一定编程经验，若毫无开发经验，也可以根据每款产品提供的开发指南进行入门学习。此外，若对地图产品有一定的了解，会更容易入门。

8.2　百度地图 API 的基础知识

开始学习百度地图 API 最简单的方式是看一个简单的示例。以下代码创建了一个地图并以天安门作为地图的中心。

```html
<!DOCTYPE html>
<html>
<head>
<meta name="viewport" content="initial-scale=1.0, user-scalable=no" />
<meta http-equiv="Content-Type" content="text/html; charset=gb2312" />
<title>Hello, World</title>
<style type="text/css">
html{height:100%}
body{height:100%;margin:0px;padding:0px}
#container{height:100%}
</style>
<script type="text/javascript" src="http://api.map.baidu.com/api?v=1.3"></script>
```

```
</head>

<body>
<div id="container"></div>
<script type="text/javascript">
var map = new BMap.Map("container");  // 创建地图实例
var point = new BMap.Point(116.404, 39.915);  // 创建点坐标
map.centerAndZoom(point, 15);  // 初始化地图，设置中心点坐标和地图级别
</script>
</body>
</html>
```

下面进行分步介绍。

1）准备页面

根据 HTML 标准，每一份 HTML 文档都应该声明正确的文档类型，建议使用最新的符合 HTML5 规范的文档声明。

```
<!DOCTYPE html>
```

也可以根据需要选择其他类型的文档声明，这样浏览器会以标准的方式对页面进行渲染，保证页面最大的兼容性。不建议使用 quirks 模式进行开发。

下面添加一个 meta 标签，以便使页面更好地在移动平台上展示。

```
<meta name="viewport" content="initial-scale=1.0, user-scalable=no" />
```

接着设置样式，使地图充满整个浏览器窗口。

```
<style type="text/css">
html{height:100%}
body{height:100%;margin:0px;padding:0px}
#container{height:100%}
</style>
```

2）引用百度地图 API 文件

```
<script type="text/javascript" src="http://api.map.baidu.com/api?v=1.3"></script>
```

3）创建地图容器元素

地图需要一个 HTML 元素作为容器，这样才能展现到页面上。这里创建了一个 div 元素。

4）命名空间

API 使用 BMap 作为命名空间，所有类均在该命名空间之下，比如：BMap.Map、

BMap.Control、BMap.Overlay。

5）创建地图实例

```
var map = new BMap.Map("container");
```

位于 BMap 命名空间下的 Map 类表示地图，通过 new 操作符可以创建一个地图实例。其参数可以是元素 id 也可以是元素对象。

注意在调用此构造函数时应确保容器元素已经添加到地图上。

6）创建坐标点

```
var point = new BMap.Point(116.404, 39.915);
```

这里使用 BMap 命名空间下的 Point 类来创建一个坐标点。Point 类描述了一个地理坐标点，其中 116.404 表示经度，39.915 表示纬度。

7）地图初始化

```
map.centerAndZoom(point, 15);
```

在创建地图实例后，需要对其进行初始化，BMap.Map.centerAndZoom()方法要求设置中心坐标点和地图级别。地图必须经过初始化才可以执行其他操作。

8）地图配置与操作

地图被实例化并完成初始化以后，就可以与其进行交互了。API 中地图对象的外观和行为与百度地图网站上交互的地图非常相似。它支持鼠标拖曳、滚轮缩放、双击放大等交互功能。也可以修改配置来改变这些功能。比如，默认情况下地图不支持鼠标滚轮缩放操作，因为这样可能会影响整个页面的用户体验，但是如果希望在地图中使用鼠标滚轮控制缩放，则可以调用 map.enableScrollWheelZoom 方法来开启。配置选项可以在 Map 类参考的配置方法部分中找到。

此外，还可以通过编程的方式与地图交互。Map 类提供了若干修改地图状态的方法，例如：setCenter()、panTo()、zoomTo()等。

下面示例显示一个地图，等待两秒钟后，它会移动到新中心点。panTo()方法将让地图平滑移动至新中心点，如果移动距离超过了当前地图区域大小，则地图会直跳到该点。

```
var map = new BMap.Map("container");

var point = new BMap.Point(116.404, 39.915);

map.centerAndZoom(point, 15);

window.setTimeout(function(){

map.panTo(new BMap.Point(116.409, 39.918));

}, 2000);
```

8.3　百度地图控件

8.3.1　地图控件概述

百度地图上负责与地图交互的 UI 元素称为控件。百度地图 API 中提供了丰富的控件，可以通过 Control 类来实现自定义控件。

地图 API 中提供的控件有以下几种。

（1）Control：控件的抽象基类，所有控件均继承此类的方法、属性。通过此类可以自定义控件。

（2）NavigationControl：地图平移缩放控件，PC 端默认位于地图左上方，它包含控制地图平移和缩放的功能。移动端提供缩放控件，默认位于地图右下方。

（3）OverviewMapControl：缩略地图控件，默认位于地图右下方，是一个可折叠的缩略地图。

（4）ScaleControl：比例尺控件，默认位于地图左下方，显示地图的比例关系。

（5）MapTypeControl：地图类型控件，默认位于地图右上方。

（6）CopyrightControl：版权控件，默认位于地图左下方。

（7）GeolocationControl：定位控件，针对移动端开发，默认位于地图左下方。

8.3.2　向地图添加控件

可以使用 Map.addControl()方法向地图添加控件。在此之前地图需要进行初始化。例如，要将标准地图控件添加到地图中，可在代码中添加以下内容。

```
var map = new BMap.Map("container");
map.centerAndZoom(new BMap.Point(116.404, 39.915), 11);
map.addControl(new BMap.NavigationControl());
```

可以向地图添加多个控件。在下面示例中我们向地图添加一个平移缩放控件、一个比例尺控件和一个缩略图控件。在地图中添加控件后，它们即刻生效。

```
map.addControl(new BMap.NavigationControl());

map.addControl(new BMap.ScaleControl());

map.addControl(new BMap.OverviewMapControl());

map.addControl(new BMap.MapTypeControl());

map.setCurrentCity("北京"); // 仅当设置城市信息时，MapTypeControl 的切换功能才可用
```

8.3.3 控制控件位置

初始化控件时，可提供一个可选参数，其中的 anchor 和 offset 属性共同控制控件在地图上的位置。

1. 控件停靠位置

anchor 表示控件的停靠位置，即控件停靠在地图的哪个角。当地图尺寸发生变化时，控件会根据停靠位置的不同来调整自己的位置。anchor 允许的值有以下几种。

（1）BMAP_ANCHOR_TOP_LEFT 表示控件定位于地图的左上角。

（2）BMAP_ANCHOR_TOP_RIGHT 表示控件定位于地图的右上角。

（3）BMAP_ANCHOR_BOTTOM_LEFT 表示控件定位于地图的左下角。

（4）BMAP_ANCHOR_BOTTOM_RIGHT 表示控件定位于地图的右下角。

2. 控件位置偏移

除了指定停靠位置外，还可以通过偏移量来指示控件距离地图边界有多少像素。如果两个控件的停靠位置相同，那么控件可能会重叠在一起，这时就可以通过偏移值使二者分开显示。

以下示例将比例尺放置在地图的左下角，由于 API 默认会有版权信息，因此需要添加一些偏移值以防止控件重叠。

```
var opts = {offset: new BMap.Size(150, 5)}

map.addControl(new BMap.ScaleControl(opts));
```

8.3.4 修改控件配置

地图 API 的控件提供了丰富的配置参数，可参考 API 文档来修改它们以便得到符合要求的控件外观。例如，NavigationControl 控件就提供了以下类型。

（1）BMAP_NAVIGATION_CONTROL_LARGE 表示显示完整的平移缩放控件。

（2）BMAP_NAVIGATION_CONTROL_SMALL 表示显示小型的平移缩放控件。

（3）BMAP_NAVIGATION_CONTROL_PAN 表示只显示控件的平移部分功能。

（4）BMAP_NAVIGATION_CONTROL_ZOOM 表示只显示控件的缩放部分功能。

下面的示例将调整平移缩放地图控件的外观。

var opts = {type: BMAP_NAVIGATION_CONTROL_SMALL}

map.addControl(new BMap.NavigationControl(opts));

8.3.5　自定义控件

百度地图 API 允许通过继承 Control 来创建自定义地图控件。要创建可用的自定义控件，需要完成以下工作。

（1）定义一个自定义控件的构造函数。

（2）设置自定义控件构造函数的 prototype 属性为 Control 的实例，以便继承控件基类。

（3）实现 initialize()方法并提供 defaultAnchor 和 defaultOffset 属性。

8.3.6　定义构造函数并继承 Control

首先需要定义自定义控件的构造函数，并在构造函数中提供 defaultAnchor 和 defaultOffset 两个属性，以便 API 正确定位控件位置，接着让其继承于 Control。下面的示例中定义了一个名为 ZoomControl 的控件，每一次单击将地图放大两个级别。它有文本标识，而不是平移缩放控件中使用的图形图标。

```javascript
// 定义一个控件类，即 function
function ZoomControl(){
// 设置默认停靠位置和偏移量
this.defaultAnchor = BMAP_ANCHOR_TOP_LEFT;
this.defaultOffset = new BMap.Size(10, 10);
}
// 通过 JavaScript 的 prototype 属性继承于 BMap.Control
ZoomControl.prototype = new BMap.Control();
```

8.3.7 初始化自定义控件

当调用 map.addControl()方法添加自定义控件时，API 会调用该对象的 initialize()方法来初始化控件，需要实现此方法并在其中创建控件所需的 DOM 元素，并添加 DOM 事件。所有自定义控件中的 DOM 元素最终都应该添加到地图容器（即地图所在的 DOM 元素）中，地图容器可以通过 map.getContainer()方法获得。最后 initialize()方法需要返回控件容器的 DOM 元素。

```
// 自定义控件必须实现 initialize 方法，并且将控件的 DOM 元素返回
// 在本方法中创建 div 元素作为控件的容器，并将其添加到地图容器中
ZoomControl.prototype.initialize = function(map){
  // 创建一个 DOM 元素
  var div = document.createElement("div");
  // 添加文字说明
  div.appendChild(document.createTextNode("放大 2 级"));
  // 设置样式
  div.style.cursor = "pointer";
  div.style.border = "1px solid gray";
  div.style.backgroundColor = "white";
  // 绑定事件，单击一次放大两级
  div.onclick = function(e){
    map.zoomTo(map.getZoom() + 2);
  }
  // 添加 DOM 元素到地图中
  map.getContainer().appendChild(div);
  // 将 DOM 元素返回
  return div;
}
```

8.3.8 添加自定义控件

添加自定义控件与添加其他控件方法一致，调用 map.addControl()方法即可。

```
// 创建控件实例
var myZoomCtrl = new ZoomControl();
// 添加到地图当中
map.addControl(myZoomCtrl);
```

8.4 百度地图覆盖物

8.4.1 地图覆盖物概述

所有叠加或覆盖到地图的内容，统称为地图覆盖物，如标注、矢量图形元素（包括折线、多边形和圆）、信息窗口等。覆盖物拥有自己的地理坐标，当拖动或缩放地图时，它们会相应地移动。

地图 API 提供了以下几种覆盖物。

（1）Overlay：覆盖物的抽象基类，所有的覆盖物均继承此类的方法。

（2）Marker：标注表示地图上的点，可自定义标注的图标。

（3）Label：表示地图上的文本标注，可以自定义标注的文本内容。

（4）Polyline：表示地图上的折线。

（5）Polygon：表示地图上的多边形。多边形类似于闭合的折线，另外也可以为其填充颜色。

（6）Circle：表示地图上的圆。

（7）InfoWindow：信息窗口也是一种特殊的覆盖物，它可以展示更为丰富的文字和多媒体信息。需要注意的是，同一时刻只能有一个信息窗口在地图上打开。

可以使用 map.addOverlay 方法向地图添加覆盖物，使用 map.removeOverlay 方法移除覆盖物，此方法不适用于 InfoWindow。

8.4.2 标注

标注表示地图上的点。API 提供了默认图标样式，开发者也可以通过 Icon 类来指定自定义图标。Marker 构造函数的参数为 Point 和 MarkerOptions（可选）。需要注意的是，当使用自定义图标时，标注的地理坐标点将位于标注所用图标的中心位置，可通过 Icon 的 offset 属性修改标定位置。下面的示例向地图中心点添加了一个标注，并使用默认的标注样式。

```
var map = new BMap.Map("container");

var point = new BMap.Point(116.404, 39.915);

map.centerAndZoom(point, 15);

var marker = new BMap.Marker(point);// 创建标注

map.addOverlay(marker); // 将标注添加到地图中
```

1. 定义标注图标

通过 Icon 类可实现自定义标注的图标，下面示例通过参数 MarkerOptions 的 Icon 属性进行设置，也可以使用 marker.setIcon()方法。

```
var map = new BMap.Map("container");

var point = new BMap.Point(116.404, 39.915);

map.centerAndZoom(point, 15);

// 编写自定义函数，创建标注

function addMarker(point, index){

// 创建图标对象

var myIcon = new BMap.Icon("markers.png", new BMap.Size(23, 25), {

// 指定定位位置

// 当标注显示在地图上时，其所指向的地理位置距离图标左上

    // 角各偏移 10 像素和 25 像素。可以看到，在本例中该位置即是

    // 图标中央下端的尖角位置

    offset: new BMap.Size(10, 25),

    // 设置图片偏移

    // 当需要从一幅较大的图片中截取某部分作为标注图标时，

    // 需要指定大图的偏移位置，此做法与 css sprites 技术类似

    imageOffset: new BMap.Size(0, 0 - index * 25)     // 设置图片偏移

});

    // 创建标注对象并添加到地图

    var marker = new BMap.Marker(point, {icon: myIcon});
```

```
        map.addOverlay(marker);
    }
    // 随机向地图添加 10 个标注
    var bounds = map.getBounds();
    var lngSpan = bounds.maxX - bounds.minX;
    var latSpan = bounds.maxY - bounds.minY;
    for (var i = 0; i < 10; i ++) {
        var point = new BMap.Point(bounds.minX + lngSpan * (Math.random() * 0.7 + 0.15),
        bounds.minY + latSpan * (Math.random() * 0.7 + 0.15));
        addMarker(point, i);
    }
```

2. 监听标注事件

事件方法与 Map 事件机制相同，可参考事件部分。

```
    marker.addEventListener("click", function(){
        alert("您单击了标注");
    });
```

3. 可拖曳的标注

marker 的 enableDragging 和 disableDragging 方法可用来开启和关闭标注的拖曳功能。默认情况下标注不支持拖曳，需要调用 marker.enableDragging() 方法来开启拖曳功能。在标注开启拖曳功能后，可以监听标注的 dragend 事件来捕获拖曳后标注的最新位置。

```
    marker.enableDragging();
    marker.addEventListener("dragend", function(e){
        alert("当前位置：" + e.point.lng + ", " + e.point.lat);
    })
```

8.4.3 内存释放

在 API 1.0 版本中，如果在地图中反复添加大量的标注，可能会占用较多的内存资源。如果标注在移除后不再使用，可调用 Overlay.dispose() 方法来释放内存。在 1.0 版本中，调用此方法后标注将不能再次添加到地图上。自 1.1 版本开始，不再需要使用此方法来释放内存资源，API 会自动完成此工作。例如，可以在标注被移除后调用此方法。

```
map.removeOverlay(marker);
marker.dispose(); // 1.1 版本不需要这样调用
```

8.4.4 信息窗口

信息窗口在地图的上方浮动显示 HTML 内容。信息窗口可直接在地图上的任意位置打开，也可以在标注对象上打开（此时信息窗口的坐标与标注的坐标一致）。可以使用 InfoWindow 来创建一个信息窗口实例，注意同一时刻地图上只能有一个信息窗口处于打开状态。

```
var opts = {
  width : 250, // 信息窗口宽度
  height: 100, // 信息窗口高度
  title : "Hello"   // 信息窗口标题
}
var infoWindow = new BMap.InfoWindow("World", opts);   // 创建信息窗口对象
map.openInfoWindow(infoWindow, map.getCenter());   // 打开信息窗口
```

8.4.5 折线

Polyline 表示地图上的折线覆盖物。它包含一组点，并将这些点连接起来形成折线。

折线是在地图上绘制的一系列直线段。可以自定义这些线段的颜色、粗细和透明度。颜色可以是十六进制数字形式（如#ff0000）或者是颜色关键字（如 red）。

Polyline 的绘制需要浏览器支持矢量绘制功能。在 Internet Explorer 中，地图使用 VML 绘制折线，在其他浏览器中使用 SVG 或者 Canvas。以下代码段会在两点之间创建 6 像素宽的蓝色折线。

```
var polyline = new BMap.Polyline([
    new BMap.Point(116.399, 39.910),
    new BMap.Point(116.405, 39.920)
  ],
  {strokeColor:"blue", strokeWeight:6, strokeOpacity:0.5}
```

```
    );
    map.addOverlay(polyline);
```

8.4.6　自定义覆盖物

API 自 1.1 版本起支持用户自定义覆盖物。要创建自定义覆盖物，需要完成以下工作。

（1）定义一个自定义覆盖物的构造函数，通过构造函数参数可以传递一些自由的变量。

（2）设置自定义覆盖物对象的 prototype 属性为 Overlay 的实例，以便继承覆盖物基类。

（3）实现 initialize 方法，当调用 map.addOverlay 方法时，API 会调用此方法。

（4）实现 draw 方法。

1）定义构造函数并继承 Overlay

首先需要定义自定义覆盖物的构造函数，在下面的示例中我们定义一个名为 SquareOverlay 的构造函数，它包含中心点和边长两个参数，用来在地图上创建一个方形覆盖物。

```
// 定义自定义覆盖物的构造函数
function SquareOverlay(center, length, color){
  this._center = center;
  this._length = length;
  this._color = color;
}
// 继承 API 的 BMap.Overlay
SquareOverlay.prototype = new BMap.Overlay();
```

2）初始化自定义覆盖物

当调用 map.addOverlay 方法添加自定义覆盖物时，API 会调用该对象的 initialize 方法用来初始化覆盖物，在初始化过程中需要创建覆盖物所需要的 DOM 元素，并添加到地图相应的容器中。

地图提供了若干容器供覆盖物展示，通过 map.getPanes 方法可以得到这些容器元素，它们包括 floatPane、markerMouseTarget、floatShadow、labelPane、markerPane、mapPane。

这些对象代表了不同的覆盖物容器元素，它们之间存在着覆盖关系，最上一层为 floatPane，用于显示信息窗口内容，下面依次为标注点击区域层、信息窗口阴影层、文本标注层、标注层和矢量图形层。

自定义的方形覆盖物可以添加到任意图层上，这里选择添加到 markerPane 上，作为其一个子节点。

```
// 实现初始化方法
SquareOverlay.prototype.initialize = function(map){
// 保存 map 对象实例
 this._map = map;
 // 创建 div 元素，作为自定义覆盖物的容器
 var div = document.createElement("div");
 div.style.position = "absolute";
 // 可以根据参数设置元素外观
 div.style.width = this._length + "px";
 div.style.height = this._length + "px";
 div.style.background = this._color;
 // 将 div 添加到覆盖物容器中
 map.getPanes().markerPane.appendChild(div);
 // 保存 div 实例
 this._div = div;
 // 需要将 div 元素作为方法的返回值，当调用该覆盖物的 show、hide 方法，或者对覆盖物
 // 进行移除时，API 都将操作此元素
 return div;
 }
```

3）绘制覆盖物

上述操作仅仅把覆盖物添加到了地图上，但是并没有将它放置在正确的位置上。在 draw 方法中设置覆盖物的位置，每当地图状态发生变化（比如：位置移动、级别变化）时，API 都会调用覆盖物的 draw 方法，用于重新计算覆盖物的位置。通过 map.pointToOverlayPixel 方法可以将地理坐标转换到覆盖物所需要的像素坐标。

```
// 实现绘制方法
SquareOverlay.prototype.draw = function(){
// 根据地理坐标转换为像素坐标，并设置给容器
```

```
        var position = this._map.pointToOverlayPixel(this._center);
        this._div.style.left = position.x - this._length / 2 + "px";
        this._div.style.top = position.y - this._length / 2 + "px";
    }
```

4）移除覆盖物

当调用 map.removeOverlay 或者 map.clearOverlays 方法时，API 会自动将 initialize 方法返回的 DOM 元素进行移除。

5）显示和隐藏覆盖物

自定义覆盖物会自动继承 Overlay 的 show 和 hide 方法，方法会修改由 initialize 方法返回的 DOM 元素的 style.display 属性。如果自定义覆盖物元素较为复杂，开发者也可以自己实现 show 和 hide 方法。

```
    // 实现显示方法
    SquareOverlay.prototype.show = function(){
      if (this._div){
         this._div.style.display = "";
      }
    }
    // 实现隐藏方法
    SquareOverlay.prototype.hide = function(){
      if (this._div){
         this._div.style.display = "none";
      }
    }
```

8.4.7　自定义其他方法

通过构造函数的 prototype 属性，开发者可以添加任何自定义的方法，比如下面这个方法每调用一次就能改变覆盖物的显示状态。

```
    // 添加自定义方法
    SquareOverlay.prototype.toggle = function(){
      if (this._div){
        if (this._div.style.display == ""){
```

```
        this.hide();
          }
          else {
        this.show();
          }
        }
      }
```

至此已经完成了一个完整的自定义覆盖物的编写，可以添加到地图上了。

```
// 初始化地图
var map = new BMap.Map("container");
var point = new BMap.Point(116.404, 39.915);
map.centerAndZoom(point, 15);
// 添加自定义覆盖物
var mySquare = new SquareOverlay(map.getCenter(), 100, "red");
map.addOverlay(mySquare);
```

8.5　事件

8.5.1　地图事件概述

浏览器中的 JavaScript 是"事件驱动的"，这表示 JavaScript 通过生成事件来响应交互，并期望程序能够"监听"感兴趣的活动。例如，在浏览器中，用户的鼠标和键盘交互可以创建在 DOM 内传播的事件。对某些事件感兴趣的程序会为这些事件注册 JavaScript 事件监听器，并在接收这些事件时执行代码。

百度地图 API 拥有一个自己的事件模型，程序员可监听地图 API 对象的自定义事件，使用方法和 DOM 事件类似。但请注意，地图 API 事件是独立的，与标准 DOM 事件不同。

8.5.2　事件监听

百度地图 API 中的大部分对象都含有 addEventListener 方法，开发者可以通过该方法来监听对象事件。例如，BMap.Map 包含 click、dblclick 等事件。在特定环境下这些事件会被触发，同时监听函数会得到相应的事件参数 e，比如当用户点击地图时，e 参数会包含鼠标所对应的地理位置 point。

有关地图 API 对象的事件，可参考完整的 API 参考文档。

addEventListener 方法有两个参数：监听的事件名称和事件触发时调用的函数。在下面示例中，每当用户单击地图时，都会弹出一个警告框。

```
var map = new BMap.Map("container");
map.centerAndZoom(new BMap.Point(116.404, 39.915), 11);
map.addEventListener("click", function(){
  alert("您单击了地图。");
});
```

通过监听事件还可以捕获事件触发后的状态。下面示例显示用户拖动地图后地图中心的经纬度信息。

```
var map = new BMap.Map("container");
map.centerAndZoom(new BMap.Point(116.404, 39.915), 11);
map.addEventListener("dragend", function(){
  var center = map.getCenter();
  alert("地图中心点变更为：" + center.lng + ", " + center.lat);
});
```

8.5.3　事件参数和 this

在标准的 DOM 事件模型中（DOM Level 2 Events），监听函数会得到一个事件对象 e，在 e 中可以获取有关该事件的信息。同时在监听函数中 this 会指向触发该事件的 DOM 元素。百度地图 API 的事件模型与此类似，在事件监听函数中传递事件对象 e，每个 e 参数至少包含事件类型（type）和触发该事件的对象（target）。API 还保证函数内的 this 指向触发（同时也是绑定）事件的 API 对象。

例如，通过参数 e 得到单击位置的经纬度坐标。

```
var map = new BMap.Map("container");
map.centerAndZoom(new BMap.Point(116.404, 39.915), 11);
map.addEventListener("click", function(e){
  alert(e.point.lng + ", " + e.point.lat);
});
```

然后得到地图缩放后的级别。

```
var map = new BMap.Map("container");
map.centerAndZoom(new BMap.Point(116.404, 39.915), 11);
map.addEventListener("zoomend", function(){
  alert("地图缩放至：" + this.getZoom() + "级");
});
```

8.5.4 移除事件监听

当不再希望监听事件时，可以将事件监听进行移除。每个 API 对象提供了 removeEventListener 用来移除事件监听函数。

下面示例中，用户第一次单击地图会触发事件监听函数。由于在函数内部对事件监听进行了移除，因此后续的单击操作不会触发监听函数。

```
var map = new BMap.Map("container");
map.centerAndZoom(new BMap.Point(116.404, 39.915), 11);
function showInfo(e){
  alert(e.point.lng + ", " + e.point.lat);
  map.removeEventListener("click", showInfo);
}
map.addEventListener("click", showInfo);
```

8.6 图层

地图可以包含一个或多个图层，每个图层在每个级别都是由若干张图块组成的，它们覆盖了地球的整个表面。例如，我们所看到包括街道、兴趣点、学校、公园等内容的地图展现就是一个图层，另外交通流量的展现也是通过图层来实现的。

目前百度地图提供的图层包括 TrafficLayer（交通流量图层）。

通过 map.addTileLayer 方法可向地图添加图层，例如下面代码将显示北京市的交通流量。

```
var map = new BMap.Map("container");          // 创建地图实例
var point = new BMap.Point(116.404, 39.915);  // 创建点坐标
map.centerAndZoom(point, 15);                 // 初始化地图，设置中心点坐标和地图级别
var traffic = new BMap.TrafficLayer();        // 创建交通流量图层实例
map.addTileLayer(traffic);                    // 将图层添加到地图上
```

若要从地图上移除图层，需要调用 map.removeTileLayer 方法。

```
map.removeTileLayer(traffic);                 // 将图层移除
```

在使用自定义图层前，需要了解百度地图的地图坐标系，百度地图坐标系涉及经纬度球面坐标系统、墨卡托平面坐标系统、图块编号系统。

经纬度是一种利用三维空间的球面来定义地球上空间的球面坐标系，它能够标示地球上任何一个位置。通过伦敦格林尼治天文台原址的经线为 0 度经线，从 0 度经线向东、向西各分 180 度。赤道为 0 度纬线，赤道以北的纬线称为北纬，以南的称为南纬。在百度地图中，东经和北纬用正数标示，西经和南纬用负数标示。例如，北京的位置大约是北纬 39.9 度，东经 116.4 度，那么用数值标示就是经度 116.4 度，纬度 39.9 度。在百度地图中，习惯经度在前，纬度在后，例如：

```
var point = new BMap.Point(116.404, 39.915);  // 创建点坐标，经度在前，纬度在后
```

由于百度地图是显示在平面上的，因此在地图内部系统中需要将球面坐标转换为平面坐标，这个转换过程称为投影。百度地图使用的是墨卡托投影。墨卡托平面坐标系与经纬度坐标系的原点是重合的。

百度地图在每一个级别将整个地图划分成若干个图块，通过编号系统将整个图块整合在一起以便显示完整的地图。当地图被拖动或者级别发生变化时，地图 API 将会根据平面坐标计算出当前视野内所需显示的图块编号。

从平面坐标原点开始的右上方向的图块编号为"0,0"，以此类推。在最低的缩放级别（级别 1）中，整个地球由 4 张图块组成。随着级别的增长，地图所使用的图块个数也随之增多。

开发者可以通过 TileLayer 类实现自定义图层。其中，TileLayer 实例的 getTilesUrl

方法需要实现，用来告诉 API 取图规则。getTilesUrl 方法的参数包括 tileCoord 和 zoom，其中 tileCoord 为图块的编号信息，zoom 为图块的级别，每当地图需要显示特定级别的特定位置图块时就会自动调用此方法，并提供这两个参数。使用者需要告知 API 特定编号和级别所对应的图块地址，这样 API 就能正常显示自定义的图层了。

以下代码在每个图块的所有缩放级别上显示一个简单的透明叠加层，使用浮动红色小水滴表示图块的轮廓。

```
var map = new BMap.Map("container");          // 创建地图实例
var point = new BMap.Point(116.404, 39.915);  // 创建点坐标
map.centerAndZoom(point,15);                  // 初始化地图，设置中心点坐标和地图级别
var tilelayer = new BMap.TileLayer();         // 创建地图层实例
tilelayer.getTilesUrl=function(){             // 设置图块路径
  return "layer.gif";
};
map.addTileLayer(tilelayer);                  // 将图层添加到地图上
```

8.7 地图工具

8.7.1 地图工具概述

百度地图提供了交互功能更为复杂的"工具"，它包括以下几种。

（1）MarkerTool：标注工具。通过此工具用户可在地图任意区域添加标注。

（2）MarkerClusterer：多标注聚合器。此工具解决加载大量点要素到地图上造成缓慢且产生覆盖现象的问题。

（3）MarkerManager：标注管理工具。此工具提供展示、隐藏、清除所有标注的功能。

（4）RichMarker：富标注工具。此工具为用户提供自定义 Marker 样式，并添加单击、双击、拖曳等事件。

（5）DistanceTool：测距工具。通过此工具用户可测量地图上任意位置之间的距离。

（6）RectangleZoom：区域缩放工具。此工具将根据用户拖曳绘制的矩形区域大小对地图进行放大或缩小操作。

（7）MapWrapper：地图搬家工具。此工具提供了将 Google 或 GPS 坐标形式的 Marker 添加到百度地图上的功能。

（8）InfoBox：自定义信息窗口工具。此工具类似于 infoWindow，比 infoWindow 更有灵活性，比如可以定制 border、关闭按钮样式等。

（9）LuShu：路书，轨迹运动工具。此工具用以实现 marker 沿路线运动，并有暂停等功能。

（10）CityList：城市列表工具。此工具为用户直接生成城市列表，并且自带选择城市操作。

（11）AreaRestriction：区域限制工具。此工具为用户提供百度地图浏览区域限制设置。

（12）GeoUtils：几何运算工具。此工具提供判断点与矩形、圆形、多边形线、多边形面的关系，并提供计算折线长度和多边形面积的公式。

（13）TrafficControl：实时交通控件。此工具具有将交通流量图层在地图上的实时显示、隐藏等功能。

（14）SearchControl：检索控件。此工具针对移动端，提供城市列表选择、本地检索框、公交驾车查询框，并提供相应功能。

工具类在初始化时需要提供地图实例参数，以便使工具在该地图上生效。开发者可以在地图上添加多个工具，但同一时刻只能有一个工具处于开启状态。标注工具和测距工具在完成一次操作后将自动退出开启状态，而区域缩放工具可以自行配置是否自动关闭。

8.7.2　向地图添加工具

在地图正确初始化后，可以创建工具实例。下面示例展示了如何向地图添加一个标注工具。

```
var map = new BMap.Map("container");
map.centerAndZoom(new BMap.Point(116.404, 39.915), 15);
var myPushpin = new BMap.PushpinTool(map);        // 创建标注工具实例
myPushpin.addEventListener("markend", function(e){  // 监听事件，提示标注点坐标信息
  alert("您标注的位置：" +
    e.marker.getPoint().lng + ", " +
```

```
            e.marker.getPoint().lat);
    });
    myPushpin.open();        // 开启标注工具
```

工具类没有提供控制其开启和关闭的 UI 元素，开发者可以根据需要自己创建这些元素，把它们放置在地图区域内或者区域外均可。调用工具类的 open 和 close 可控制工具的开启和关闭。

首先初始化地图并创建一个测距工具实例。

```
    var map = new BMap.Map("container");
    map.centerAndZoom(new BMap.Point(116.404, 39.915), 15);
    var myDis = new BMap.DistanceTool(map);
```

接着创建两个按钮元素并为其添加单击事件。

```
    <input type="button" value="开启" onclick="myDis.open()" />
    <input type="button" value="关闭" onclick="myDis.close()" />
```

一些工具类提供了可修改的配置参数，开发者可参考 API 文档来修改它们以便符合要求。

以下是为区域缩放工具添加提示文字的示例。

```
    var map = new BMap.Map("container");
    map.centerAndZoom(new BMap.Point(116.404, 39.915), 15);
    var myDrag = new BMap.DragAndZoomTool(map, {
     followText : "拖曳鼠标进行操作"
    });
```

8.8 服务

8.8.1 地图服务概述

地图服务是指那些提供数据信息的接口，比如本地搜索、路线规划等。百度地图 API 提供的服务有以下几种。

（1）LocalSearch：本地搜索，提供某一特定地区的位置搜索服务，比如在北京市搜索"公园"。

（2）TransitRoute：公交导航，提供某一特定地区的公交出行方案的搜索服务。

（3）DrivingRoute：驾车导航，提供驾车出行方案的搜索服务。

（4）WalkingRoute：步行导航，提供步行出行方案的搜索服务。

（5）Geocoder：地址解析，提供将地址信息转换为坐标点信息的服务。

（6）LocalCity：本地城市，提供自动判断所在城市的服务。

（7）TrafficControl：实时路况控件，提供实时和历史路况信息服务。

搜索类的服务接口需要指定一个搜索范围，否则接口将不能工作。

1. 本地搜索

BMap.LocalSearch 提供本地搜索服务，在使用本地搜索时需要为其设置一个检索区域，检索区域可以是 BMap.Map 对象、BMap.Point 对象或者是省市名称的字符串。BMap.LocalSearch 构造函数的第二个参数是可选的，可以在其中指定结果的呈现。BMap.RenderOptions 类提供了若干控制呈现的属性，其中 map 指定了结果所展现的地图实例，panel 指定了结果列表的容器元素。

下面这个示例展示了在北京市检索天安门。搜索区域设置为地图实例，并告知结果需要展现在地图实例上。

```
var map = new BMap.Map("container");
map.centerAndZoom(new BMap.Point(116.404, 39.915), 11);
var local = new BMap.LocalSearch(map, {
  renderOptions:{map: map}
});
local.search("天安门");
```

另外，BMap.LocalSearch 还包含 searchNearby 和 searchInBounds 方法，提供周边搜索和范围搜索服务。

2. 配置搜索

BMap.LocalSearch 提供了若干配置方法，通过它们可以自定义搜索服务的行为以满足需求。

在下面的示例中，我们调整每页显示 8 个结果，并且根据结果点位置自动调整地图视野，不显示第一条结果的信息窗口。

```
var map = new BMap.Map("container");
map.centerAndZoom(new BMap.Point(116.404, 39.915), 11);
var local = new BMap.LocalSearch("北京市", {
  renderOptions: {
    map: map,
    autoViewport: true,
    selectFirstResult: false
  },
    pageCapacity: 8
});
local.search("中关村");
```

3. 结果面板

通过设置 BMap.LocalSearchOptions.renderOptions.panel 属性，可以为本地搜索对象提供一个结果列表容器，搜索结果会自动添加到容器元素中，如以下示例。

```
var map = new BMap.Map("container");
map.centerAndZoom(new BMap.Point(116.404, 39.915), 11);
var local = new BMap.LocalSearch(map, {
  renderOptions: {map: map, panel: "results"}
});
local.search("天安门");
```

4. 数据接口

除搜索结果会自动添加到地图和列表外，还可以通过数据接口获得详细的数据信息，结合地图 API 可以自行向地图添加标注和信息窗口。BMap.LocalSearch 和 BMap.LocalSearchOptions 类提供了若干设置回调函数的接口，通过它们可得到搜索结果的数据信息。例如，通过 onSearchComplete 回调函数参数可以获得 BMap.LocalResult 对象实例，它包含了每一次搜索结果的数据信息。当回调函数被执行时，可以使用 BMap.LocalSearch.getStatus()方法来确认搜索是否成功或者得到错误的详细信息。

在下面这个示例中，通过 onSearchComplete 回调函数得到第一页每条结果的标题和地址信息，并输出到页面上。

```
var map = new BMap.Map("container");

map.centerAndZoom(new BMap.Point(116.404, 39.915), 11);

var options = {

  onSearchComplete: function(results){

    if (local.getStatus() == BMAP_STATUS_SUCCESS){

// 判断状态是否正确

var s = [];

for (var i = 0; i < results.getCurrentNumPois(); i ++){

  s.push(results.getPoi(i).title + ", " + results.getPoi(i).address);

}

document.getElementById("log").innerHTML = s.join("<br />");

    }

  }

};

var local = new BMap.LocalSearch(map, options);

local.search("公园");
```

5. 周边搜索

通过周边搜索服务，可以在某个地点附近进行搜索，也可以在某一个特定结果点周围进行搜索。

下面示例展示了如何在前门附近搜索小吃。

```
var map = new BMap.Map("container");

map.centerAndZoom(new BMap.Point(116.404, 39.915), 11);

var local = new BMap.LocalSearch(map, {

  renderOptions:{map: map, autoViewport: true}

});

local.searchNearby("小吃", "前门");
```

6. 范围搜索

范围搜索将根据提供的视野范围提供搜索结果。值得注意的是，当搜索范围过大时可能会出现无结果的情况。

下面示例展示了在当前地图视野范围内搜索银行。

```
var map = new BMap.Map("container");

map.centerAndZoom(new BMap.Point(116.404, 39.915), 14);

var local = new BMap.LocalSearch(map, {

  renderOptions:{map: map}

});

local.searchInBounds("银行", map.getBounds());
```

8.8.2 公交导航

BMap.TransitRoute 类提供公交导航搜索服务。和本地搜索类似，在搜索之前需要指定搜索区域。注意公交导航的区域范围只能是市，而不能是省。如果搜索区域为BMap.Map 对象，路线结果会自动添加到地图上。如果提供了结果容器，相应的路线描述也会展示在页面上。

下面示例展示了如何使用公交导航服务。

```
var map = new BMap.Map("container");

map.centerAndZoom(new BMap.Point(116.404, 39.915), 14);

var transit = new BMap.TransitRoute(map, {

  renderOptions: {map: map}

});

transit.search("王府井", "西单");
```

1. 结果面板

结果面板可以提供用于展示文字结果的容器元素，方案结果会自动在页面中展现。

```
var map = new BMap.Map("container");

map.centerAndZoom(new BMap.Point(116.404, 39.915), 14);

var transit = new BMap.TransitRoute(map, {

  renderOptions: {map: map, panel: "results"}

});

transit.search("王府井", "西单");
```

2. 数据接口

通过数据接口可以获取详细的公交方案信息。公交导航搜索结果用 BMap.Transit-RouteResult 来表示，其中包含了若干公交出行方案（BMap.TransitRoutePlan）。每条出行方案由步行线路和公交线路组成。在起点到上车点之间、下车点到终点之间及每个换乘站之间都会存在步行线路，如果上述的某两点位置重合，那么其间的步行路线长度为 0。

　　在下面示例中，通过数据接口将第一条方案的路线添加到地图上，并将所有方案的描述信息输出到页面上。

```
var map = new BMap.Map("container");

map.centerAndZoom(new BMap.Point(116.404, 39.915), 12);

var transit = new BMap.TransitRoute("北京市");

transit.setSearchCompleteCallback(function(results){

 if (transit.getStatus() == BMAP_STATUS_SUCCESS){

   var firstPlan = results.getPlan(0);

   // 绘制步行线路

   for (var i = 0; i < firstPlan.getNumRoutes(); i++){

var walk = firstPlan.getRoute(i);

if (walk.getDistance(false) > 0){

   // 步行线路有可能为 0

   map.addOverlay(new BMap.Polyline(walk.getPoints(), {lineColor: "green"}));

}

   }

   // 绘制公交线路

   for (i = 0; i < firstPlan.getNumLines(); i++){

var line = firstPlan.getLine(i);

map.addOverlay(new BMap.Polyline(line.getPoints()));

   }

   // 输出方案信息

   var s = [];

   for (i = 0; i < results.getNumPlans(); i++){

s.push((i + 1) + ". " + results.getPlan(i).getDescription());

   }

   document.getElementById("log").innerHTML = s.join("
");

 }
```

```
})
transit.search("中关村", "国贸桥");
```

8.8.3 驾车导航

BMap.DrivingRoute 提供驾车导航服务。与公交导航不同的是，驾车导航的搜索范围可以设置为省。

下面示例展示了如何使用驾车导航接口。

```
var map = new BMap.Map("container");
map.centerAndZoom(new BMap.Point(116.404, 39.915), 14);
var driving = new BMap.DrivingRoute(map, {
  renderOptions: {
    map: map,
    autoViewport: true
  }
});
driving.search("中关村", "天安门");
```

1. 结果面板

下面示例提供了结果面板参数，方案描述会自动展示到页面上。

```
var map = new BMap.Map("container");
map.centerAndZoom(new BMap.Point(116.404, 39.915), 14);
var driving = new BMap.DrivingRoute(map, {
  renderOptions: {
    map    : map,
    panel : "results",
    autoViewport: true
  }
});
driving.search("中关村", "天安门");
```

2. 数据接口

驾车导航服务也提供了丰富的数据接口，通过 onSearchComplete 回调函数可以得到

BMap.DrivingRouteResult 对象，它包含了驾车导航结果数据信息。结果会包含若干驾车方案（目前仅提供一条方案），每条方案中包含了若干驾车线路（如果导航方案只包含一个目的地，那么驾车线路的个数就为 1，如果方案包含若干个目的地，则驾车线路的个数会大于 1。目前 API 尚不支持多个目的地的驾车导航）。每条驾车线路又会包含一系列的关键步骤（BMap.Step），关键步骤描述了具体驾车行驶方案，可通过BMap.Step.get Description()方法获得。

```
var map = new BMap.Map("container");
map.centerAndZoom(new BMap.Point(116.404, 39.915), 14);
var options = {
 onSearchComplete: function(results){
   if (driving.getStatus() == BMAP_STATUS_SUCCESS){
// 获取第一条方案
var plan = results.getPlan(0);
// 获取方案的驾车线路
var route = plan.getRoute(0);
// 获取每个关键步骤，并输出到页面
var s = [];
for (var i = 0; i < route.getNumSteps(); i ++){
   var step = route.getStep(i);
   s.push((i + 1) + ". " + step.getDescription());
}
document.getElementById("log").innerHTML = s.join("
");
   }
 }
};
var driving = new BMap.DrivingRoute(map, options);
driving.search("中关村", "天安门");
```

步行导航接口在使用上与驾车导航一致，具体请参考 API 文档。

8.8.4　地理编码

地理编码能够将地址信息转换为地理坐标点信息。

1. 根据地址描述获得坐标

百度地图 API 提供 Geocoder 类进行地址解析，可以通过 Geocoder.getPoint()方法来将一段地址描述转换为一个坐标。

在下面的示例中，我们将获得地址"北京市海淀区上地 10 街 10 号"的地理坐标位置，并在这个位置上添加一个标注。注意在调用 Geocoder.getPoint()方法时需要提供地址解析所在的城市（本例为"北京市"）。

```
var map = new BMap.Map("container");
map.centerAndZoom(new BMap.Point(116.404, 39.915), 11);
// 创建地址解析器实例
var myGeo = new BMap.Geocoder();
// 将地址解析结果显示在地图上，并调整地图视野
myGeo.getPoint("北京市海淀区上地 10 街 10 号", function(point){
  if (point) {
    map.centerAndZoom(point, 16);
    map.addOverlay(new BMap.Marker(point));
  }
}, "北京市");
```

2. 反向地理编码

反向地理编码的过程正好相反，它根据一个坐标点得到一个地址的描述。可以通过 Geocoder.getLocation()方法获得地址描述。当解析工作完成后，提供的回调函数将会被触发。如果解析成功，则回调函数的参数为 GeocoderResult 对象，否则为 null。

```
var map = new BMap.Map("container");
map.centerAndZoom(new BMap.Point(116.404, 39.915), 11);
// 创建地理编码实例
var myGeo = new BMap.Geocoder();
// 根据坐标得到地址描述
myGeo.getLocation(new BMap.Point(116.364, 39.993), function(result){
  if (result){
    alert(result.address);
  }
});
```

第三篇
实践篇

第 9 章　ArcGIS Engine 组件式开发

9.1　桌面 GIS 应用程序框架的建立

9.1.1　实践目的

（1）熟悉 C#和 ArcGIS Engine 的集成开发环境；

（2）掌握如何在 C#中添加 ArcGIS Engine 组件；

（3）熟悉 ArcGIS Engine 组件的属性项；

（4）创建第一个 ArcGIS Engine 桌面应用程序。

9.1.2　实践环境

（1）Microsoft Visual Studio 2008/2010；

（2）ArcGIS Engine10.1。

9.1.3　实践内容

ArcGIS Engine 提供了丰富的 GIS 组件方便用户快速开发一个 GIS 应用程序，无须写代码即可实现 GIS 数据加载、地图操作等功能，甚至可以实现高级编辑及空间分析功能。接下来使用 ArcGIS Engine 提供的 MapControl Application 模块来创建第一个 ArcGIS Engine 桌面应用程序。9.1 节的实例是在不写任何代码的情况下，创建一个浏览小程序。

该小程序可以打开 mxd 地图文档，对地图进行缩放、漫游、点击查询属性等操作。

需要添加的控件有：ToobarControl、TOCControl、MapControl、LicenseControl。

从开始菜单中启动 Visual Studio 2005。

从菜单"文件"→"新建项目"选中项目。从这一步开始创建一个 C#工程，如图 9-1 所示。

图 9-1　创建 C#工程

在弹出的新建项目对话框中，首先选中"Visual C#"，然后在模板中选中"Windows 窗体应用程序"，可修改该工程名称，这里暂使用默认名称，然后通过单击浏览按钮指定一个存放工程文件的路径，单击"确定"按钮，如图 9-2 所示。

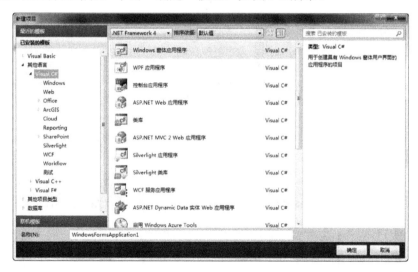

图 9-2　修改工程名称

创建好工程后，该工程会自动创建一个名称为 Form1 的窗体，如图 9-3 所示。在窗体上右击选择"属性"。在右侧的属性列表中找到"Text"属性，输入窗体名称，即可更改窗体名称。拖动窗体右下角，使窗体变大，单击左侧的"工具箱"。在弹出的工具箱中找到"ArcGIS Windows Forms"选项卡，单击选项卡前面的加号，展开该选项卡，依次双击"ToolbarControl""TOCControl""MapControl""LicenseControl"，如图 9-4 和图 9-5 所示。

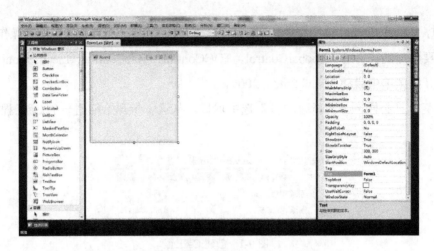

图 9-3　自动创建 Form1 窗体

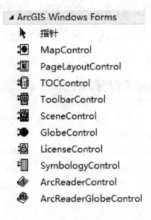

图 9-4　工具箱控件

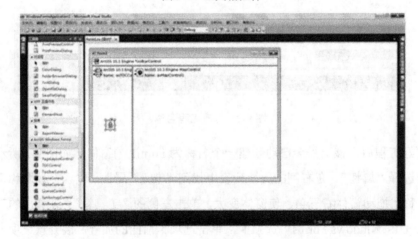

图 9-5　添加控件

在 Form1 窗体界面上使用鼠标拖动各个控件，使得各控件如图 9-6 所示。选中

"ToolbarControl"控件，在属性窗口中找到 Dock 属性，单击下拉按钮，选中 Top 部分。

和 ToolbarControl 的操作一样，把 TOCControl 和 MapControl 两个控件的 Dock 属性分别设置为 Left 和 Fill。至此 Form1 窗体的界面布局设置已经完成。窗体顶部是工具栏，左侧是图层列表，主工作区是地图控件。

右击窗体上的 ToolbarControl 控件，单击"属性"菜单，如图 9-6 所示。

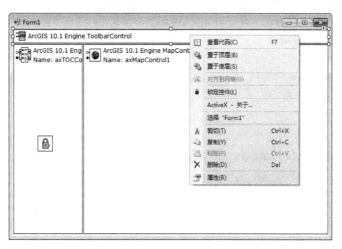

图 9-6　选择工具条属性

在弹出的"属性"对话框中，先设置 Buddy 属性为 axMapControl1，然后单击 Items 选项卡，如图 9-7 所示。

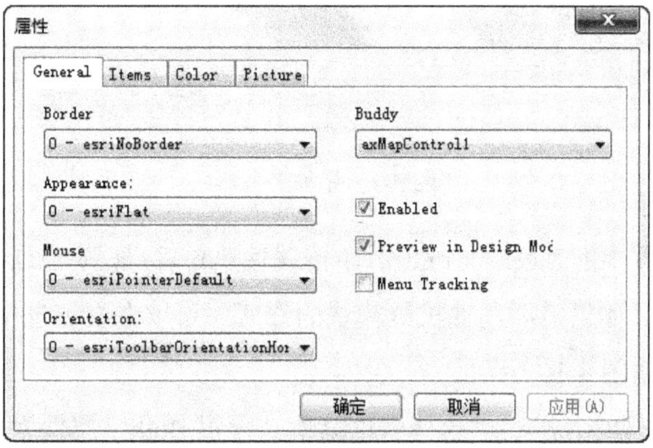

图 9-7　修改 axMapControl1 属性

在 Items 选项卡中，单击 Add 按钮，也可以添加 Commands、Toolsets 内的工具集，如图 9-8 所示。在左边的分类中选中 Generic，双击右侧的 Open 工具，这样 Open 工具就加入工具栏里面了。

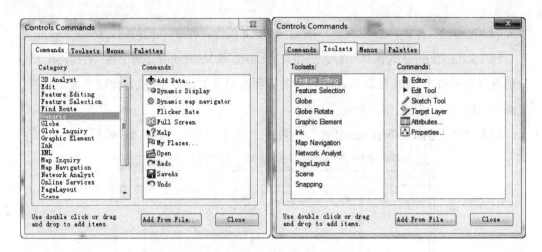

图 9-8　向工具条添加工具

在左侧依次选中 Map Inquiry 和 Map Navigation，把 Identify、Zoom In、Zoom Out 等工具添加到工具栏中，添加完成后效果如图 9-9 所示，单击"确定"按钮。

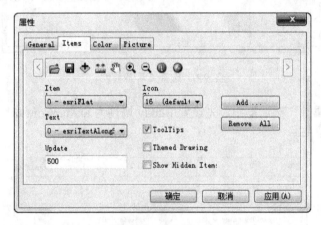

图 9-9　添加工具后

右击工具箱控件中的 LicenseControl，单击属性菜单。浏览弹出的对话框，其中 ArcGIS Engine 已经被选中，如果需要其他扩展模块的许可，可以在右侧选中对应的复选框，单击"确定"按钮，如图 9-10 所示。

在窗体上右击 TOCControl，选择属性菜单。设置 Buddy 属性为 axMapControl1，单击"确定"按钮，如图 9-11 所示。

在调试菜单中单击启动调试菜单，运行程序。程序运行界面如图 9-12 所示。单击工具栏上的第一个按钮。

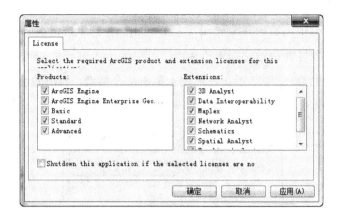

图 9-10 添加扩展模块许可

图 9-11 修改 TOCControl 属性

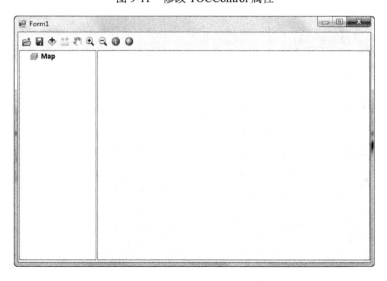

图 9-12 程序运行界面

在弹出的对话框中浏览到某个 mxd 文档，单击"打开"按钮，地图文档中包含的图层就被加载到了地图控件和图层列表控件中。

单击工具栏上的 Identify 工具，在地图上单击某个要素，弹出的 Identify 对话框中显示出了单击要素的属性信息，如图 9-13 所示。

图 9-13　Identify 功能窗口

9.2　鹰眼的实现

9.2.1　实践目的

（1）了解鹰眼概念；

（2）实现鹰眼效果。

9.2.2　实践环境

（1）Microsoft Visual Studio 2008/2010；

（2）ArcGIS Engine10.1。

9.2.3　实践内容

在 9.1 节中，我们实现了状态栏的相关信息显示，本节将要实现鹰眼功能。所谓的鹰眼，就是一个缩略地图，上面有一个矩形框，矩形框区域就是当前显示的地图区域。鹰眼是地图浏览中常用的功能之一。本节主要实现的功能：鹰眼视图里面鼠标右键画红框，左键拖动代码中主视图为 Mapcontrol1，鹰眼视图为 MapControl2。主要利用了 Envelope 进行视图范围传递，从而控制视图同步等。9.2 节需要在 9.1 节的基础上再添加一个 MapControl 控件。

打开 9.1 节已经创建的应用程序。再添加一个 MapControl 控件作为鹰眼区，大窗口作为主地图区。两个窗口中加载同一个数据。需要注意的是，主地图区的显示范围应为鹰眼区中红色矩形框所包含的地图对象范围。读取主地图区的地图显示范围，在鹰眼区根据主地图区地图显示范围绘制红色矩形框并显示出来。

9.2.4　实例代码

```
using System;
using System.Collections.Generic;
using System.ComponentModel;
using System.Data;
using System.Drawing;
using System.Text;
using System.Windows.Forms;
using ESRI.ArcGIS.ESRISystem;
using ESRI.ArcGIS.Carto;
using ESRI.ArcGIS.Controls;
using ESRI.ArcGIS.SystemUI;
using ESRI.ArcGIS.Geometry;
using ESRI.ArcGIS.Geodatabase;
using ESRI.ArcGIS.DataSourcesFile;
```

```
using ESRI.ArcGIS.Display;

using ESRI.ArcGIS.ADF;

using ESRI.ArcGIS.MapControl;

using System.IO;
```

1）载入地图到鹰眼控件

当地图载入 MapControl 控件时，同时也载入了鹰眼控件，在 axMapControl1_OnMapReplaced 事件响应函数（此函数在 9.1 节中已经添加了）中添加以下代码。

```
private void axMapControl1_OnMapReplaced(object sender, IMapControlEvents2_OnMap
ReplacedEvent e)

{
// 前面代码省略
// 当主地图区显示控件的地图更换时，鹰眼区中的地图也跟随更换

this.axMapControl2.Map = new MapClass();

// 添加 MapControl 控件中的所有图层到鹰眼控件中

for (int i = 1; i <= this.axMapControl1.LayerCount; i++)

{

this.axMapControl2.AddLayer(this.axMapControl1.get_Layer(this.axMapControl1.LayerCount - i));

}
// 设置 MapControl 控件显示范围至数据的全局范围

this.axMapControl2.Extent = this.axMapControl1.FullExtent;

// 刷新鹰眼控件地图

this.axMapControl2.Refresh();

}
```

2）绘制鹰眼区矩形框

为鹰眼控件 MapControl2 添加 OnExtentUpdated 事件，此事件在 MapControl 控件的显示范围改变时响应，从而相应更新鹰眼控件中的矩形框，其响应函数代码如下所示。

```
private void axMapControl1_OnExtentUpdated(object sender, IMapControlEvents2_OnExtent
UpdatedEvent e)

{
// 得到新范围

IEnvelope pEnv = (IEnvelope)e.newEnvelope;

IGraphicsContainer pGra = axMapControl2.Map as IGraphicsContainer;
```

```
        IActiveView pAv = pGra as IActiveView;
        // 在绘制前，清除 axMapControl2 中的所有图形元素
        pGra.DeleteAllElements();
        IRectangleElement pRectangleEle = new RectangleElementClass();
        IElement pEle = pRectangleEle as IElement;
        pEle.Geometry = pEnv;
        // 设置鹰眼图中的红线框
        IRgbColor pColor = new RgbColorClass();
        pColor.Red = 255;
        pColor.Green = 0;
        pColor.Blue = 0;
        pColor.Transparency = 255;
        // 产生一个线符号对象
        ILineSymbol pOutline = new SimpleLineSymbolClass();
        pOutline.Width = 2;
        pOutline.Color = pColor;
        // 设置颜色属性
        pColor = new RgbColorClass();
        pColor.Red = 255;
        pColor.Green = 0;
        pColor.Blue = 0;
        pColor.Transparency = 0;
        // 设置填充符号的属性
        IFillSymbol pFillSymbol = new SimpleFillSymbolClass();
        pFillSymbol.Color = pColor;
        pFillSymbol.Outline = pOutline;
        IFillShapeElement pFillShapeEle = pEle as IFillShapeElement;
        pFillShapeEle.Symbol = pFillSymbol;
        pGra.AddElement((IElement)pFillShapeEle, 0);
        // 刷新
        pAv.PartialRefresh(ESRIViewDrawPhase.ESRIViewGraphics, null, null);
    }
```

3）鹰眼与 MapControl 控件互动

为鹰眼控件 MapControl2 添加 OnMouseDown 事件，代码如下所示。

```
private void axMapControl2_OnMouseDown(object sender, IMapControlEvents2_ OnMouse
DownEvent e)
{
if (this.axMapControl2.Map.LayerCount != 0)
{
// 单击移动矩形框
    if (e.button == 1)
    {
    IPoint pPoint = new PointClass();
    pPoint.PutCoords(e.mapX, e.mapY);
    IEnvelope pEnvelope = this.axMapControl1.Extent;
    pEnvelope.CenterAt(pPoint);
    this.axMapControl1.Extent = pEnvelope;
    this.axMapControl1.ActiveView.PartialRefresh(ESRIViewDrawPhase.ESRIViewGeography,
    null, null);
    }
    // 右击绘制矩形框
    else if (e.button == 2)
    {
    IEnvelope pEnvelop = this.axMapControl2.TrackRectangle();
    this.axMapControl1.Extent = pEnvelop;
    this.axMapControl1.ActiveView.PartialRefresh(ESRIViewDrawPhase.ESRIViewGeography,
    null, null);
    }
}
}
```

为鹰眼控件 MapControl2 添加 OnMouseMove 事件，主要实现单击时移动矩形框，同时也改变 MapControl 控件的显示范围，代码如下所示。

```
private void axMapControl2_OnMouseMove(object sender, IMapControlEvents2_OnMouse
MoveEvent e)
{
```

```
// 如果不是单击就直接返回
if (e.button != 1) return;
IPoint pPoint = new PointClass();
pPoint.PutCoords(e.mapX, e.mapY);
this.axMapControl1.CenterAt(pPoint);
this.axMapControl1.ActiveView.PartialRefresh(ESRIViewDrawPhase.ESRIViewGeography, null, null);
}
```

需要注意的是，当主地图区范围发生变化时，鹰眼区也应同步随之更新。

9.3　菜单的添加与实现

9.3.1　实践目的

（1）在 Visual Basic 或 Visual Basic 2008 中加载图像；

（2）运用 command 命令、菜单和 button 的方式实现对文件的放大、缩小、平移、全视图等操作。

9.3.2　实践环境

（1）Microsoft Visual Studio 2008/2010；

（2）ArcGIS Engine10.1。

9.3.3　实践内容

每创建一个菜单，都要在其属性面板中设置 Name 属性，并且要尽量避免使用中文，Name 值将会是此菜单响应函数的函数名的一部分。本节将添加打开（Open）、添加数据（AddData）、保存（Save）、另存为（SaveAs）、退出（Exit）这些菜单，"（）"内名称为相应的 Name 属性值。在 9.3 节中要使用 MenuStrip 控件修改菜单名称并且添加图标，通过双击相应菜单名称编写代码，最后进行调试。

在 VS2005 的工具箱中，展开菜单和工具栏，双击 MenuStrip 控件，这样就在窗体上添加了一个菜单控件。

在菜单上单击，输入"文件"作为菜单的标题，输入"打开""另存为"等作为菜单的名称，如图 9-14 所示。

图 9-14 添加 MenuStrip 控件

选中"打开"菜单，在属性框中单击事件按钮，双击事件列表中的 Click，自动生成 Click 事件。

下面开始使用 ArcGIS Engine 进行编码，首先需要添加 ArcGIS 的引用，在解决方案管理器中右击"添加引用"。在对话框中选中"ESRI.ArcGIS.Geodatabase; ESRI.ArcGIS.DataSourcesFile;"类库，单击"确定"按钮。

在 Form1.cs 源代码文件中，在源代码的顶部，输入以下代码，导入命名空间。

```
using System.IO;
using ESRI.ArcGIS.Geodatabase;
using ESRI.ArcGIS.DataSourcesFile;
using ESRI.ArcGIS.Carto。
```

在菜单的 Click 事件处理方法中添加以下代码。

```
private ESRI.ArcGIS.Controls.IMapControl3 m_mapControl = null;
private ESRI.ArcGIS.Controls.IPageLayoutControl2 m_pageLayoutControl = null;
private IMapDocument pMapDocument;
```

9.3.4　主要代码

若以上指针无效，请添加以下引用。

```
using ESRI.ArcGIS.Carto;

using ESRI.ArcGIS.Controls;

using ESRI.ArcGIS.ESRISystem;

using ESRI.ArcGIS.Display;

using ESRI.ArcGIS.Geometry;

using ESRI.ArcGIS.SystemUI;
```

在设计视图的属性面板中，选择 Form1，即主窗体，单击事件按钮（闪电形状的按钮），找到 Load 事件并双击，添加此事件。

在 Form1_Load 函数中初始化以下指针。

```
// 取得 MapControl 和 PageLayoutControl 的引用

m_mapControl = (IMapControl3)this.axMapControl1.Object;

m_pageLayoutControl = (IPageLayoutControl2)this.axPageLayoutControl1.Object;
```

依次双击每个菜单项，添加菜单响应函数。实现代码如下：

```
/// <summary>
/// 新建地图命令
/// </summary>
/// <param name="sender"></param>
/// <param name="e"></param>
private void New_Click(object sender, EventArgs e)
{
// 本命令涉及的 MapControl 和 PageLayoutControl 同步问题，将在后面章节中实现
}
/// <summary>
/// 打开地图文档 mxd 命令
/// </summary>
/// <param name="sender"></param>
/// <param name="e"></param>
private void Open_Click(object sender, EventArgs e)
{
```

```
// 本命令涉及的 MapControl 和 PageLayoutControl 同步问题，将在后面章节中实现
}
/// <summary>
/// 添加数据命令
/// </summary>
/// <param name="sender"></param>
/// <param name="e"></param>
private void AddData_Click(object sender, EventArgs e)
{
int currentLayerCount = this.axMapControl1.LayerCount;
ICommand pCommand = new ControlsAddDataCommandClass();
pCommand.OnCreate(this.axMapControl1.Object);
pCommand.OnClick();
}
/// <summary>
/// 保存地图文档命令
/// </summary>
/// <param name="sender"></param>
/// <param name="e"></param>
private void Save_Click(object sender, EventArgs e)
{
// 确认当前地图文档是否有效
if (null != m_PageLayoutControl.DocumentFilename && m_MapControl.CheckMxFile(m_
PageLayoutControl.DocumentFilename))
{
// 创建一个新的地图文档实例
IMapDocument mapDoc = new MapDocumentClass();
// 打开当前地图文档
mapDoc.Open(m_PageLayoutControl.DocumentFilename, string.Empty);
// 用 PageLayout 中的文档替换当前文档中的 PageLayout 部分
mapDoc.ReplaceContents((IMxdContents)m_PageLayoutControl.PageLayout);
// 保存地图文档
mapDoc.Save(mapDoc.UsesRelativePaths, false);
mapDoc.Close();
```

```
    }
  }
  /// <summary>
  /// 另存为地图文档命令
  /// </summary>
  /// <param name="sender"></param>
  /// <param name="e"></param>
  private void SaveAs_Click(object sender, EventArgs e)
  {
  // 调用另存为命令
  ICommand command = new ControlsSaveAsDocCommandClass();
  command.OnCreate(m_controlsSynchronizer.ActiveControl);
  command.OnClick();
  }
  /// <summary>
  /// 退出程序
  /// </summary>
  /// <param name="sender"></param>
  /// <param name="e"></param>
  private void Exit_Click(object sender, EventArgs e)
  {
  Application.Exit();
  }
```

可在属性面板中的 Text 属性中，把菜单名设置为中英文形式，如"打开 Open"，带下画线的"O"表示此项菜单的快捷键是字母"O"，设置方法是在相应字母前加上"&"字符，如"打开 &Open"。但这种快捷键只在打开此下拉菜单时才有效，即当单击"文件"菜单弹出下拉菜单时，按下字母"O"就可以定位到"打开"菜单，如图 9-15 所示。

还有一种在程序运行时都有效的全局快捷键，可以在属性面板中的 ShortCutKeys 中设置。还可以在属性面板中的 Image 属性中设置喜欢的菜单图标。单击 Image 一行右边的按钮，在弹出的菜单中选择"项目资源文件"，再单击导入就可以选择图标了。

图 9-15　添加快捷方式

9.4 状态栏信息的添加与实现

9.4.1 实践目的

实时显示鼠标单击位置的地理坐标。

9.4.2 实践环境

（1）Microsoft Visual Studio 2008/2010；

（2）ArcGIS Engine10.1。

9.4.3 实践内容

（1）添加状态栏控件，了解其属性等；

（2）编译。

需要新添加 ToolStripStatusLabel 控件。从工具箱中选择并添加 StatusStrip 控件，将其位置调整于最下方，选中"新建 ToolStripStatusLabel"，在属性中修改其名称及文本，再添加 9.4.4 节的代码即可。

9.4.4 实例代码

```
        private void axMapControl1_OnMouseDown(object sender, IMapControlEvents2_OnMouse
DownEvent e)
        {
//////////////////////////////显示当前比例尺
ScaleLabel.Text = " 比例尺  1:" + ((long)this.axMapControl1.MapScale).ToString();
//////////////////////////////显示当前坐标
```

```
CoordinateLabel.Text = "当前坐标  X = " + e.mapX.ToString() + " Y = " + e.mapY.ToString() +
" " + this.axMapControl1.MapUnits.ToString().Substring(4);
        }
```

9.4.5　实例结果

ToolStripStatusLabel 控件效果显示如图 9-16 所示。

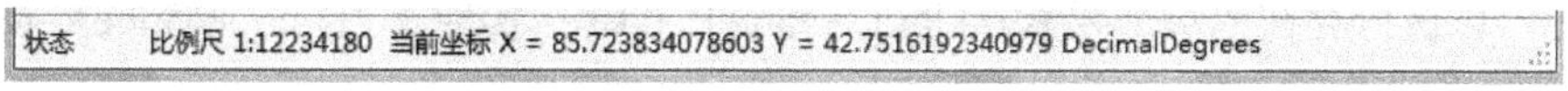

| 状态 | 比例尺 1:12234180 | 当前坐标 X = 85.723834078603 Y = 42.7516192340979 DecimalDegrees |

图 9-16　ToolStripStatusLabel 控件效果

9.5　专题地图

9.5.1　实践目的

（1）掌握专题地图的定义；

（2）实现专题地图的效果。

9.5.2　实践环境

（1）Microsoft Visual Studio 2008/2010；

（2）ArcGIS Engine10.1。

9.5.3　实践内容

（1）掌握通过单击菜单栏菜单名称，弹出新窗体的算法；

（2）根据需求设计专题图面板；

（3）实现专题图功能。

ChartRenderer 专题图使用一个饼图或柱状图来表示一个要素的多个属性，有水平排列和累计排列两种方式。ChartRenderer 对象实现了 IChartRenderer 接口，其中 ChartSymbol 方法用于设置着色对象的着色符号，Label 属性用于设置 Legend 的标签。该方法用于比较一个要素中的不同属性，在获得着色图层的单个或多个字段时用 RendererField 对象来操作。该类实现了 IRendererField 接口，可以通过 AddField 方法来添加字段。该着色法使用饼图来表现要素的多个属性之间的比率关系。该对象实现了 IPicChartRenderer 接口，使用 PieChartSymbol 符号来修饰要素。

UniqueValueRenderer 专题图依据要素图层中某个字段的不同值，给每个要素一个单独的颜色，以区分存在的每个要素。UniqueValueRenderer 实现了 IUniqueValueRenderer 接口，提供了各种属性和方法，如 AddValue 方法用于将单个要素的某个字段值和与之相匹配的着色符号加入 UniqueValueRenderer 对象。

ClassBreakRenderer 专题图为分级专题图，根据用户要求，将要素图层中要素某个数值字段的值分为多个级别，每个级别用不同的 Symbol 显示。该对象实现了 IClassBreakRenderer 接口，提供了实现分级显示的属性和方法，如 Field 属性用于设置分级着色的字段，BreakCount 属性用于设置分级的数目。

DotDensityRenderer 专题图使用随机分布的点的密度来表现要素某个属性值大小，也可以对图层的多个属性值着色，通过指定不同的点符号来区分。DotDensityRenderer 对象使用 DotDensityFillSymbol 符号对 Polygon 类型的要素进行着色。DotDensityRenderer 对象实现了 IDotDensityRenderer 接口，定义了使用点密度着色方法和属性，如 DotDensitySymbol 用于确定着色点符号，CreateLegend 方法用于产生图例。

专题图中需要注意的是，独立值专题图绑定的字段类型除字符以外，必须都是数字类型。设计生成专题图的面板，在菜单栏添加专题图菜单，添加新的窗体，其文本命名为饼图/柱状图，name 命名为 ChartForm。在 ChartForm 中添加控件 Label、Combobox、ListBox、TextBox、Button。按照上面的方式添加菜单标题"专题图"，修改菜单的 Name 属性为 thematicMapToolStripMenuItem。在其下添加菜单"饼柱状图" chartToolStripMenuItem 及"渲染专题图" renderToolStripMenuItem2，同时分别添加各菜单的 Click 事件。

Click 事件目前方法为空，下面的步骤将填充代码。

右击项目名称，添加 Windows 窗体，如图 9-17 所示。

在添加新项对话框中，选择"Visual C# 项"，模板选中"Windows 窗体"，名称输入"ChartForm.cs"，单击添加按钮，如图 9-18 所示。

从工具箱中往新窗体上添加控件 Label、ComboBox、ListBox、TextBox、Button、

RadioButton。修改其文本及名称且布局如图 9-19 所示。

图 9-17　添加 Windows 窗体

图 9-18　修改窗体名称

图 9-19　新窗体添加控件

9.5.4 实例代码

首先，在主窗体中添加弹出新窗体代码。

```csharp
private void chartToolStripMenuItem_Click(object sender, EventArgs e)
{
    ChartForm cfrm = new ChartForm(this);
    cfrm.Show();
}
```

在"ChartForm"窗体中 ComboBox 的 SelectedIndexChanged 事件中添加以下代码。

```csharp
private void LayercomboBox_SelectedIndexChanged(object sender, EventArgs e)
{
#region
FieldlistBox.Items.Clear();
string strSelectedLayerName = LayercomboBox.Text;
IFeatureLayer pFeatureLayer;
try
{
    for (int i = 0; i <= axMapControl1.LayerCount - 1; i++)
    {
        if (axMapControl1.get_Layer(i).Name == strSelectedLayerName)
        {
        if (axMapControl1.get_Layer(i) is IFeatureLayer)
        {
        pFeatureLayer = axMapControl1.get_Layer(i) as IFeatureLayer;
for (int j = 0; j <= pFeatureLayer.FeatureClass.Fields.FieldCount - 1; j++)
{
FieldlistBox.Items.Add(pFeatureLayer.FeatureClass.Fields.get_Field(j).Name);
}
}
else
```

```
{ MessageBox.Show("您选择的图层不能够进行属性查询!请重新选择"); break; }
    }
}
}
catch (Exception ex)
{
MessageBox.Show(ex.Message);
return;
}
#endregion
}
```

在确定按钮的 Click 事件中添加以下代码，生成饼图。

```
if (PieradioButton.Checked == true)/////////////////////生成饼图
{
IChartRenderer chartRenderer = new ChartRendererClass();
IPieChartRenderer pieChartRenderer = chartRenderer as IPieChartRenderer;
IRendererFields rendererFields = chartRenderer as IRendererFields;
rendererFields.AddField(field1, field1);
rendererFields.AddField(field2, field2);
int[] fieldIndexs = new int[2];
fieldIndexs[0] = table.FindField(field1);
fieldIndexs[1] = table.FindField(field2);
//获取渲染要素的最大值
double fieldValue = 0.0, maxValue = 0.0;
cursor = table.Search(null, true);
rowBuffer = cursor.NextRow();
while (rowBuffer != null)
{
for (int i = 0; i < 2; i++)
{
fieldValue = double.Parse(rowBuffer.get_Value(fieldIndexs[i]).ToString());
if (fieldValue > maxValue)
```

```
{
maxValue = fieldValue;
}
}
rowBuffer = cursor.NextRow();
}
//设置饼图符号
IPieChartSymbol pieChartSymbol = new PieChartSymbolClass();
pieChartSymbol.Clockwise = true;
pieChartSymbol.UseOutline = true;
IChartSymbol chartSymbol = pieChartSymbol as IChartSymbol;
chartSymbol.MaxValue = maxValue;
ILineSymbol lineSymbol = new SimpleLineSymbolClass();
lineSymbol.Color = getRGB(0, 0, 0);
lineSymbol.Width = 1;
pieChartSymbol.Outline = lineSymbol;
IMarkerSymbol markerSymbol = pieChartSymbol as IMarkerSymbol;
markerSymbol.Size = 30;
//添加渲染符号
ISymbolArray symbolArray = pieChartSymbol as ISymbolArray;
IFillSymbol fillSymbol = new SimpleFillSymbolClass();
fillSymbol.Color = getRGB(0, 255, 0);
symbolArray.AddSymbol(fillSymbol as ISymbol);
fillSymbol = new SimpleFillSymbolClass();
fillSymbol.Color = getRGB(255, 0, 255);
symbolArray.AddSymbol(fillSymbol as ISymbol);
chartRenderer.ChartSymbol = pieChartSymbol as IChartSymbol;
fillSymbol = new SimpleFillSymbolClass();
fillSymbol.Color = getRGB(255, 255, 255);
chartRenderer.BaseSymbol = fillSymbol as ISymbol;
chartRenderer.UseOverposter = false;
try
```

```
{
//创建专题图

chartRenderer.CreateLegend();

geoFeatureLayer.Renderer = chartRenderer as IFeatureRenderer;

this.axMapControl1.Refresh();

}
catch (Exception e1)

{

MessageBox.Show(e1.Message);

return;

}

//this.axTOCControl1.Refresh();

}
```

生成柱状图。

```
if (BarradioButton.Checked == true)///////////////////////////生成柱状图

{

IChartRenderer chartRenderer = new ChartRendererClass();

IRendererFields rendererFields = chartRenderer as IRendererFields;

rendererFields.AddField(field1, field1);

rendererFields.AddField(field2, field2);

int[] fieldIndexs = new int[2];

fieldIndexs[0] = table.FindField(field1);

fieldIndexs[1] = table.FindField(field2);

//获取要素最大值

double fieldValue = 0.0, maxValue = 0.0;

cursor = table.Search(null, true);

rowBuffer = cursor.NextRow();

while (rowBuffer != null)

{

for (int i = 0; i < 2; i++)

{

fieldValue = double.Parse(rowBuffer.get_Value(fieldIndexs[i]).ToString());
```

```
if (fieldValue > maxValue)

{

maxValue = fieldValue;

}

}

rowBuffer = cursor.NextRow();

}
//创建累积排列符号
IStackedChartSymbol stackedChartSymbol = new StackedChartSymbolClass();

stackedChartSymbol.Width = 10;

IMarkerSymbol markerSymbol = stackedChartSymbol as IMarkerSymbol;

markerSymbol.Size = 50;

IChartSymbol chartSymbol = stackedChartSymbol as IChartSymbol;

chartSymbol.MaxValue = maxValue;
//添加渲染符号
ISymbolArray symbolArray = stackedChartSymbol as ISymbolArray;

IFillSymbol fillSymbol = new SimpleFillSymbolClass();

fillSymbol.Color = getRGB(255, 255, 0);

symbolArray.AddSymbol(fillSymbol as ISymbol);

fillSymbol = new SimpleFillSymbolClass();

fillSymbol.Color = getRGB(0, 255, 0);

symbolArray.AddSymbol(fillSymbol as ISymbol);
//设置柱状图符号
chartRenderer.ChartSymbol = stackedChartSymbol as IChartSymbol;

fillSymbol = new SimpleFillSymbolClass();

fillSymbol.Color = getRGB(255, 255, 255);

chartRenderer.BaseSymbol = fillSymbol as ISymbol;

chartRenderer.UseOverposter = false;
//创建专题图
chartRenderer.CreateLegend();

geoFeatureLayer.Renderer = chartRenderer as IFeatureRenderer;

this.axMapControl1.Refresh();
```

```
//this.axTOCControl1.Update();

}

}

else

{

MessageBox.Show("请先选择图层！");

}
```

生成唯一值专题图。

```
if (UniqueadioButton.Checked == true)

{

//try{

//获取当前图层，并把它设置成 IGeoFeatureLayer 的实例

IMap pMap = axMapControl1.Map;

ILayer pLayer = pMap.get_Layer(0) as IFeatureLayer;

IFeatureLayer pFeatureLayer = pLayer as IFeatureLayer;

IGeoFeatureLayer pGeoFeatureLayer = pLayer as IGeoFeatureLayer;

//获取图层上的 Feature

IFeatureClass pFeatureClass = pFeatureLayer.FeatureClass;

IFeatureCursor pFeatureCursor = pFeatureClass.Search(null, false);

//定义单值图渲染组件

IUniqueValueRenderer pUniqueValueRenderer = new UniqueValueRendererClass();

//设置渲染字段对象

pUniqueValueRenderer.FieldCount = 1;

pUniqueValueRenderer.set_Field(0, selectedfeild[0]);

//创建填充符号

ISimpleFillSymbol PFillSymbol = new SimpleFillSymbolClass();

pUniqueValueRenderer.DefaultSymbol = (ISymbol)PFillSymbol;

pUniqueValueRenderer.UseDefaultSymbol = false;


//QI the table from the geoFeatureLayer and get the field number of

ITable pTable;

int fieldNumber;
```

```
pTable = pGeoFeatureLayer as ITable;

fieldNumber = pTable.FindField(selectedfeild[0]);

if (fieldNumber == -1)

{

MessageBox.Show("找不到相应的字段！", "Message", MessageBoxButtons.OK, Message

BoxIcon.Information);

}

//创建并设置随机色谱

IRandomColorRamp pColorRamp = new RandomColorRampClass();

pColorRamp.StartHue = 0;

pColorRamp.MinValue = 99;

pColorRamp.MinSaturation = 15;

pColorRamp.EndHue = 360;

pColorRamp.MaxValue = 100;

pColorRamp.MaxSaturation = 30;

pColorRamp.Size = 100;

//pColorRamp.Size = pUniqueValueRenderer.ValueCount;

bool ok = true;

pColorRamp.CreateRamp(out ok);

IEnumColors pEnumRamp;

pEnumRamp = pColorRamp.Colors;

//为每个值设置一个符号

int n = pFeatureClass.FeatureCount(null);

for (int i = 0; i < n; i++)

{

IFeature pFeature = pFeatureCursor.NextFeature();

IClone pSourceClone = PFillSymbol as IClone;

ISimpleFillSymbol pSimpleFillSymbol = pSourceClone.Clone() as ISimpleFillSymbol;

string pFeatureValue = pFeature.get_Value(pFeature.Fields.FindField(selectedfeild[0])).ToString();

pUniqueValueRenderer.AddValue(pFeatureValue,"", (ISymbol)pSimpleFillSymbol);

}

//为每个符号设置颜色
```

```
for (int i = 0; i <= pUniqueValueRenderer.ValueCount - 1; i++)
{
string xv = pUniqueValueRenderer.get_Value(i);
if (xv != "")
{
ISimpleFillSymbol pNextSymbol = (ISimpleFillSymbol)pUniqueValueRenderer.get_Symbol(xv);
pNextSymbol.Color = pEnumRamp.Next();
pUniqueValueRenderer.set_Symbol(xv, (ISymbol)pNextSymbol);
}
}
//将单值图渲染对象与渲染图层挂钩
pGeoFeatureLayer.Renderer = (IFeatureRenderer)pUniqueValueRenderer;
pGeoFeatureLayer.DisplayField = selectedfeild[0];
//刷新地图和 TOOCotrol
IActiveView pActiveView = axMapControl1.Map as IActiveView;
pActiveView.Refresh();
//}
//catch (Exception e1)
//{
//throw new Exception(e1.Message);
//}
}
```

生成分级渲染专题图。

```
if (ClassBreakRendererradioButton.Checked==true)
{
//try{
//获取当前图层，并把它设置成 IGeoFeatureLayer 的实例
IMap pMap = axMapControl1.Map;

ILayer pLayer = pMap.get_Layer(SelectLayer) as IFeatureLayer;
IFeatureLayer pFeatureLayer = pLayer as IFeatureLayer;
IGeoFeatureLayer pGeoFeatureLayer = pLayer as IGeoFeatureLayer;
```

```
//获取图层上的 Feature
IFeatureClass pFeatureClass = pFeatureLayer.FeatureClass;
IFeatureCursor pFeatureCursor = pFeatureClass.Search(null, false);
IFeature pFeature = pFeatureCursor.NextFeature();
/////////////////////////////////////////////////////////////////

//定义所需的接口对象和相关变量

IClassBreaksUIProperties pUIProperties;
object dataValues;
object dataFrequency;
//double[] cb;

int breakIndex;
double[] Classes;
long ClassesCount;
int numClass = 10;

if (numClasstextBox.Text != null)
{ numClass = int.Parse(numClasstextBox.Text.ToString()); }
else
{
numClass = 10;
}
/////////////////////////////////////////////////////////////////
/* We're going to retrieve frequency data from a population
   field and then classify this data*/

ITable pTable;
pTable = pFeatureClass as ITable;
IBasicHistogram pBasicHist = new BasicTableHistogramClass();
```

```
ITableHistogram pTableHist;


pTableHist = (ITableHistogram)pBasicHist;


//Get values and frequencies for the population field into a table histogram object
pTableHist.Field = selectedfeild[0];

pTableHist.Table = pTable;

pBasicHist.GetHistogram(out dataValues, out dataFrequency);


IClassifyGEN pClassifyGEN = new QuantileClass();

pClassifyGEN.Classify(dataValues, dataFrequency, ref numClass);

Classes = (double[])pClassifyGEN.ClassBreaks;

ClassesCount = long.Parse(Classes.GetUpperBound(0).ToString());


//Initialise a new class breaks renderer and supply the number of class breaks and the field to
//perform the class breaks on.
IClassBreaksRenderer pClassBreaksRenderer = new ClassBreaksRendererClass();

pClassBreaksRenderer.Field = selectedfeild[0];

//pClassBreaksRenderer.BreakCount = ClassesCount;

pClassBreaksRenderer.MinimumBreak = Classes[0];

pClassBreaksRenderer.SortClassesAscending = true;
//设置着色对象的分级数目
pClassBreaksRenderer.BreakCount = int.Parse(ClassesCount.ToString());


//创建并设置随机色谱
IAlgorithmicColorRamp pColorRamp = new AlgorithmicColorRampClass();

pColorRamp.Algorithm = ESRIColorRampAlgorithm.ESRICIELabAlgorithm;

IEnumColors pEnumColors;

IRgbColor pColor1 = new RgbColorClass();

IRgbColor pColor2 = new RgbColorClass();

pColor1.Red = 255;

pColor1.Green = 210;
```

```
pColor1.Blue = 210;

pColor2.Red = 190;

pColor2.Green = 0;

pColor2.Blue = 170;

pColorRamp.FromColor = pColor1;

pColorRamp.ToColor = pColor2;

pColorRamp.Size = numClass;

bool ok = true;

pColorRamp.CreateRamp(out ok);

pEnumColors = pColorRamp.Colors;

pEnumColors.Reset();// use this interface to set dialog properties


pUIProperties = pClassBreaksRenderer as IClassBreaksUIProperties;

pUIProperties.ColorRamp = "Custom";


ISimpleFillSymbol pSimpleMarkerSymbol = new SimpleFillSymbolClass();


IColor pColor;

int[] colors = new int[numClass];


// be careful, indices are different for the diff lists

for (breakIndex = 0; breakIndex < ClassesCount; breakIndex++)

{

pClassBreaksRenderer.set_Label(breakIndex, Classes[breakIndex] + " - " + Classes[breakIndex + 1]);

pUIProperties.set_LowBreak(breakIndex, Classes[breakIndex]);

pSimpleMarkerSymbol = new SimpleFillSymbolClass();

pColor = pEnumColors.Next();

pSimpleMarkerSymbol.Color = pColor;

colors[breakIndex] = pColor.RGB;


pClassBreaksRenderer.set_Symbol(breakIndex, (ISymbol)pSimpleMarkerSymbol);

pClassBreaksRenderer.set_Break(breakIndex, Classes[breakIndex + 1]);
```

```
        }

        //将等级图渲染对象与渲染图层挂钩
        pGeoFeatureLayer.Renderer = (IFeatureRenderer)pClassBreaksRenderer;
        //刷新地图和 TOOCotrol
        IActiveView pActiveView = axMapControl1.Map as IActiveView;
        pActiveView.Refresh();
        //}
        //catch (Exception e1)
        //{
        //throw new Exception(e1.Message);
        //}
        }
```

生成点密度专题图。

```
    if (DotDensityFillSymbolradioButton.Checked == true)
    {
    try{
    IDotDensityFillSymbol dotDensityFillSymbol = new DotDensityFillSymbolClass();
    dotDensityFillSymbol.DotSize = 10;
    dotDensityFillSymbol.Color = getRGB(255, 0, 0);
    dotDensityFillSymbol.BackgroundColor = getRGB(0, 255, 0);
    ISymbolArray symbolArray = dotDensityFillSymbol as ISymbolArray;
    ISimpleMarkerSymbol simpleMarkerSymbol = new SimpleMarkerSymbolClass();
    simpleMarkerSymbol.Style = ESRISimpleMarkerStyle.ESRISMSCircle;
    simpleMarkerSymbol.Size = 1;
    simpleMarkerSymbol.Color = getRGB(0, 0, 255);
    simpleMarkerSymbol.Outline = true;
    simpleMarkerSymbol.OutlineColor = getRGB(255, 0, 0);
    symbolArray.AddSymbol(simpleMarkerSymbol as ISymbol);
    IDotDensityRenderer dotDensityRenderer = new DotDensityRendererClass();
    IRendererFields rendererFields = dotDensityRenderer as IRendererFields;
    string field1 = selectedfeild[0];
```

```
rendererFields.AddField(field1, field1);
dotDensityRenderer.DotDensitySymbol = symbolArray as IDotDensityFillSymbol;

dotDensityRenderer.DotValue = 1;
if (DotValuetextBox.Text != null)
{
dotDensityRenderer.DotValue = int.Parse(DotValuetextBox.Text.ToString());
}
else {dotDensityRenderer.DotValue = 1; }

dotDensityRenderer.CreateLegend();
IGeoFeatureLayer geoFeatureLayer = getGeoLayer(LayercomboBox.SelectedItem.ToString());
geoFeatureLayer.Renderer = dotDensityRenderer as IFeatureRenderer;
this.axMapControl1.Refresh();
}
catch (Exception e1)
{
throw new Exception(e1.Message);
}
}
```

9.6 通过要素属性查询

9.6.1 实践目的

本实践根据属性表内属性项，选择相应地物要素，使地图视窗中心高亮显示该地物
要素的中心，实现空间信息查询功能。

9.6.2　实践环境

（1）Microsoft Visual Studio 2008/2010；

（2）ArcGIS Engine10.1。

9.6.3　实践内容

（1）根据需求，设计查询功能面板；

（2）添加控件；

（3）编译。

按照上面的方式添加菜单"查询功能"，菜单的 Name 属性为 inquiryByAttributes ToolStripMenuItem。添加 Click 事件。

右击项目名称，添加 Windows 窗体。

在添加新项对话框中，选择 Visual C# 项，模板选中 Windows 窗体，名称输入 InquiryByAttrForm.cs，单击添加按钮。

修改其窗体 text 为"图层属性查询"。

从工具箱中往图层属性查询窗体上添加 ComboBox、Button、ListBox、TextBox（CheckBox 左下角）控件，如图 9-20 所示。

图 9-20　图层属性查询窗口设计

在"解决方案资源管理器"窗体上右击，选中"查看代码"。

为窗体添加"Load"事件处理，并写入方法 AddAllLayerstoComboBox（LayercomboBox），代码见 9.6.4 节。该事件处理主要是从图层中读取要素的属性信息，并且显示到 ComboBox 控件中。用户对需要查询的图层和字段选择，FieldValueListBox 中会显示相应字段的值。设定查询条件，单击"确定"按钮，则 IquiryListBox 中会显示出相应的查询结果。在键盘上按下 F5 启动调试。添加一个"*.shp"文件到地图控件中进行查询。

在 TabControl1 上添加 DataGridView1 控件。

9.6.4　实例代码

```
private void AddAllLayerstoComboBox(ComboBox combox)
{
#region 加载图层
try
{
combox.Items.Clear();
int pLayerCount = axMapControl1.LayerCount;
if (pLayerCount > 0)
{
combox.Enabled = true;    //下拉菜单可用
for (int i = 0; i <= pLayerCount - 1; i++)
{
combox.Items.Add(axMapControl1.get_Layer(i).Name);
}
}
}

catch (Exception ex)
{
MessageBox.Show(ex.Message);
return;
}
#endregion
}
```

9.7　右击菜单添加与文本查询

9.7.1　实践目的

当用户要通过某一关键字或模糊信息来查询一个或一类特定地物时，就要依托输入文本查询其具体的属性信息，并通过属性信息查询图元信息。

本实践依靠文本输入，若系统属性表中含有满足查询条件的属性项，属性表控件显示一个或一类地物要素的具体属性信息，实现属性信息查询功能，并支持通过相应的属性信息查询结果查询空间信息。

9.7.2　实践环境

（1）Microsoft Visual Studio 2008/2010；

（2）ArcGIS Engine10.1。

9.7.3　实践内容

在 ArcMap 中，在图层上右击，选择菜单中的"OpenAttributeTable"命令，便可弹出属性数据表，本节将完成类似的功能。首先根据图层属性中的字段创建一个空的 DataTable，然后根据数据内容一行行填充 DataTable 数据，再将 DataTable 绑定到 DataGridView 控件，最后调用并显示属性表窗体。

创建属性表窗体，新建一个 Windows 窗体，命名为"AttrTableForm.cs"，图层属性为 text。添加控件 ComboBox、TextBox、Lable、DataGridView，分别调整其大小及位置，使其在窗体中的显示合理、整齐、美观，如图 9-21 所示。

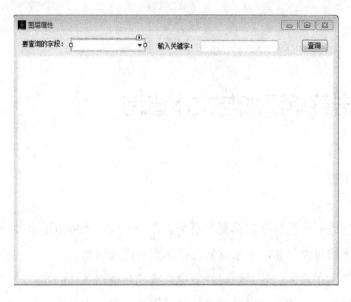

图 9-21　调整图层属性窗口界面

9.7.4　实例代码

在主窗体的代码中添加以下代码。

```
private void openAttributeTableToolStripMenuItem_Click(object sender, EventArgs e)
{
    AttrTableForm tbfrm = new AttrTableForm(this.layer);
    tbfrm.ShowDialog();
}
```

再到弹出窗口 AttrTableForm 中添加以下代码。

```
using System;
using System.Collections.Generic;
using System.ComponentModel;
using System.Data;
using System.Drawing;
using System.Linq;
using System.Text;
using System.Windows.Forms;
using ESRI.ArcGIS.Carto;
```

```
using ESRI.ArcGIS.Geodatabase;

namespace ForestDisasterLoss
{
public partial class AttrTableForm : Form
{
public AttrTableForm()
{
InitializeComponent();
}
private ILayer layer;
public AttrTableForm(ILayer lyr)
{
InitializeComponent();
this.layer = lyr;
this.Text = "\"" + layer.Name + "\"属性表";
}
}
}
DataTable table = new DataTable();
private void AttrTableForm_Load(object sender, EventArgs e)
{
try
{
ITable lyrtable = (ITable)layer;
IField field;
for (int i = 0; i < lyrtable.Fields.FieldCount; i++)
{
field = lyrtable.Fields.get_Field(i);
table.Columns.Add(field.Name);
}
object[] values = new object[lyrtable.Fields.FieldCount];
```

```
IQueryFilter queryFilter = new QueryFilterClass();

ICursor cursor = lyrtable.Search(queryFilter, true);

IRow row;

while ((row = cursor.NextRow()) != null)

{

for (int j = 0; j < lyrtable.Fields.FieldCount; j++)

{

object ob = row.get_Value(j);

values[j] = ob;

}

table.Rows.Add(values);

}

this.dataGridView1.DataSource = table;

}

catch (Exception e1)

{

MessageBox.Show("无法显示属性表！ ");

this.Close();

}

}

private void TableColumnscomboBox_MouseClick(object sender, MouseEventArgs e)

{

for (int i = 0; i < table.Columns.Count; i++)

{

TableColumnscomboBox.Items.Add(table.Columns[i].ColumnName);

}

}

}
```

至此，完成了 OpenAttributeTable 命令。显然，要在 TOCControl 的 OnMouseDown 事件中调用此命令。

接下来，借助数据库查询语句，对数据表进行查询。

```
string sql = null;

private void Querybutton1_Click(object sender, EventArgs e)
```

```
{

if (TableColumnscomboBox.SelectedItem != "")

{

sql = "select * FROM [Disease] where ["+TableColumnscomboBox.SelectedItem.ToString()+"]

LIKE '%" + KeyWordtextBox1.Text + "%'";

DataSet ds = SqlhelperClass.ExecuteSql4DS(sql);

dataGridView1.DataSource = ds.Tables[0];

}

else

{

sql = "select * FROM ForestD.dbo.[Disease] where [Disease] LIKE '%" + KeyWordtextBox1.Text + "%'";

DataSet ds = SqlhelperClass.ExecuteSql4DS(sql);

dataGridView1.DataSource = table;

}

}
```

9.7.5　实例结果

运行程序后在图层上右击，打开属性表，弹出以下窗口，如图 9-22 所示。

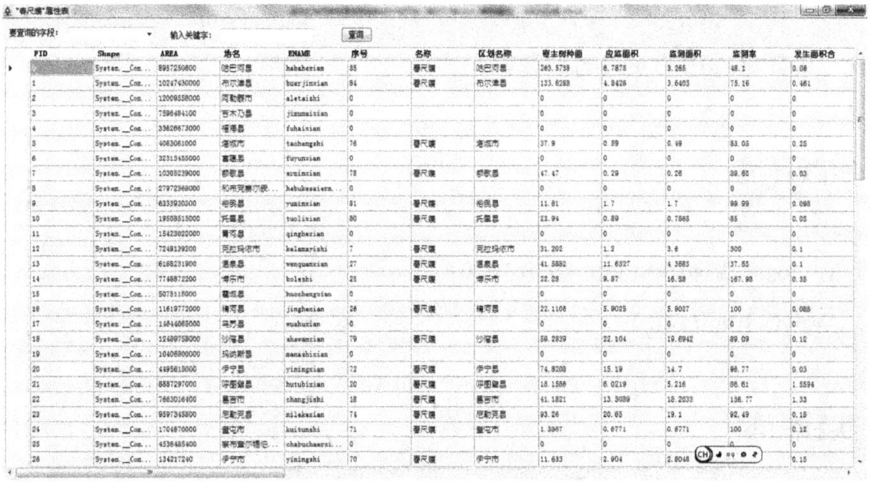

图 9-22　运行效果

选中要查询的图层，输入关键字进行查询，如图 9-23 所示。

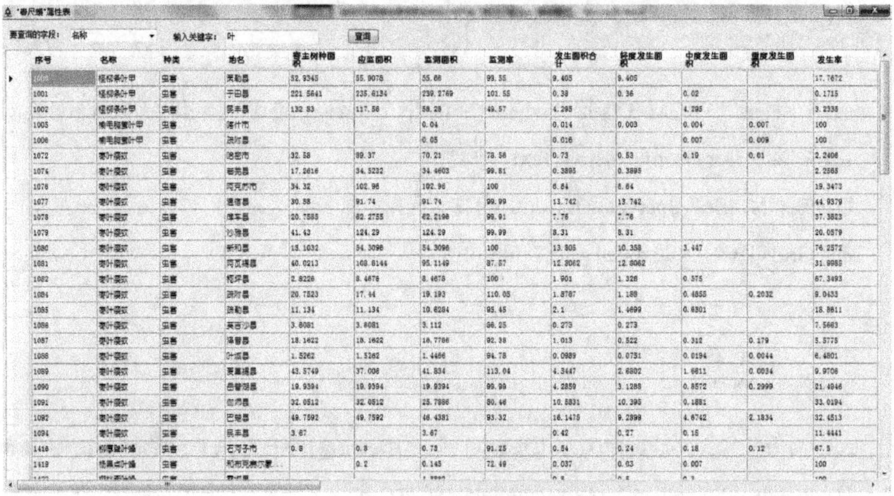

图 9-23 关键字查询功能实现

9.8 安装与部署

9.8.1 实践目的

实现已编译好程序的安装与部署。

9.8.2 实践环境

（1）Microsoft Visual Studio 2008/2010；

（2）ArcGIS Engine10.1。

9.8.3 实践内容

将已编译好的程序打包，形成安装包。

1. 新建项目

（1）在 Microsoft Visual Studio 2010 选择"新建项目"→"其他项目类型"→Visual Studio Installer→"安装项目"，命名为 Setup1，如图 9-24 所示。

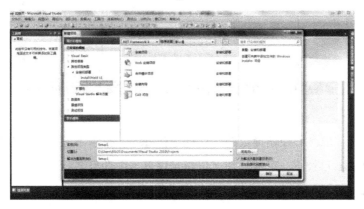

图 9-24　新建项目

（2）这时在 Microsoft Visual Studio 2010 中将有 3 个文件夹，如图 9-25 所示。

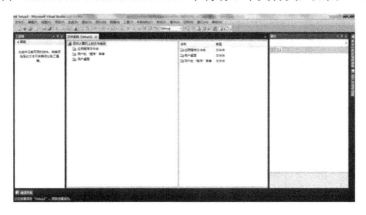

图 9-25　Microsoft Visual Studio 2010 中的文件夹

- "应用程序文件夹"表示要安装的应用程序需要添加的文件。
- "用户的'程序'菜单"表示应用程序安装完，在用户的开始菜单中显示的内容。一般在这个文件夹中，需要再创建一个文件夹用来存放应用程序".exe"和卸载程序".exe"。
- "用户桌面"表示这个应用程序安装完成，用户桌面上创建的".exe"快捷方式。

2. 添加文件和图标

（1）在"应用程序文件夹"中右击→添加文件，表示添加要打包的文件，如图 9-26 所示。

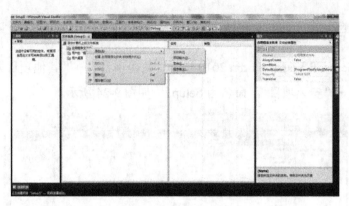

图 9-26　添加文件

　　添加的文件一般是已经编译过的应用程序在 debug 目录下的文件（有的默认路径也可能是在 Release 目录下。可通过在"资源管理器"中项目名称上右击"属性"→"生成"选项下输出，可查看输出路径），如图 9-27～图 9-29 所示。

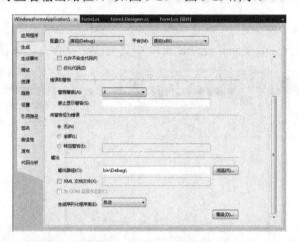

图 9-27　查看输出路径

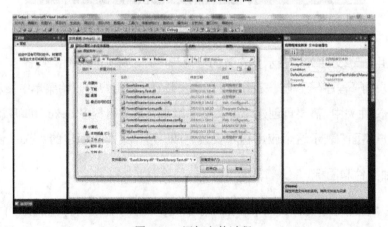

图 9-28　添加文件过程

图 9-29　添加文件后

（2）把需要创建程序快捷方式的图标也添加进来，如图 9-30 所示，后缀名为".ico"。

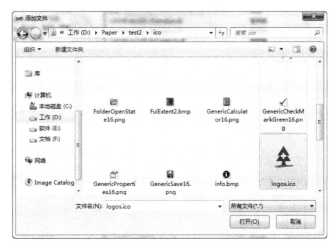

图 9-30　添加图标

3. 排除.dll 文件

在解决方案资源管理器中，展开"检测到的依赖项"，选中***.dll 文件，右击，选择"排除"，如图 9-31 所示。

4. 设置启动条件

（1）在创建的项目名称（Setup1）上右击，如图 9-32 所示，选择"属性"。

（2）选择".NET"的版本和 Windows Installer3.1（可选项），选择"从与我应用程序相同的位置下载系统必备组件"，这样安装包就会打包".NET Framework"，在安装时不会从网上下载".NET Framework"组件，但是在这种情况下安装包会比较大。

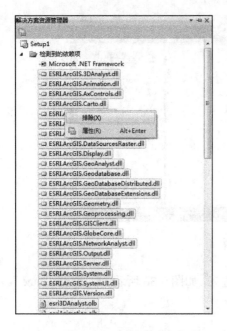

图 9-31　排除.dll 文件　　　　　　　　　　　图 9-32　打开工程属性

（3）Microsoft Visual Studio 2010 发布 ".NET2.0" 的版本：在创建安装程序时，需要设置启动条件，在项目名称（Setup1）上，右击，选择"视图" → "启动条件"，如图 9-33 所示。

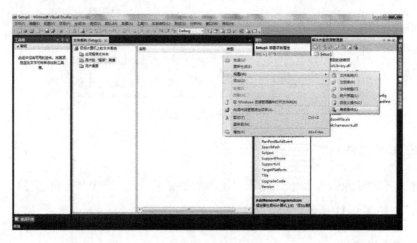

图 9-33　启动条件

（4）在"启动条件"中，单击".NET Framework"，在 Version 上选择".NET Framework 2.0"。这样".NET Framework 2.0"上创建的项目在安装时，就不会安装".NET3.5"或其他版本，也不会重启（解决创建"NET Framework 2.0"项目和自动安装".NET

Framework 3.5"的问题），如图 9-34 所示。

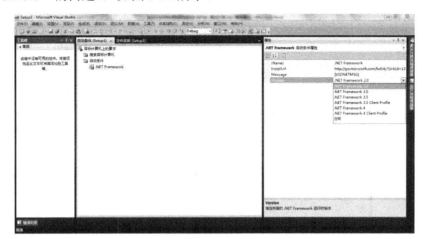

图 9-34　设置启动条件

5. 设置安装文件的目录（路径）

在创建的项目名称上（Setup1）单击，在属性中设置参数，如图 9-35 所示。其中，
Author 为作者；Manufacturer 为公司名称；ProductName 为应用程序名称。例如，设置
作者为 BeyondKKO；Manufacturer：自由公司；ProductName：串口测试。把 InstallAllUsers
设置为 True，这样在"控制面板"程序中会显示公司的名称；在安装时会默认为"任何
人"，否则默认为"只有我"。

图 9-35　设置项目属性

单击应用程序，按照如图 9-36 所示设置默认安装路径。第一个为系统主目录（默认
C:\Programe），第二个为公司名（"[Manufacturer]"），第三个为应用程序名称，这样在安
装时就会创建两层的文件路径。需要删除 DefaultLocation 中的"[Manufacturer]"，删除
后只有应用程序的名称。

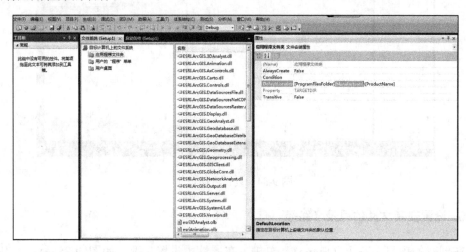

图 9-36　设置默认安装路径

6. 创建应用程序图标

（1）在应用程序文件夹中的".exe"文件中，右击创建快捷方式，重命名"新疆林
业有害生物发生情况查询系统"，然后右击属性，双击 Icon，选择之前添加的"logos.ico"，
确定后，拖动此快捷方式到用户桌面，如图 9-37 和图 9-38 所示。

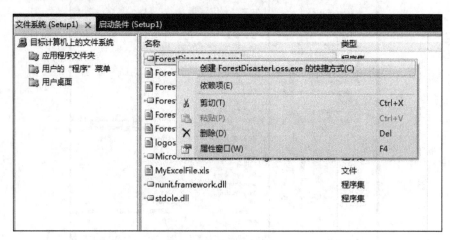

图 9-37　创建快捷方式

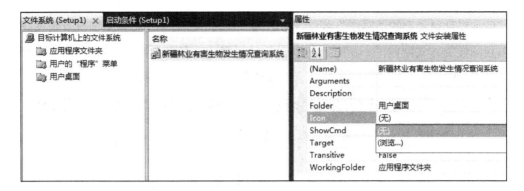

图 9-38　修改图标

选择图标，单击确定，如图 9-39 所示。

图 9-39　修改图标

为该快捷方式选择图标，如图 9-40 所示。

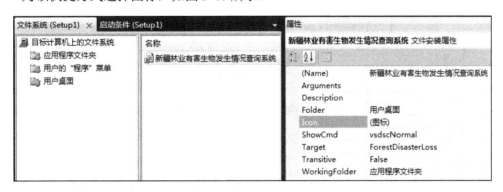

图 9-40　修改图标完成

（2）移动至用户的"程序"菜单，命名为"新疆林业有害生物发生情况查询系统"，然后用同样的方式创建".exe"的快捷方式（"新疆林业有害生物发生情况查询系统"），拖动到"新疆林业有害生物发生情况查询系统"中，如图 9-41 所示。

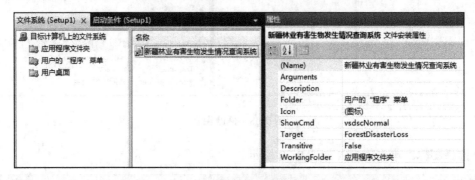

图 9-41　添加快捷方式至用户的"程序"菜单

在 Setup1 上右击，单击"生成"（或"重新生成"），如图 9-42 所示。

图 9-42　生成安装包

在工程路径…\Setup1\Setup1\Debug 下可看到安装包中有如图 9-43 所示的文件。

图 9-43　查看生成后文件

双击 setup.exe 文件，即可开始安装程序，如图 9-44 所示。

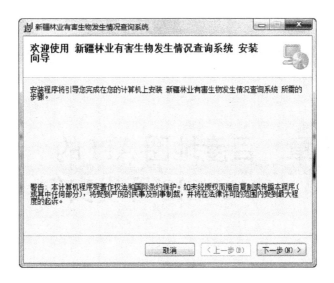

图 9-44　安装

9.8.4　实践结果

双击桌面的程序图标，即可运行该程序，如图 9-45 所示。

图 9-45　运行安装程序

第 *10* 章　百度地图 API 的 WebGIS 开发实例

本章的实践内容是以"乌鲁木齐旅游"为主题，制作一个基于 WebGIS 的信息展示平台。在此过程中会用到添加点状和线状叠加层，添加地面叠加层，添加信息窗，添加文字标注、事件监听及闭包。熟练掌握 JavaScript 语言是基于 WebAPI 开发的基础，本章中的实例仅起抛砖引玉的作用，在熟练这些内容之后读者可通过查阅百度地图 API 类参考实现更丰富的功能。

10.1　加载与显示地图

10.1.1　实践目的

使用百度地图 API（JavaScript）加载与显示地图。

10.1.2　实践环境

（1）百度地图 API（JavaScript）V3；

（2）Notepad++ V6.4.5；

（3）猎豹浏览器。

10.1.3　实践内容

（1）使用 <!DOCTYPE html> 声明将应用声明为 HTML5。

（2）使用 script 标记加入 Maps API JavaScript。

（3）创建一个名为 allmap 的 div 元素以存储该地图。

（4）创建 JavaScript 对象常量以存储若干地图属性。

（5）编写 JavaScript 函数以创建 map 对象。

（6）通过 body 标记的 onload 事件初始化该地图对象。

10.1.4　实例代码

```html
<!DOCTYPE html>
<html>
<head>
    <meta http-equiv="Content-Type" content="text/html; charset=gb2312" />
    <meta name="viewport" content="initial-scale=1.0, user-scalable=no" />
    <style type="text/css">
    body, html,#allmap {width: 100%;height: 100%;overflow: hidden;margin:0;font-family:
    "微软雅黑";}
    </style>
    <script type="text/javascript" src="http://api.map.baidu.com/api?v=2.0&ak=您的密钥">
    </script>
    <title>地图展示</title>
</head>
<body>
    <div id="allmap"></div>
</body>
</html>
<script type="text/javascript">
    // 百度地图 API 功能
    var map = new BMap.Map("allmap");// 创建 Map 实例
    map.centerAndZoom(new BMap.Point(87.617996,43.811368), 11);  // 初始化地图，设置
```

```
        // 中心点坐标和地图级别
        map.addControl(new BMap.MapTypeControl());      //添加地图类型控件
        map.setCurrentCity("乌鲁木齐");   //  设置地图显示的城市，此项是必须设置的
        map.enableScrollWheelZoom(true); //开启鼠标滚轮缩放
    </script>
```

10.2   添加点状叠加层

10.2.1   实践目的

在地图上添加点状标记。

10.2.2   实践环境

（1）百度地图 API（JavaScript）V3；

（2）Notepad++ V6.4.5；

（3）猎豹浏览器。

10.2.3   实践内容

（1）对地图随机添加多个点作实例。

（2）使用 For 循环实现批量添加。

10.2.4   实例代码

```
<!DOCTYPE html>
<html>
<head>
    <meta http-equiv="Content-Type" content="text/html; charset=gb2312" />
```

```html
<meta name="viewport" content="initial-scale=1.0, user-scalable=no" />
<style type="text/css">
    body, html,#allmap {width: 100%;height: 100%;overflow: hidden;margin:0;font-
    family:"微软雅黑";}
    #l-map{height:100%;width:78%;float:left;border-right:2px solid #bcbcbc;}
    #r-result{height:100%;width:20%;float:left;}
</style>
<script type="text/javascript" src="http://api.map.baidu.com/api?v=2.0&ak=您的密钥"></script>
<title>添加多个标注点</title>
</head>
<body>
    <div id="allmap"></div>
</body>
</html>
<script type="text/javascript">
    // 百度地图 API 功能
    var map = new BMap.Map("allmap");
    var point = new BMap.Point(87.617996,43.811368);
    map.centerAndZoom(point, 15);
    // 编写自定义函数，创建标注点
    function addMarker(point){
      var marker = new BMap.Marker(point);
      map.addOverlay(marker);
    }
    // 随机向地图添加 25 个标注点
    var bounds = map.getBounds();
    var sw = bounds.getSouthWest();
    var ne = bounds.getNorthEast();
    var lngSpan = Math.abs(sw.lng - ne.lng);
    var latSpan = Math.abs(ne.lat - sw.lat);
    for (var i = 0; i < 25; i ++) {
        var point = new BMap.Point(sw.lng + lngSpan * (Math.random() * 0.7), ne.lat -
```

```
                latSpan * (Math.random() * 0.7));
            addMarker(point);
        }
    </script>
```

10.3　添加线状叠加层

10.3.1　实践目的

在地图上添加线状标记。

10.3.2　实践环境

（1）百度地图 API（JavaScript）V3；

（2）Notepad++ V6.4.5；

（3）猎豹浏览器。

10.3.3　实践内容

（1）使用数组存储所有折点坐标。

（2）以此数组新建 Polyline 对象。

（3）作为基本的指导方法，如需要添加多边形，方法相同。

10.3.4　实例代码

```
<!DOCTYPE html>

<html>

<head>

    <meta http-equiv="Content-Type" content="text/html; charset=gb2312" />
```

```html
<meta name="viewport" content="initial-scale=1.0, user-scalable=no" />
<style type="text/css">
    body, html{width: 100%;height: 100%;margin:0;font-family:"微软雅黑";}
    #allmap {height:500px; width: 100%;}
    #control{width:100%;}
</style>
<script type="text/javascript" src="http://api.map.baidu.com/api?v=2.0&ak=您的密钥"></script>
<title>添加折线</title>
</head>
<body>
    <div id="allmap"></div>
</body>
</html>
<script type="text/javascript">
    // 百度地图 API 功能
    var map = new BMap.Map("allmap");
    map.centerAndZoom(new BMap.Point(87.617996,43.811368), 15);
    map.enableScrollWheelZoom();
    var polyline = new BMap.Polyline([
        new BMap.Point(87.587094,43.838424),
        new BMap.Point(87.622739,43.831766),
        new BMap.Point(87.61081,43.815532)
    ], {strokeColor:"blue", strokeWeight:2, strokeOpacity:0.5});    //创建折线
    map.addOverlay(polyline);    //增加折线
</script>
```

10.4 添加信息窗、事件监听、闭包

10.4.1 实践目的

（1）在地图上添加信息窗；

（2）添加事件监听；

（3）初识 JavaScript 中的闭包概念。

10.4.2　实践环境

（1）百度地图 API（JavaScript）V3；

（2）Notepad++ V6.4.5；

（3）猎豹浏览器。

10.4.3　实践内容

（1）使用字符串数组存放信息窗内容，内容为 html 代码，因此除文本外还可存放图片、链接等。

（2）添加 maker 的 click 事件监听，用户触发该事件后打开信息窗。

（3）使用 For 循环创建信息窗。

（4）在同一个 For 循环中，循环执行完毕则 i 被内存回收机制回收无法保留，为保证每个 marker 标记的 click 事件都被监听，需要使用闭包规则添加事件监听。初学者模仿代码结构即可，如果需要深入了解请自行查阅 JavaScript 闭包相关资料。

（5）若不使用闭包，需要逐一添加事件监听，对于本例则需要将类似代码重复 3 次。

10.4.4　实例代码

```
<!DOCTYPE html>
<html>
<head>
    <meta http-equiv="Content-Type" content="text/html; charset=gb2312" />
    <meta name="viewport" content="initial-scale=1.0, user-scalable=no" />
    <style type="text/css">
        body, html {width: 100%;height: 100%;margin:0;font-family:"微软雅黑";}
        #allmap{width:100%;height:500px;}
        p{margin-left:5px; font-size:14px;}
```

```
    </style>
    <script type="text/javascript" src="http://api.map.baidu.com/api?v=2.0&ak=您的密钥">
    </script>
    <script src="http://libs.baidu.com/jquery/1.9.0/jquery.js"></script>
    <title>添加信息窗、事件监听、闭包</title>
</head>
<body>
    <div id="allmap"></div>
    <p>单击标注点，可查看由纯文本构成的简单型信息窗口</p>
</body>
</html>
<script type="text/javascript">
    // 百度地图 API 功能
    map = new BMap.Map("allmap");
    map.centerAndZoom(new BMap.Point(87.617996,43.811368), 15);
    var data_info = [[87.587094,43.838424,"地址：儿童公园"],
                [87.622739,43.831766,"地址：乌鲁木齐市政府"],
                [87.61081,43.815532,"地址：红山公园"]
                ];
    var opts = {
                width : 250, // 信息窗口宽度
                height: 80, // 信息窗口高度
                title : "信息窗口" , // 信息窗口标题
                enableMessage:true//设置允许信息窗发送短息
                };
    for(var i=0;i<data_info.length;i++){
        var marker = new BMap.Marker(new BMap.Point(data_info[i][0],data_info[i][1]));
                        // 创建标注
        var content = data_info[i][2];
        map.addOverlay(marker);      // 将标注添加到地图中
        addClickHandler(content,marker);
    }
```

```
            function addClickHandler(content,marker){
                marker.addEventListener("click",function(e){
                        openInfo(content,e)}
                );
            }
            function openInfo(content,e){
                var p = e.target;
                var point = new BMap.Point(p.getPosition().lng, p.getPosition().lat);
                var infoWindow = new BMap.InfoWindow(content,opts);    // 创建信息窗口对象
                map.openInfoWindow(infoWindow,point); //开启信息窗口
            }
        </script>
```

10.5　添加路况叠加层

10.5.1　实践目的

为地图添加路况叠加层。

10.5.2　实践环境

（1）百度地图 API（JavaScript）V3；

（2）Notepad++ V6.4.5；

（3）猎豹浏览器。

10.5.3　实践内容

（1）使用地面叠加层（GroundOverlay）在地图上直观看到道路交通状况；

（2）使用链接道路交通实时状况在地图上显示。

10.5.4　实例代码

```
<!DOCTYPE html>
<html>
<head>
    <meta http-equiv="Content-Type" content="text/html; charset=gb2312" />
    <meta name="viewport" content="initial-scale=1.0, user-scalable=no" />
    <style type="text/css">
        body, html,#allmap {width: 100%;height: 100%;margin:0;font-family:"微软雅黑";}
        #allmap {height:500px; width: 100%;}
        #control{width:100%;}
    </style>
<link
href="http://api.map.baidu.com/library/TrafficControl/1.4/src/TrafficControl_min.css"
rel="stylesheet" type="text/css" />
    <script type="text/javascript" src="http://api.map.baidu.com/api?
v=2.0&ak=您的密钥"></script>
  <script type="text/javascript"
src="http://api.map.baidu.com/library/TrafficControl/1.4/src/TrafficControl_min.js"></script>
    <title>叠加路况图层</title>
</head>
<body>
    <div id="allmap"></div>
</body>
</html>
<script type="text/javascript">
    // 百度地图 API 功能
    var map = new BMap.Map("allmap");
    map.centerAndZoom(new BMap.Point(87.617996,43.811368), 15);
    map.enableScrollWheelZoom();
var ctrl = new BMapLib.TrafficControl({
        showPanel: false //是否显示路况提示面板
```

```
        });
        map.addControl(ctrl);
        ctrl.setAnchor(BMAP_ANCHOR_BOTTOM_RIGHT);
    </script>
```

10.6　添加文字标注

10.6.1　实践目的

为地图添加文字标注。

10.6.2　实践环境

（1）百度地图 API（JavaScript）V3；

（2）Notepad++ V6.4.5；

（3）猎豹浏览器。

10.6.3　实践内容

（1）百度地图 API 使用 Label 进行文字标注。

（2）为实现加入文字标注的功能，可使用自定义叠加层。

（3）可使用 For 循环生成随机标注点。

10.6.4　实例代码

```html
<!DOCTYPE html>
<html>
<head>
    <meta http-equiv="Content-Type" content="text/html; charset=gb2312" />
```

```
<meta name="viewport" content="initial-scale=1.0, user-scalable=no" />
<style type="text/css">
    body, html {width: 100%;height: 100%;margin:0;font-family:"gb2312";}
    #allmap{width:100%;height:500px;}
</style>
<script type="text/javascript" src="http://api.map.baidu.com/api?v=2.0&ak=您的密钥
"></script>
<title>添加文字标注</title>
</head>
<body>
    <div id="allmap"></div>
    <input type="button" onclick="deletePoint()" value="删除 id=1"/>
</body>
</html>
<script type="text/javascript">
    // 百度地图 API 功能
    var map = new BMap.Map("allmap");
    var point = new BMap.Point(87.617996,43.811368);
    map.centerAndZoom(point, 15);
    map.disableDoubleClickZoom(true);
    // 编写自定义函数，创建标注
    function addMarker(point,label){
        var marker = new BMap.Marker(point);
        map.addOverlay(marker);
        marker.setLabel(label);
    }
    // 随机向地图添加 25 个标注点
    var bounds = map.getBounds();
    var sw = bounds.getSouthWest();
    var ne = bounds.getNorthEast();
    var lngSpan = Math.abs(sw.lng - ne.lng);
    var latSpan = Math.abs(ne.lat - sw.lat);
```

```
        for (var i = 0; i < 10; i++) {
            var point = new BMap.Point(sw.lng + lngSpan * (Math.random() * 0.7), ne.lat –
            latSpan * (Math.random() * 0.7));
            var label = new BMap.Label("欢迎来到="+i,{offset:new BMap.Size(20,-10)});
            addMarker(point,label);
        }
        function deletePoint(){
            var allOverlay = map.getOverlays();
            for (var i = 0; i < allOverlay.length -1; i++){
                if(allOverlay[i].getLabel().content === "欢迎来到=1"){
                    map.removeOverlay(allOverlay[i]);
                    return false;
                }
            }
        }
    </script>
```

反侵权盗版声明

电子工业出版社依法对本作品享有专有出版权。任何未经权利人书面许可，复制、销售或通过信息网络传播本作品的行为；歪曲、篡改、剽窃本作品的行为，均违反《中华人民共和国著作权法》，其行为人应承担相应的民事责任和行政责任，构成犯罪的，将被依法追究刑事责任。

为了维护市场秩序，保护权利人的合法权益，我社将依法查处和打击侵权盗版的单位和个人。欢迎社会各界人士积极举报侵权盗版行为，本社将奖励举报有功人员，并保证举报人的信息不被泄露。

举报电话：（010）88254396；（010）88258888

传　　真：（010）88254397

E-mail：　dbqq@phei.com.cn

通信地址：北京市万寿路 173 信箱

　　　　　电子工业出版社总编办公室

邮　　编：100036